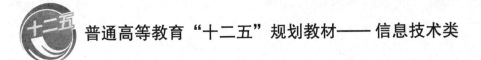

普通高等教育"十二五"规划教材——信息技术类

计算机应用基础
（第3版）

◎主　编　朱晓姝　肖志军

◎副主编　蒙峭缘　张远夏　周培春　李趄建

◎编　委　梁勇强　文玉婵　李露璐　李治强

　　　　　卢宏煦　龙法宁　韦婷婷　陆　钊

　　　　　周锦芳　廉文武

U0343068

西南交通大学出版社
·成　都·

图书在版编目（CIP）数据

计算机应用基础 /朱晓姝，肖志军主编. —3 版.
—成都：西南交通大学出版社，2014.2（2019.7 重印）
普通高等教育"十二五"规划教材. 信息技术类
ISBN 978-7-5643-2888-7

Ⅰ. ①计… Ⅱ. ①朱… ②肖… Ⅲ. ①电子计算机－
高等学校－教材 Ⅳ. ①TP3

中国版本图书馆 CIP 数据核字（2014）第 022684 号

普通高等教育"十二五"规划教材——信息技术类

计算机应用基础
（第 3 版）

主编　朱晓姝　肖志军

责 任 编 辑	李晓辉
封 面 设 计	墨创文化
出 版 发 行	西南交通大学出版社
	（四川省成都市二环路北一段 111 号
	西南交通大学创新大厦 21 楼）
发行部电话	028-87600564　028-87600533
邮 政 编 码	610031
网　　　址	http://www.xnjdcbs.com
印　　　刷	成都中永印务有限责任公司
成 品 尺 寸	185 mm × 260 mm
印　　　张	16.75
字　　　数	462 千字
版　　　次	2014 年 2 月第 3 版
印　　　次	2019 年 7 月第 11 次
书　　　号	ISBN 978-7-5643-2888-7
定　　　价	33.00 元

前　言

在计算机技术和网络通信技术飞速发展的今天，IT技术日益深入各个专业领域。社会对大学生的计算机应用能力要求有增无减，社会信息化进程对大学生的信息素质也提出了更高要求，计算机应用能力已成为衡量新时期大学生综合素质水平的重要标志。为了适应信息时代对人才培养的要求，高校非计算机专业也引进了以计算机技术为核心的信息技术教育课程教学模式，将计算机软硬件方面的技术作为本专业学生必修的课程内容，各专业对学生的计算机应用能力有了更加明确和具体的要求。

本教材是根据教育部高等学校计算机科学与技术教学指导委员会的非计算机专业计算机基础课程教学指导分委员会《关于进一步加强高等学校计算机基础教学的意见》而编写的，适用于高等院校计算机基础课程的教学。"计算机应用基础"往往是学生进入高校后学习的第一门计算机方面的课程，它将为后续计算机课程打下基础。本书编委由多年来一直从事计算机基础教学、具有丰富教学经验的一线教师组成，教材内容力求基于理论、注重实践、符合教学规律，以期有助于培养和提高大学生在计算机技术方面的素养。

本教材具有以下几个方面的特点：

◎ 理论与实践紧密结合，突出应用能力的培养。

◎ 注重可读性，详略得当，强调重点，与全国计算机等级考试接轨。

◎ 加强对学生信息素养的培养，以适应信息社会对人才的要求。

◎ 实例讲解，图文并茂，条理清晰，易于教学及自主学习。

◎ 涉及知识点多，内容丰富，有利于拓展学生的视野。

本教材由朱晓姝、肖志军担任主编。具体编写分工为：文玉婵编写第1章，李超建、梁勇强编写第2章，蒙峭缘编写第3章，韦婷婷、李露璐编写第4章，李治强编写第5章，卢宏煦、朱晓姝编写第6章，张远夏编写第7章，肖志军、周培春编写第8章，陆钊、周锦芳、廉文武编写第9章，龙法宁编写第10章。朱晓姝、肖志军完成了本书的统稿和审读工作。

本书在组织编写过程中，得到了各级领导和部门.的关心与支持以及很多计算机专业教师的热心帮助，编委在此表示衷心感谢！

由于编者水平有限，书中疏漏与不足在所难免，敬请各位专家和读者批评指正，便于我们在以后修正与提高。

编　者

二〇一三年十一月

目　　录

第 1 章　计算机基础知识

计算机是 20 世纪人类最伟大的发明之一。从第一台计算机在美国诞生至今，其应用范围已渗透到社会生活的各个领域，走进了千家万户，成为人们工作和生活不可缺少的工具。计算机已由最初的计算工具，逐步成为适用于多种领域的信息处理设备，有力地推动着整个社会信息化水平的不断提高，也为人类的各项科学研究注入了强大的推动力。

1.1　概　述

计算机是一种能快速、高效地对各种信息进行存储和处理的电子设备。由于它能够模拟我们的大脑进行信息存储、信息加工以及逻辑推理等，故俗称电脑。

1.1.1　计算机的诞生

计算机的发展经历了机械计算机、机电计算机和萌芽期的电子计算机三个阶段。

世界上第一台计算机（Electronic Numerical Integrator And Calculator，ENIAC，电子数字积分计算机）诞生于 1946 年 2 月。它是在美国陆军部的赞助下，由美国国防部和宾夕法尼亚大学共同研制成功的。ENIAC 当时占地 170 平方米，质量约 30 吨，每小时耗电量为 150 千瓦，使用了 18 000 多个电子管，内存容量为 16 千字节，字长为 12 位，运行速度仅有每秒 5 000 次，可靠性差，但它的诞生揭开了人类科技的新纪元，使科学家们从烦琐计算中解脱了出来。人们公认，ENIAC 机的问世标志着计算机时代的到来，具有划时代的伟大意义。

随后，1946 年 6 月，美籍匈牙利数学家冯·诺依曼（Von Neumann）发表了题为"电子计算机装置逻辑结构初探"的论文，设计了第一台"存储程序"的离散变量自动电子计算机（EDVAC），并于 1952 年正式将之投入运行。冯·诺依曼提出的 EDVAC 计算机结构至今为人们普遍接受并沿用，此结构又称为冯·诺依曼结构，所以采用此结构的计算机又被称为冯·诺依曼机。

1.1.2　计算机的发展

70 多年来，计算机的系统结构不断变化，应用领域也在不断地拓宽。人们根据计算机采用的物理器件把计算机的发展分成 4 个阶段：电子管时代、晶体管时代、中小规模集成电路时代、大规模和超大规模集成电路时代，见表 1.1。

表 1.1 计算机发展的 4 个时代

代次	起止年份	所用电子元器件	数据处理方式	运算速度	应用领域
第 1 代	1946—1957	电子管	汇编语言、代码程序	每秒几千到几万次	国防及高科技
第 2 代	1958—1964	晶体管	高级程序设计语言	每秒几万至几十万次	工程设计、数据处理
第 3 代	1965—1970	中、小规模集成电路	结构化、模块化程序设计、实时处理	每秒几十万至几百万次	工程设计、数据处理
第 4 代	1970 至今	大规模、超大规模集成电路	分时、实时数据处理、计算机网络	每秒几千万至上千万亿次	工业控制、数据处理

◎ 我国计算机的发展

我国的计算机事业总的来说有起步晚、发展快的特点。

我国从 1956 年开始研制第 1 代计算机。

1958 年研制成功第 1 台电子管小型计算机——103 计算机。

1959 年研制成功运行速度为每秒 1 万次的 104 计算机,这是我国研制的第 1 台大型通用电子数字计算机。

20 世纪 60 年代初,我国开始研制和生产第 2 代计算机。

1965 年研制成功第 1 台晶体管计算机——DJS-5 小型机,随后又研制成功并小批量生产 121、108 等 5 种晶体管计算机。

我国于 1965 年开始研究第 3 代计算机,并于 1973 年研制成功了集成电路的大型计算机——150 计算机。150 计算机字长 48 位,运算速度达到每秒 100 万次,主要用于石油、地质、气象和军事部门。

1974 年又研制成功了以集成电路为主要器件的 DJS 系列计算机。

1977 年 4 月我国研制成功第一台微型计算机 DJS-050,从此揭开了中国微型计算机的发展历史,我国的计算机发展开始进入第 4 代计算机时期。

1983 年由国防科技大学研制成功的银河-I 号亿次运算巨型计算机是我国自行研制的第 1 台亿次运算计算机系统,该系统的研制成功填补了国内巨型机的空白,使我国成为世界上为数不多的能研制巨型机的国家之一。

1992 年研制成功银河-II 号 10 亿次通用、并行巨型计算机。

1995 年 5 月曙光 1000 研制完成,这是我国独立研制的第 1 套大规模并行计算机系统。

1997 年研制成功银河-III 号百亿次并行巨型计算机,该机的系统综合技术达到国际先进水平,被国家选作军事装备之用。

1998 年,曙光 2000-I 诞生,它的峰值运算为每秒 200 亿次。

1999 年,曙光 2000-II 超级服务器问世,其峰值速度达到每秒 1 117 亿次,内存高达 50 GB。

1999 年 9 月神威-I 号并行计算机研制成功并投入运行,其峰值运算速度达到每秒 3 840 亿次,它是我国在巨型计算机研制和应用领域取得的重大成果,标志着我国继美国、日本之后,成为世界上第 3 个具备研制高性能计算机能力的国家。

2002 年 9 月,我国首款可商业化、拥有自主知识产权的 32 位通用高性能 CPU——龙芯 1 号研制成功,标志我国在现代通用微处理设计方面实现了零的突破。

2004 年 6 月,曙光 4000A 研制成功,峰值运算速度为每秒 11 万亿次,是国内计算能力最强的商品化超级计算机。

2005年4月，我国首款64位通用高性能微处理器龙芯2号正式发布，最高频率为500 MHz，功耗仅为3~5 W，已达到PentiumⅢ的水平。我国的计算机生产近几年基本与世界水平同步，诞生了联想、长城、方正、同创、同方、浪潮等一批国产计算机品牌，它们正稳步向世界市场发展。在国际科技竞争日益激烈的今天，高性能计算机技术及应用水平已成为展示综合国力的一种标志。

2008年8月，曙光5000A研制成功，以峰值速度230万亿次的成绩跻身世界超级计算机前十，标志着中国成为世界上继美国后第二个成功研制浮点速度在百万亿次的超级计算机。

2009年10月，国防科技大学成功研制出峰值性能速度为每秒1206万亿次双精度浮点数的"天河一号"超级计算机，使我国成为继美国之后世界上第二个能够研制千万亿次超级计算机的国家。超级计算机又称高性能计算机、巨型计算机，是世界公认的高新技术制高点和21世纪最重要的科学领域之一。

2010年，国防科技大学在原有的"天河一号"超级计算机的基础上，对其加速节点进行了扩充与升级。新的"天河一号A"超级计算机系统其实测运算能力从上一代的每秒563.1万亿次倍增至2507万亿次，成为目前世界上最快的超级计算机。同年11月14日，国际TOP500组织在网站上公布了最新全球超级计算机前500强排行榜，中国首台千万亿次超级计算机系统"天河一号"排名全球第一。

2013年6月，时隔两年半后，中国超级计算机运算速度重返世界之巅。国际TOP500组织6月17日公布了最新全球超级计算机500强排行榜榜单，我国国防科学技术大学研制的"天河二号"以每秒33.86千万亿次的浮点运算速度，成为全球最快的超级计算机。这是继2010年11月"天河一号"首次夺冠之后，中国超级计算机再夺世界第一。

这一系列辉煌成就标志着我国综合国力的增强，标志着我国巨型机的研制已经达到国际先进水平。

计算机正朝着巨型化、微型化、智能化、网络化等方向发展，计算机本身的性能越来越优越，应用范围也越来越广泛，从而使计算机成为工作、学习和生活中必不可少的工具。

1.1.3　计算机的工作原理

计算机的基本工作原理是存储程序和程序控制，这个设计思想由美籍匈牙利数学家冯·诺依曼（Von Neumann）明确提出并付诸实现。他还确定了计算机的五大组成部分（运算器、控制器、存储器、输入设备和输出设备）的作用和相互联系，形成了计算机的"冯·诺依曼体系结构"。存储程序是指人们把计算机执行的程序及数据，事先存储在计算机的存储器中。程序控制是指计算机运行时能自动地逐一取出程序中的一条条指令，加以分析并执行规定的操作。

当计算机进入工作状态时，由输入设备输入所有信息（包括源程序、原始数据、各种指令等），存放在存储器内。在信息的处理过程中，分离出来的各种指令，以数据的形式由存储器发送给控制器，经控制器译码后变为各种控制信号，形成一股信息流——控制流，它从控制器出发同时去控制输入设备的启动与停止，控制运算器按规定一步步地进行各种运算和处理、控制存储器的读或写、控制输出设备等。另一方面，数据在进入存储器的处理过程中，由于控制器中的各种控制信号的作用，形成另一股信息流——数据流。它们从存储器读入运算器进行运算，运算的中间结果返回并暂存入存储器中，直到最后由输出设备输出运算结果。

计算机的这一工作过程如图1.1所示。

3

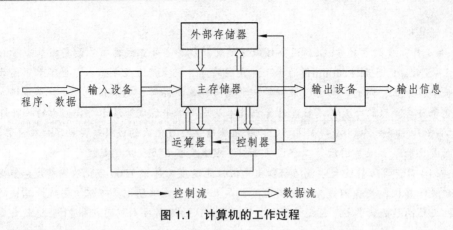

图 1.1　计算机的工作过程

　　计算机从第 1 代发展到当今的第 4 代，无论速度如何提高，功能如何强大，软件如何更新，但其基本工作原理和体系结构并没有根本的改变。

1.1.4　计算机的主要特点

　　计算机具有任何其他计算工具无法比拟的特点，也正是由于这些特点，使得计算机的应用范围不断扩大，已经进入人类社会的各个领域，并发挥着越来越大的作用，成为信息社会的科技核心。

1. 运算速度快

　　运算速度快是计算机最显著的特点。国防科技大学 2013 年 5 月研制成功的"天河二号"超级计算机，其峰值速度达每秒 5.49 亿亿次。这个速度意味着，如果用"天河二号"计算 1 小时，则相当于全国 13 亿人同时用计算器计算 1 000 年。

2. 精确度高

　　计算机的精确度是由字长确定的。字长越长，精确度越高。对于圆周率的计算，经过几代数学家长期的艰苦努力，只算到小数点后 500 多位。2009 年 8 月日本筑波大学研究人员借助最新的超级计算机系统，仅花费 73 小时 36 分，就将圆周率计算到小数点后 25769.8037 亿位。

3. 存储容量大

　　"天河二号"外部存储器容量高达 12.4 PB，其系统存储总容量相当于 600 亿册每册 10 万字的图书。

4. 具有逻辑判断能力

　　计算机不仅能快速准确计算，还具有逻辑运算功能。最基本的逻辑运算是"与（AND）"、"或（OR）"、"非（NOT）"。计算机借助逻辑运算，可以进行逻辑判断，并根据判断结果自动地确定下一步该做什么。还能够对文字、符号、数字的大小、异同等进行判断和比较，从而决定如何处理这些信息，因而计算机又被称为"电脑"。

5. 具有高度的自动化和灵活性

　　计算机能在程序控制下自动、连续地高速运算。由于采用了存储程序控制的方式，因此一旦输入编制好的程序，启动计算机工作后，就能自动地执行下去，直至完成任务。

　　随着装入程序的不同，计算机完成的工作也随之改变，因而，人们可以根据各种任务的不同工作流程，将这些基本功能对应的指令进行精心设计和编排，形成相应的处理程序。计算机执行这些程序就可以完成各种不同的任务，实现了计算机的通用性和灵活性。

1.1.5　计算机的分类

计算机按性能规模可分为巨型机、大型机、中型机、小型机和微型机。

1. 巨型机

巨型机的特点是运算速度快、存储容量大。巨型机是世界高新技术领域的战略制高点，是体现科技竞争力和综合国力的重要标志。各大国均将其视为国家科技创新的重要基础设施，投入着巨资进行研制开发。我国自主研制的巨型机（如银河-Ⅱ、银河-Ⅲ）主要用于资源勘探、航空航天装备研制、大范围天气预报、新材料开发等领域。

2. 大型机

大型机的特点表现在通用性强、具有很强的综合处理能力、性能覆盖面广等，主要应用在公司、银行、政府部门、社会管理机构和制造厂家等。大型机在未来将被赋予更多的使命，如大型事务处理、企业内部的信息管理与安全保护、科学计算等。

3. 中型机

中型机是介于大型机和小型机之间的一种机型。

4. 小型机

小型机规模小，结构简单，设计周期短，便于及时采用先进工艺。这类机器可靠性高，对运行环境要求低，易于操作且便于维护。小型机符合部门性的要求，为中小型企事业单位所常用。它具有规模较小、成本低、维护方便等优点。

5. 微型机

微型机又称个人计算机（Personal Computer，PC），是发展速度最快的一类计算机，具有价格低廉、性能强、体积小、功耗低等特点。现在微型计算机已进入了千家万户，成为人们工作、生活的重要工具。

1.1.6　计算机的应用

计算机的应用已经渗透到社会的各个领域，可以说，现代工作生活中的方方面面均离不开计算机的应用。归纳起来，计算机的应用主要有以下几方面。

1. 科学计算

科学计算是指计算机应用于完成科学研究和工程技术中所提出的数学问题（数值计算）。在现代科学技术工作中，科学计算问题是大量的和复杂的。例如，人造卫星轨迹计算、导弹发射、天气预报等计算问题。

2. 数据处理

数据处理也称信息处理，包括对数据资料的收集、存储、加工、分类、排序、检索和发布等一系列工作。如办公自动化（OA）、企业人事工资管理、银行电子化、情报检索、报刊编排处理等。

3. 自动控制

自动控制也称过程控制，是利用计算机及时采集检测数据，按最优值迅速地对控制对象进行自动调节或自动控制的过程。用计算机进行过程控制，可以大大提高控制的自动化水平，提高控制的及时性和准确性。因此，计算机过程控制已在机械、石油、冶金、化工、纺织、水电、航天等部门得到广泛的应用，也是现代武器系统实现搜索、定位、瞄准、射击所必不可少的技术。

4．计算机辅助技术

计算机辅助技术主要包括 CAD、CAM 和 CAI 等。

（1）计算机辅助设计（Computer Aided Design，CAD）

计算机辅助设计是利用计算机系统辅助设计人员进行工程或产品设计，如提供模型、计算、绘图等，以实现最佳设计效果的一种技术。它已广泛地应用于船舶、飞机、汽车、建筑、机械、集成电路、服装等领域。

（2）计算机辅助制造（Computer Aided Manufacturing，CAM）

计算机辅助制造是利用计算机系统进行生产设备的管理、控制和操作的过程，以自动完成离散产品的加工、装配、检测和包装等。使用 CAM 技术可以提高产品质量，降低成本，缩短生产周期，提高生产率和改善劳动条件。

（3）计算机辅助教学（Computer Aided Instruction，CAI）

计算机辅助教学是利用计算机系统使用课件来进行教学和训练。CAI 的主要特色是交互教育、个别指导和因人施教。利用 CAI 可以有效地提高教学的质量和效率，节省训练经费，在各类教学和训练中取得了很大的成功。对于幅员辽阔、教育发展不平衡的中国，以计算机网络为依托的远程教学对国民素质的提高有着不可估量的作用。

5．人工智能

人工智能（Artificial Intelligence，AI）是指用计算机来模拟人脑进行演绎推理和决策的思维过程，是计算机应用研究的前沿学科。人工智能系统主要包括专家系统、机器人系统、语音识别和模式识别系统等。

6．多媒体技术

多媒体技术就是把数字、文字、声音、图形、图像和动画等多种媒体有机组合起来，利用计算机、通信和广播电视技术，使它们建立起逻辑联系，并对它们进行加工处理（包括对这些媒体的录入、压缩和解压缩、存储、显示和传输等）。目前多媒体技术的应用领域正在不断拓展，除了知识学习、电子图书、商业及家庭应用外，在远程医疗、视频会议中都得到了广泛的推广。

7．网络应用

计算机网络是计算机技术和通信技术相结合的产物。计算机网络的建立，实现了不同地域计算机之间的资源共享，也大大促进了国际间的文字、图像、视频和声音等各类数据的传输与处理。目前，基于 Internet 平台的应用不可胜数。例如，信息检索、电子商务、网络教育、办公自动化、金融服务、远程医疗、网络游戏、视频点播等。

1.2　计算机的信息存储形式

1.2.1　常用数制的表示方法

数的进制简称数制，就是数的表示规则。人们在生产、生活中使用了多种数制，例如常用的十进制和时间的六十进制等，但不论哪一种进制，它们都由以下三个要素组成。

数码：表示数值的基本符号。

基：表示数制中的数码个数，该数制的计算规则是逢基进一。

权：数制中每一数位所对应的固定值。

对任一 r 进制，有 r 个数码，计算规则是逢 r 进一，相应位 i 的权为 r^i。如二进制有数码 2 个：0 和 1，逢二进一，相应位 i 的权为 2^i。表 1.2 给出了计算机学科常用的 4 种进制。

表 1.2　计算机学科常用的 4 种进制

进位制	计算规则	基数	数码	权值	表示形式
十进制	逢十进一	$r = 10$	0，1，2，3，4，5，6，7，8，9	10^i	D
二进制	逢二进一	$r = 2$	0，1	2^i	B
八进制	逢八进一	$r = 8$	0，1，2，3，4，5，6，7	8^i	O 或 Q
十六进制	逢十六进一	$r = 16$	0，1，2，3，4，5，6，7，8，9，A，B，C，D，E，F	16^i	H

十六进制用数码 A，…，F 分别表示 10，…，15。

在程序设计中，为了区分不同进制，一般约定在数的后面加字母以示区别：

字母 D（十进制）、B（二进制）、Q（八进制）、H（十六制）。如 A8H，表示十六进制数 A8。另外，不特别标明进制的数，一般默认为十进制数，如 61，表示十进制数 61。

1.2.2　数制之间的转换

1. 二、八、十六进制数转换为十进制

（1）将二进制数转换成十进制数：将二进制数的展开式表示出来，计算出结果，便得到相应的十进制数。

例：$(1010110.101)_2 = 1 \times 2^6 + 0 \times 2^5 + 1 \times 2^4 + 0 \times 2^3 + 1 \times 2^2 + 1 \times 2^1 + 0 + 1 \times 2^{-1} + 1 \times 2^{-3}$
$$= 64 + 16 + 4 + 2 + 0.5 + 0.125 = (86.625)_{10}$$

（2）八进制数转换成十进制数：以 8 为基数按权展开并计算出结果。

例：$(2072.34)_8 = 2 \times 8^3 + 0 \times 8^2 + 7 \times 8 + 2 \times 8^0 + 3 \times 8^{-1} + 4 \times 8^{-2}$
$$= 1024 + 56 + 2 + 0.375 + 0.0625 = (1082.4375)_{10}$$

（3）十六进制数转换成十进制数：以 16 为基数按权展开并计算出结果。

例：$(10BE.8)_{16} = 1 \times 16^3 + 0 \times 16^2 + 11 \times 16^1 + 14 \times 16^0 + 8 \times 16^{-1}$
$$= 4096 + 176 + 14 + 0.5 = (4286.5)_{10}$$

2. 十进制数转换为二、八、十六进制数

将十进制数转换为非十进制数分两部分进行：整数部分和小数部分。若设将十进制转换为 r 进制，则整数部分除以 r，倒取余数，小数部分乘 r，顺取整数。

转换时，整数部分和小数部分分别处理。

例如，将十进制数 53 转换为二进制数。

用 53 除以 2，倒取余数，其过程如下：

2	53	1
2	26	0
2	13	1
2	6	0
2	3	1
2	1	1
	0	

倒取余数

所以$(53)_{10} = (110101)_2$

同理,当将十进制数转换为八进制(或十六进制)数时,整数部分除以8(或16)倒取余数,小数部分乘8(或16),顺取整数。例如:

$$(368)_{10} = (560)_8 \qquad\qquad (379)_{10} = (17B)_{16}$$

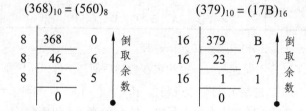

3. 八进制数与二进制数之间的相互转换

八进制数转换成二进制数:"一位拆三位",即把每一位八进制数换成等值的三位二进制数,然后按顺序连接即可。

例:将$(6025.17)_8$转换为二进制数。

6	0	2	5	.	1	7
↓	↓	↓	↓		↓	↓
110	000	010	101	.	001	111

结果为:$(6025.17)_8 = (110000010101.001111)_2$

二进制数转换成八进制数:"三位并一位",即从小数点开始向左右两边以每三位为一组,不足三位时用0补足,然后每组换成等值的一位八进制数即可。

例:将$(11110111.1010011)_2$转换成八进制数。

011	110	111	.	101	001	100
↓	↓	↓		↓	↓	↓
3	6	7	.	5	1	4

结果为:$(11110111.1010011)_2 = (367.514)_8$

4. 十六进制数与二进制数之间的相互转换

十六进制数转换成二进制数:"一位拆四位",即把每一位十六进制数转换成等值的4位二进制数,然后按顺序连接即可。

例:将$(B03.D29)_{16}$转换为二进制数。

B	0	3	.	D	2	9
↓	↓	↓		↓	↓	↓
1011	0000	0011	.	1101	0010	1001

结果为：$(B03.D29)_{16} = (101100000011.110100101001)_2$

二进制数转换成十六进制数："四位并一位"，即从小数点开始向左右两边以每四位为一组，不足四位时用 0 补足，然后每组改成等值的一位十六进制数即可。

例：将$(10111101100.01001101101)_2$转换成十六进制数。

0101	1110	1100	.	0100	1101	1010
↓	↓	↓	↓	↓	↓	↓
5	E	C	.	4	D	A

结果为$(10111101100.01001101101)_2 = (5EC.4DA)_{16}$

1.2.3 数据单位

1. 比特（bit）

在计算机中最小的数据单位是二进制的一个数位，我们把二进制数的每一位叫一个比特（bit）。bit 是计算机中最基本的存储单元。计算机中最直接、最基本的操作就是对二进制位的操作。

2. 字节（Byte）

一个 8 位的二进制数单元叫作一个字节，或称为 Byte。字节是计算机中最小的存储单元。其他常用的容量单位还有千字节（KB）、兆字节（MB）以及千兆字节（GB）。它们之间有下列换算关系：

$$1 \text{ B} = 8 \text{ bits} \qquad 1 \text{ KB} = 2^{10} \text{ B} = 1\,024 \text{ B}$$

$$1 \text{ MB} = 2^{20} \text{ B} = 1\,024 \text{ KB} \qquad 1 \text{ GB} = 2^{30} \text{ B} = 1\,024 \text{ MB}$$

3. 字和字长

计算机在同一时间内处理的一组二进制数称为计算机的一个"字"，而这组二进制数的位数就是"字长"。"字长"是计算机功能的一个重要标志，在其他指标相同时，字长越大计算机的处理数据的速度就越快，精确度越高。字长是由 CPU 芯片决定的，早期的微机字长一般是 8 位和 16 位，386 以及更高的处理器大多是 32 位。目前主流 CPU 的字长是 64 位，即 CPU 一次能处理的二进制位数是 64 位。

1.2.4 计算机中数的表示法

1. 采用的数制

计算机是采用二进制来存储和处理数据的。首先，这是因为二进制数在物理上最容易实现，例如电位的高低，磁化的正、负极，脉冲的有或无等，都恰恰可以与 0 和 1 对应；其次，二进制运算规则简单，加法、乘法规则各 4 个，即

$$0 + 0 = 0 \quad 0 + 1 = 1 \quad 1 + 0 = 1 \quad 1 + 1 = 10$$

$$0 \times 0 = 0 \quad 0 \times 1 = 0 \quad 1 \times 0 = 0 \quad 1 \times 1 = 1$$

采用门电路，很容易就可实现上述的运算；再次，逻辑判断中的"真"和"假"，也恰好与二

9

进制的 0 和 1 相对应。所以，计算机从其易得性、可靠性、可行性及逻辑性等各方面考虑，选择了二进制数字系统。采用了二进制，我们可以把计算机内的所有信息都用两种不同的状态值 0 与 1 的代码串表示。

2. 数的符号

在计算机中只能用数字化信息来表示数的正负，人们规定数的最高位为符号位，用 0 表示正号，用 1 表示负号。

例如，在机器中用 8 位二进制表示 + 100，其格式为：

而用 8 位二进制表示 – 100，其格式为：

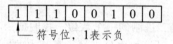

3. 小数点的表示

在计算机中没有专门设置小数点，但在特定位置默认有一个小数点，即小数点及其位置总是隐含的。

4. 定点数和浮点数

在计算机中运算的数，有整数，也有小数。确定小数点的位置通常有两种约定：一种是规定小数点的位置固定不变，这样的机器数称为定点数；另一种是小数点的位置可以浮动，这样的机器数称为浮点数。一般微型计算机多选用定点数。

（1）定点纯小数

小数点位置固定在符号位之后，这时数据字就表示一个纯小数。假定机器字长为 2 个字节，符号位占 1 位，数值部分占 15 位，则下面机器数的值为十进制数 -2^{-9}。

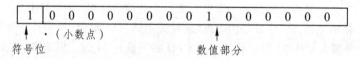

（2）定点整数

小数点位置固定在数据字的最后，这时，数据字就表示一个整数。假设机器字长为 2 个字节，符号位占 1 位，数值部分占 15 位，则下面机器数等效的十进制数为 $+2^{13}$。

（3）浮点数

浮点表示法特点在于小数点在数中的位置是浮动的。在以数值计算为主要任务的计算机中，由于定点表示法所能表示的数的范围太小，不能满足计算问题的需要，所以就采用浮点表示法。在同样字长的情况下，浮点表示法能表示的数的范围扩大了。

计算机中的浮点表示法分两个部分：一部分是阶码，表示指数，记作 E；另一部分是尾数，表示有效数字，记作 M。采用浮点表示法，二进制数 N 可以表示为：$N = M \times 2^E$，其中 2 为基数，E 为阶码，M 为尾数。浮点数在机器中的格式如下：

阶符	E	数符	M

↑（小数点）

由尾数部分隐含的小数点位置可知，尾数总是纯小数，它给出该浮点数的有效数字。尾数部分的符号位确定该浮点数的正负。阶码总是整数，它是小数点浮动的位数，若阶符为正，则小数点向右移动；若阶符为负，则小数点向左移动。

假设机器字长为 4 个字节，阶码占 1 个字节，尾数占 3 个字节：

阶符	E	数符	M
1位	7位	1位	23位

浮点数表示法要求尾数中第 1 位数不为零，这样的浮点数称为规格化数。例如：

$$1011011B = 0.1011011B \times 2^{111B}$$
$$0.00001101101B = 0.1101101B \times 2^{-100B}$$

在浮点数表示和运算中，当一个数的阶码大于机器所能表示的最大码时，产生"上溢"。上溢时机器一般不再继续运算而转入"溢出"处理。当一个数的阶码小于机器所能代表的最小阶码时产生"下溢"，下溢时一般当作"机器零"来处理。

5. 原码、反码和补码的表示法

为了运算方便，机器数有 3 种表示法，即原码、反码和补码。

（1）原码

原码是用机器数的最高（最左）位表示符号，其余各位给出数值的绝对值，即正数的最高位为 0，负数最高位为 1，其余各位表示数值的大小。

假设机器字长都是 8 位，若 $X_1 = +45$，$X_2 = -45$，则 $[X_1]_原 = 00101101B$，$[X_2]_原 = 10101101B$

零，有正零与负零两种表示：

$$[+0]_原 = 00000000B$$
$$[-0]_原 = 10000000B$$

（2）反码

正数的反码与其原码相同；负数的反码符号位不变，数值位按位取反（即 0 变 1，1 变 0）。

若 $X_1 = +45$，$X_2 = -45$，则 $[X_1]_反 = 00101101B = [X_1]_原$，$[X_2]_反 = 11010010B$。

真值零的反码有两个编码：

$$[+0]_反 = 00000000B$$
$$[-0]_反 = 11111111B$$

（3）补码

因原码与反码对于真值零均有两种不同的编码，引出了补码表示法。

正数的补码仍为其原码，负数的补码符号位不变，在其反码的最低有效位加 1，即 $[X]_补 = [X]_反 + 1$。

若 $X_1 = +45$, $X_2 = -45$, 则 $[X_1]_{补} = 00101101B = [X_1]_{原}$, $[X_2]_{补} = 11010011B = [X_2]_{反}+1$。

在补码表示中，真值零的表示是唯一的，即：

$$[+0]_{补} = 00000000B$$

$$[-0]_{补} = [-0]_{反} + 1 = 11111111B + 1 = 00000000B = [+0]_{补}$$

因此，目前大多数计算机中数据的运算都采用补码形式。此外，引进补码运算还可以将减法运算转化为加法运算，其计算公式为：

$$[X+Y]_{补} = [X]_{补} + [Y]_{补}$$

$$[X-Y]_{补} = [X]_{补} + [-Y]_{补}$$

例如，$45 - 62 = 45 + (-62) = -17$

其中，$[+45]_{补} = 00101101B$, $[-62]_{补} = 11000010B$

$[+45]_{补} + [-62]_{补} = 11101111B$, 而 $[-17]_{补} = 11101111B$

1.2.5 计算机的编码

在计算机中，数是用二进制表示的，计算机只能识别二进制数码。但在实际应用中，计算机除了要对数码进行处理之外，还要对其他信息（如语言、符号、声音等）进行识别和处理，因此，必须先把信息编成二进制数码，才能让计算机接受。这种把信息编成二进制数码的方法，称为计算机的编码。

通常计算机编码分为数值编码和字符编码。下面对计算机的常用编码加以介绍。

1. ASCII 码

字符的编码采用国际通用的标准 ASCII 码（American Standard Code for Information Interchange，美国信息交换标准代码）。这种编码是字符编码，利用 7 位二进制数字"0"和"1"的组合码，对应着 128 个符号，其中有 94 个可打印字符，包括常用的数字、字母、标点符号等，另外还有 33 个控制字符和空格。

计算机存储是以字节为单位的，每个 ASCII 码以 1 个字节表示，最高位为 0。

表 1.3 列出了 128 个字符的 ASCII 码表，其中前面两列是控制字符，通常用于控制或通信中。

表 1.3 7 位 ASCII 码表

$D_3D_2D_1D_0$ \\ $D_6D_5D_4$	000	001	010	011	100	101	110	111
0000	NUL	DLE	空格	0	@	P	`	p
0001	SOH	DC1	!	1	A	Q	a	q
0010	STX	DC2	"	2	B	R	b	r
0011	ETX	DC3	#	3	C	S	c	s
0100	EOT	DC4	$	4	D	T	d	t

$D_3D_2D_1D_0$ \ $D_6D_5D_4$	000	001	010	011	100	101	110	111
0101	ENQ	NAK	%	5	E	U	e	u
0110	ACK	SYN	&	6	F	V	f	v
0111	BEL	ETB	'	7	G	W	g	w
1000	BS	CAN	(	8	H	X	h	x
1001	HT	EM	)	9	I	Y	i	y
1010	LF	SUB	*	:	J	Z	j	z
1011	VT	ESC	+	;	K	[	k	{
1100	FF	FS	,	<	L	\	l	|
1101	CR	GS	−	=	M	]	m	}
1110	SO	RS	.	>	N	^	n	~
1111	SI	US	/	?	O	_	o	DEL

如数字 1 和字符 A 的 ASCII 码如下表示。

D_6	D_5	D_4	D_3	D_2	D_1	D_0	D_6	D_5	D_4	D_3	D_2	D_1	D_0
0	1	1	0	0	0	1	1	0	0	0	0	0	1

数字 1 的 ASCII 码　　　　　　　　　　**字符 A 的 ASCII 码**

计算机中字符间大小的比较就是 ASCII 码值的大小比较。

从表 1.3 中可以发现，数字和字母的编码是连续的，排在后面字符的 ASCII 码比前面的大，由表得：空格字符 < 数字字符 < 大写字母字符 < 小写字母字符。我们只要知道了一个数字和字母的 ASCII 码（例如"1"为 49，"A"为 65），以及大小写字母之间的差 32，就可以推算出其余数字和字母的 ASCII 码。

2. 国标码

汉字在计算机内也是以二进制形式存放的。由于汉字数量多，用一个字节的 256 种状态不能全部表示出来，因此在 1980 年我国颁布的《信息交换用汉字编码字符集——基本集》，即国家标准 GB2312-80 中规定用两个字节的 16 位二进制表示一个汉字，每个字节都只使用低 7 位（与 ASCII 码相同），即有 128×128 = 16 384 种状态。由于 ASCII 码的 33 个控制符及空格在汉字系统中也要使用，为了不致发生冲突，不能作为汉字编码，128 − 34=94，所以汉字编码表的大小是 94 × 94 = 8 836，用以表示国标码规定的 7 445 个汉字和图形符号。存储时，每字节的最高位是 1。

1.3　计算机系统的组成

1.3.1　计算机系统概述

计算机系统是由硬件系统和软件系统组成的。硬件是计算机系统中看得见、摸得着的物理设备，即机械器件、电子线路等设备。软件则是控制计算机运行的各种程序和文档的总和。

硬件系统主要包括计算机的主机和外部设备，软件系统主要包括系统软件和应用软件，如图 1.2 所示。

我们称只有硬件系统构成的计算机为"裸机"。图 1.3 给出了计算机硬件、软件、用户的关系。

（1）硬件与软件是相辅相成的，硬件是计算机的物质基础，没有硬件就无所谓计算机。

（2）软件是计算机的灵魂，没有软件，计算机的存在就毫无价值。

（3）硬件系统的发展给软件系统提供了良好的开发环境，而软件系统的发展又给硬件系统提出了新的要求。

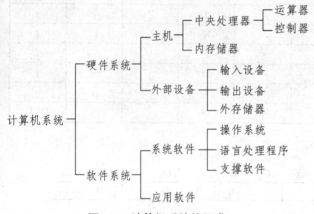

图 1.2　计算机系统的组成

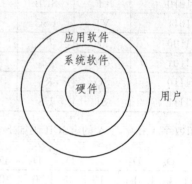

图 1.3　计算机硬件、软件和用户的关系

1.3.2　计算机的硬件系统

依照冯·诺依曼体系结构，电子计算机系统由五部分组成：运算器、控制器、存储器、输入设备和输出设备。

1. 运算器（Arithmetic Unit）

运算器是计算机中对信息进行加工、运算的部件，它的速度决定了计算机的运算速度。运算器的功能是对二进制编码进行算术运算（加、减、乘、除）和逻辑运算（与、或、非、比较、移位）。

2. 控制器（Control Unit）

控制器是计算机系统的指挥中心，控制计算机各部件协调地工作。它从存储器中逐条取出指令并进行分析，根据指令的内容要求，向有关部件发出控制命令，并让其按指令要求完成操作。

通常把运算器和控制器合在一起，做在一块半导体集成电路中，称为中央处理器，又称微处理器，简称 CPU。

CPU 是计算机的核心设备，它的性能对计算机的整体性能有着重要的影响。

3. 存储器（Memory）

计算机中的存储器是计算机中用于记忆的部件，它的功能是存储程序和数据。计算机存储器通常分内部存储器和外部存储器两种。

（1）内部存储器

内部存储器简称内存，又称为主存储器，主要存放当前要执行的程序及相关数据。内部存储器的存、取速度很快，可以供 CPU 直接对里面的数据进行存、取操作，但因为造价高（以存储单元计算），所以容量比外部存储器小。内部存储器是计算机数据交换的中心。内部存储器目前均采用半导体存储器，其存储实体是芯片的一些电子线路。内部存储器又可分两类。一类是只能读不能写的只读存储器（Read Only Memory，ROM），保存的是计算机最重要的程序或数据，由厂家在生产时用专门设备写入，用户无法修改，只能读出数据来使用。在关闭计算机后，ROM 存储的数据和程序不会丢失。另一类是既可读又可写的随机存储器（Random Access Memory，RAM）。在关闭计算机后，随机存储器的数据和程序就被清除。通常说"主存储器"或"内存"一般是指随机存储器 RAM。

（2）外部存储器

外部存储器简称外存，又称为辅助存储器，主要存放大量计算机暂时不执行的程序以及目前尚不需要处理的数据。它造价较低，容量远比内存大，但存、取速度要慢得多。CPU 不能直接对外部存储器的数据进行存、取操作，必须将数据先调入内部存储器。

外部存储器主要有软盘存储器、硬盘存储器、光盘存储器以及磁带机等。其存储实体分别是软盘片、硬盘片和光盘片、磁带。在关闭计算机后，存储在外部存储器的数据和程序仍可保留，适合存储需要长期保存的数据和程序。不过，在 PC 上几乎不用磁带机。

4. 输入设备（Input Device）

输入设备是指向计算机输入信息的设备。它的任务是向计算机提供原始的信息，如文字、图形、声音等，并将其转换成计算机能识别和接收的 0、1 代码串（实际上是电信号）送入内存储器中。常用的输入设备有键盘、鼠标、扫描仪、触摸屏、数码相机、数字转换器等。

5. 输出设备（Output Device）

输出设备是指从计算机中输出人们可以识别的信息的设备。它的功能是将计算机处理的数据、计算结果等内部信息，转换成人们习惯接受的信息形式，然后将其输出。常用的输出设备有显示器、打印机、绘图仪、投影仪和音箱等。

通常把输入设备和输出设备合称为 I/O 设备，I/O 设备和外部存储器统称为外部设备（Peripheral Equipment）。需要注意的是，磁盘等外存储器既可作为输入设备，又可作为输出设备。

1.3.3　计算机的软件系统

软件系统是指为了运行、管理和维护计算机所编制的各种程序和文档的总和。软件系统按其功能可分为系统软件和应用软件两大类。

1. 系统软件

系统软件是计算机最基本的软件，其功能主要是控制和管理计算机的硬件资源、软件资源和数据资源，提高计算机的使用效率，发挥和扩大计算机的功能，为用户使用计算机系统提供方便。系统软件有两个主要特点：一是通用性，无论是哪个应用领域的用户都要用到它；二是基础性，它是应用软件运行的基础，应用软件的开发和运行要有系统软件的支持。

系统软件一般可分为操作系统、语言处理程序、数据库管理系统和支撑软件等。

（1）操作系统（Operating System，OS）

操作系统是管理和指挥计算机运行的一种大型软件系统，是包在硬件外面的最内层软件，是其他软件运行的基础。

目前我们常用的操作系统主要有：DOS，Windows，Unix，Linux 等。

Windows 是一个多任务图形用户界面，它通过对窗口、图标、菜单、对话框、命令按钮、滚动框等图形符号与画面的操作来实现对计算机的各种操作，有丰富的多媒体功能和强大的联网功能。

（2）语言处理程序

语言处理程序一般是由汇编程序、编译程序、解释程序等组成。它是为用户设计的编程服务软件，其作用是将源程序翻译成计算机能识别的目标程序。

（3）数据库管理系统（DataBase Management System，DBMS）

数据库管理系统是指提供各种数据管理服务的计算机软件系统，这种服务包括数据对象定义、数据存储与备份、数据访问与更新、数据统计与分析、数据安全保护、数据库运行管理以及数据库建立和维护等。随着计算机应用的不断扩大以及信息化社会的到来，数据库管理系统的重要性越来越突出。

（4）支撑软件

支撑软件是用于支持软件开发、调试和维护的软件，可帮助程序员快速、准确、有效地进行软件研发、管理和评测，如编辑程序、连接程序和调试程序等。编辑程序为程序员提供了一个书写环境，用来建立、编辑源程序文件。连接程序用来将若干个目标程序模块和相应高级语言的库文件连接在一起，生成可执行程序文件。调试程序可以跟踪程序的执行，帮助用户发现程序中的错误，以便于修改。

2. 应用软件

应用软件是为满足用户不同领域、不同问题的应用要求而开发的软件。应用软件可以拓宽计算机系统的应用领域，扩大硬件的功能，又可以根据应用的不同领域和不同功能划分为若干子类。例如，压缩软件、文字处理软件、图形图像软件、计算机辅助教学软件（CAI）等。

需要指出的是，计算机软件发展非常迅速，新软件层出不穷，系统软件和应用软件的界线正在变得模糊。一些具有通用价值的应用软件，已纳入系统软件之中，作为一种公共资源提供给用户。

1.3.4 计算机程序设计语言

1. 指 令

指令是计算机执行某种操作的命令，一个程序通常由许许多多的指令构成。不同类型的计算机硬件系统，其指令系统和编码规则是不尽相同的，但其指令都由两部分组成：

操作码	操作数地址码

操作码——计算机所能进行的各种操作的代码，如加、减、乘、除、取数、送数、显示和打印等操作码。

地址码——数据存放的地址。

尽管不同的计算机的指令系统和指令条数不尽相同，但一般来说，操作指令不外乎五种类型：

运算指令——包括算术运算指令和逻辑运算指令。

传送指令——包括取数、送数、存储等指令。

控制指令——包括条件转移、无条件转移、停机、复位等指令。

输入、输出指令。

特殊指令——包括二进制数转换成十进制数、十进制数转换成二进制数等指令。

对于一般的使用者来说，无须了解计算机的指令系统。

2. 程序设计语言

程序——指挥计算机完成某项任务的有序指令的集合。对于机器语言来说，程序是指令的有序集合；对于汇编语言和高级语言来说，程序是语句的有序集合。

程序设计——分析要求解的问题，得出解决问题的算法，并且用计算机的指令或语句编写成可执行的程序。

程序设计语言——编写计算机程序所用的语言。计算机程序设计语言通常分为机器语言、汇编语言和高级语言三类。

机器语言——用二进制代码表示的机器指令的集合（第一代语言）。

用机器语言编写的程序，计算机能直接识别并执行，速度最快，但编写难度大，调试修改繁琐，不便于记忆、阅读和书写，因此通常不用机器语言直接编写程序。

汇编语言——由基本字符集、助记符、标号等组成的语言（第二代语言）。

机器语言与汇编语言和计算机有十分密切的关系，因此通常称之为低级语言。

高级语言——采用人们习惯的自然语言和数学语言编程的语言（第三代语言）。

用高级语言编写的程序，直观，易读、易懂、易调试，便于移植。常用的高级语言有 Basic、Fortran、Pascal、C、Java 等。

用汇编语言或高级语言编写的程序，计算机不能直接识别和执行，称其为源程序。必须将源程序通过"翻译"，将其翻译成二进制代码表示的目标程序，计算机才能识别和执行。而这个"翻译"对于不同的源程序又有不同的称呼。相应地，就有：

汇编程序——把汇编语言源程序翻译为目标程序的翻译程序。

编译程序——把高级语言源程序翻译为目标程序的翻译程序。

解释程序——把高级语言源程序按动态执行的顺序翻译一句执行一句，直到程序执行完毕的翻译程序。

它们构成了系统软件的语言处理程序。

1.4 PC 系列微型计算机的组成

微型计算机（Micro Computer），简称微机，又称个人计算机（Personal Computer，PC）。微型是相对于传统意义上的大、中、小型机而言的。

1.4.1 微型计算机的基本配置

从外观上看，一台微机由主机箱、显示器、键盘和鼠标组成，有时还配有打印机、扫描仪等其他外部设备，而且一些新型外部设备还在不断涌现。在主机箱内，有主板、总线扩充插槽及输入输出接口（显示适配卡、声卡、网卡等）、磁盘驱动器和光盘驱动器、电源等。

了解微型计算机的基本配置可以从以下项目考虑，它们是：制造商、型号、机箱样式、CPU 型号、内存、主板、显示卡、硬盘、光驱、声卡、网卡、鼠标、键盘等。这些项目不一定要全部了解，只要抓住几个主要的配置就可以判断机器的性能。

1.4.2 主 板

主板，又叫主机板（mainboard）、系统板（systemboard）或母板（motherboard）。它安装在机

箱内，是微机最基本的也是最重要的部件之一。主板一般为矩形电路板，上面安装了组成计算机的主要电路系统，一般有 BIOS（基本输入输出系统）芯片、I/O 控制芯片、键盘和面板控制开关接口、指示灯插接件、扩充插槽、主板及插卡的直流电源供电插接件等元件，如图 1.4 所示。主板的另一特点是采用了开放式结构。主板上大都有 2～4 个扩展插槽，供 PC 机外围设备的控制卡（适配器）插接。通过更换这些插卡，可以对微机的相应子系统进行局部升级，使厂家和用户在配置机型方面有更大的灵活性。总之，主板在整个微机系统中扮演着举足轻重的角色。可以说，主板的类型和档次决定着整个微机系统的类型和档次，主板的性能影响着整个微机系统的性能。

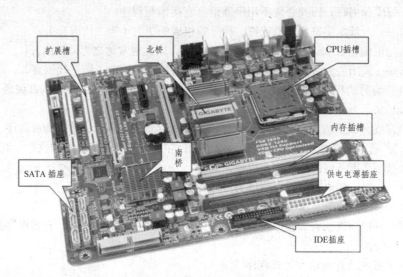

图 1.4　主板（盈通 890GX）

1. 中央处理器（CPU）

CPU 是计算机的心脏，它负责进行算术和逻辑运算，并对各个操作指令进行分析并产生各种不同的操作和控制信号，因此，CPU 的工作性能直接影响着主机的工作性能。CPU 的三个重要指标是主频、字长和核心数量。主频越高，则 PC 机的运行速度越高；字长越大，PC 机处理数据的速度越快，精确度越高；核心数越多，并行计算的能力越强。通常所说的酷睿、羿龙等计算机说的就是 CPU 的型号，如图 1.5 所示。

图 1.5　两种类型的 CPU（AMD 公司和 Intel 公司的 CPU）

2. 只读存储器（ROM）

主机板上有块只读芯片 ROM，用于存放计算机基本输入/输出系统（BIOS）。BIOS 提供最基本的和初步的操作系统服务，如开机自检程序、装入引导程序。ROM 中所存的程序和数据，一般是装入整机前事先写好的，只能读出，不能写入，关闭电源也不会丢失。

3. 随机存储器（RAM）

随机存储器是指存储单元的内容可按需随意取出或存入，且存取的速度与存储单元的位置无关。这种存储器在断电时将丢失其全部存储内容，故主要用于存储短时间使用的程序。通常说的计算机内存，指的就是 RAM，其容量一般为 2GB 到 8GB 不等，如图 1.6 所示。

图 1.6　两种型号内存条

4. 高速缓冲存储器（Cache）

内存的工作速度大大低于 CPU 的工作速度，直接影响了计算机的性能。为了解决此矛盾，在 CPU 和内存之间增设了一级容量不大、但速度很高的高速缓冲存储器。Cache 中存放常用的程序和数据，当 CPU 访问这些程序和数据时，首先从高速缓存中查找，如果所需程序和数据不在 Cache 中，则到内存中读取数据，同时将数据写到 Cache 中。因此，采用 Cache 可以提高系统的运行速度。

5. 总　线

总线是计算机各种功能部件（CPU、内存、I/O 设备）之间传送信息的公共通信干线，是由导线组成的传输线束，按照计算机所传输的信息种类，计算机的总线可以划分为数据总线、地址总线和控制总线，分别用来传输数据、数据地址和控制信号。

6. 扩展槽

扩展槽是主板上用于固定扩展卡并将其连接到系统总线上的插槽，也叫扩充插槽。扩展槽是现代计算机的一种很重要的接口，它可以为主机增加视频、音频、电话、网络通信等功能。

7. 接口卡

（1）显卡

显卡全称为显示接口卡，又称为显示适配器，是个人计算机最基本组成部分之一，是连接显示器和主板的重要元件。显卡的用途是将计算机系统所需要的显示信息进行转换驱动，控制显示器的正确显示，承担输出显示图形图像的任务。显卡有集成显卡和独立显卡两种。

集成显卡——将显示芯片、显存及其相关电路都做在主板上，与主板融为一体。

独立显卡——将显示芯片、显存及其相关电路单独做在一块电路板上，作为一块独立的板卡存在。它需占用主板的扩展插槽。

（2）网卡

网卡（Network Interface Card，NIC），也称网络适配器，是 PC 机连入网络的接口部件。无论是普通电脑还是高端服务器，只要想连接到网络，就都需要安装一块网卡。网卡也有两种：独立网卡和集成网卡。

（3）声卡

声卡（Sound Card）也叫音频卡，是 PC 机进行声音处理的接口部件。声卡的基本功能是把来自话筒、磁盘的原始声音信号加以转换，输出到音乐设备，或通过音乐设备数字接口使其发出美妙的声音。现在，大多数 PC 机主板上已经集成了声卡功能，一般不再单独设置独立声卡。

1.4.3 外存储器

外存储器一般用来存放需要永久保存的或相对来说暂时不用的各种程序和数据。外存储器包括软盘存储器、硬盘存储器、固态硬盘、光盘存储器和移动存储器等。

1. 软盘存储器

软盘存储器是计算机中最早使用的数据存储器之一，由软磁盘、软盘驱动器和软盘驱动器适配器 3 个部分组成。但由于软盘存储器的容量和速度已经远远不能满足现代人们的需要，无法适应现在越来越大的文件保存需求，且随着大容量的移动存储器和其他存储设备的普及，软盘存储器已逐渐从微机上消失。微机中使用的软盘经历了从 5.25 英寸到 3.5 英寸，由低密到高密的发展过程。3.5 英寸双面高密软盘的容量是 1.44 MB。

2. 硬盘存储器

硬盘存储器简称硬盘，由硬盘片、硬盘控制器、硬盘驱动器及连接电缆组成，是 PC 机最重要的外部存储器。它以硬盘片为存储介质，利用磁记录技术在涂有磁记录介质的旋转圆盘上进行数据存储，具有存储容量大、数据传输率高、存储数据可长期保存等特点。目前常用的硬盘一般为 3.5 英寸盘径，转速为 5 400 ~ 7 200 r/min，容量一般可达 500 GB 到 3 TB。其外观如图 1.7 所示。

图 1.7 硬盘及其内部结构图   1.8 固态硬盘

3. 固态硬盘

固态硬盘（Solid State Disk），简称固盘，是用固态电子存储芯片阵列而制成的硬盘，由控制单元和存储单元（FLASH 芯片、DRAM 芯片）组成。固态硬盘的接口规范和定义、功能及使用方法与普通硬盘完全相同，在产品外形和尺寸上也完全与普通硬盘一致。和传统硬盘相比，固态硬盘具有读写速度快、低功耗、无噪音、抗振动、低热量、工作温度范围大的特点。这些特点不仅使得数据能更加安全地得到保存，而且也延长了靠电池供电的设备的连续运转时间。目前固态硬盘普及的三大问题：成本、写入次数和损坏时的不可挽救性。其外观如图 1.8 所示。

4. 光盘存储器

光盘存储器是一种利用激光技术存储信息的装置，它由光盘片、光盘驱动器和光盘控制适配器组成。目前，常用的光驱类型有 DVD 刻录机、蓝光光驱（BD-ROM）和蓝光刻录机。

蓝光光驱指能读取蓝光光盘的光驱设备，向下兼容 DVD、VCD、CD 等格式。蓝光（Blu-ray）

或称蓝光盘（Blu-ray Disc，BD）利用波长较短（405nm）的蓝色激光读取和写入数据而得名。而传统DVD需要光头发出红色激光（波长为650nm）来读取或写入数据，通常来说波长越短的激光，能够在单位面积上记录或读取更多的信息。因此，蓝光极大地提高了光盘的存储容量。

目前为止，蓝光是最先进的大容量光碟格式。BD激光技术的发展迅速，一张单碟单层的存储容量为25GB。这是现有（单碟单层）DVD的5倍。在速度上，蓝光允许1～2倍或者说每秒4.5～9 MB的记录速度。

DVD光驱指读取DVD光盘的设备，它同时兼容CD、VCD和DVD等格式。其外观如图1.9所示。标准DVD盘片的容量为4.7 GB，相当于CD-ROM光盘容量的7倍。DVD盘片可分为：DVD-ROM、DVD-R（可一次写入）、DVD-RAM（可多次写入）、DVD-RW（读和重写）、单面双层DVD和双面双层DVD。

CD-ROM是一种只读光盘存储器，其存储信息的方法是用冲压设备把信息压制在光盘表面上，信息则是以一系列0和1存入光盘的。在盘片上，用平坦表面表示0，而用凹坑端部（即凹坑的前沿和后沿）表示1。光盘表面由一个保护涂层覆盖，使用者无法触摸到数据的凹坑，这有助于盘片不被划伤、印上指纹或黏附其他杂物，如图1.10所示。

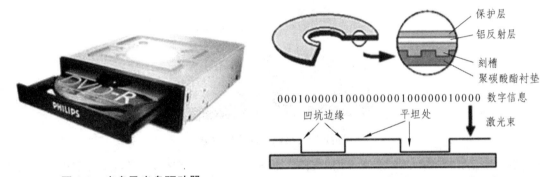

图 1.9　光盘及光盘驱动器　　　　图 1.10　盘片的层次结构及数字信息

CD-ROM的特点是存储容量大（可达700 MB），复制方便，成本低廉，通常用于电子出版物、素材库和大型软件的载体。它只能读取而不能写入。

DVD（Digital Video Disk）是超高容量的光盘，与CD-ROM盘具有相同的直径和厚度，但却能提供4.7GB存储容量，常用作高清晰视频的载体。

衡量光盘驱动器传输数据速率的指标叫倍速，一倍速记为1×二倍速记为2×，以此类推。一倍速光驱的数据传输速率为150 KB/s，相应地，二倍速光驱的数据传输速率为2×150 KB/s＝300 KB/s。而一倍速DVD驱动器的数据传输速率为1.3 MB/s。

随着计算机技术的不断发展，多媒体计算机已经大量应用于各个领域，光盘驱动器已经成为微机的基本配置。它具有容量大、速度快、兼容性强、盘片成本低等特点，是微机数据交换的常用存储介质。

4. 移动存储器

现在常用的移动存储器有闪存盘（俗称优盘或U盘）、移动硬盘、闪存卡（SD卡、Micro SD卡、Memory Stick等）和网盘。

闪存盘（Flash Memory）是一种新型的移动存储产品，主要用于存储较大的数据文件和在计算机之间方便地交换文件，即插即用。

近年来优盘技术发展迅速，从容量上看，目前已达1 TB；从读写速度上看，优盘采用USB接口，读写速度比软盘高许多；从稳定性上看，优盘没有机械读写装置，避免了移动硬盘因碰伤、跌落等原因造成的损坏情形。此外，部分款式优盘还具有加密等功能，令其使用更具有个性化。它体积非常小，有的仅为拇指般大小，质量也仅 20 克，易于携带。图 1.11 所示为几种类型的优盘和 Micro SD 卡。

图 1.11　优盘和 Micro SD 卡

移动硬盘由硬盘和硬盘盒组成，如图 1.11 所示。硬盘盒包括了接口和控制电路。移动硬盘通常有 3.5 英寸和 5.25 英寸两种规格，分别对应笔记本电脑和台式电脑。我们常用的是 3.5 英寸硬盘，它的体积和质量较小，便于携带。移动硬盘一般采用 USB 接口，数据传输速度快。

图 1.12　移动硬盘盒与硬盘

移动硬盘虽然采用 USB 接口，可以支持热插拔，但要注意 USB 接口必须确保关闭了，才能拔下 USB 连线，否则处于高速运转的硬盘突然断电可能会导致硬盘损坏。

1.4.4　输入设备

输入设备是向计算机输入程序、数据和命令的设备，常见的输入设备有键盘、鼠标、扫描仪、数码相机、摄像机、麦克风、触摸屏、手写笔、话筒、汉字书写板、数字转换器、条形码输入设备等。

1. 键　盘

键盘(Keyboard)是最常用也是最主要的输入设备，通过键盘，可以将英文字母、数字、标点符号等输入到计算机中，从而向计算机发出命令、输入数据等。目前常用的键盘有 101 键和 104 键标准键盘。

2. 鼠　标

鼠标（Mouse）因形似老鼠而得名。利用它可以方便地在显示屏幕上指定光标的位置，亦可在应用软件的支持下，通过鼠标上的按钮完成某种特定的功能。

鼠标根据其使用原理可以分为：机械鼠标、光电鼠标、激光鼠标；按键数可以分为：两键鼠标、三键鼠标和多键鼠标。

3. 扫描仪

扫描仪是一种图像输入设备，如图 1.13 所示。由于它可以迅速地将图像输入到计算机，因而成为图文通信、图像处理、模式识别、出版系统等方面的重要输入设备。如果计算机装上文字辨析软件（optical character recognition，OCR），还可以通过扫描仪把书刊、杂志上的印刷文字转换为文本文件。购买扫描仪时，一般都会配送 OCR 软件，其对印刷文字转换为文本的识别准确率达 90%以上。

图 1.13　扫描仪

图 1.14　数码相机

4. 数码相机

数码相机，就是一种利用电子传感器把光学影像转换成电子数据的照相机，如图 1.14 所示。数码相机的几个重要技术指标是像素数、焦距和变焦倍率和存储容量。数码相机的像素数越大，所拍摄的静态图像的分辨率也越大，相应的一张图片所占用的空间也会增大。变焦倍数大者适合用于望远拍摄。

数码相机具有以下优点：

① 拍照之后可以立即看到图片，从而提供了对不满意的作品立刻重拍的可能性，减少了遗憾的发生。

② 只需为那些想冲洗的照片付费，其他不需要的照片可以删除。

③ 色彩还原和色彩范围不再依赖胶卷的质量。

④ 感光度也不再因胶卷而固定，光电转换芯片能提供多种感光度选择。

5. 数码摄像机

数码摄像机的存储介质不再是录像带，它所摄取的影音信息可以直接输入计算机进行处理。

6. 麦克风

麦克风是一种语音输入设备，与计算机声卡连接，将声音信息输入计算机。

7. 汉字书写板

汉字书写板是一种可以用手写的方式向计算机输入文字的设备。它由一支特殊的笔和相应的硬件及软件配合，可以实现手写输入操作。

8. 数字转换器

数字转换器（Digitizer）是一种用来描绘或拷贝图画或照片的设备。把需要拷贝的内容放置在数字化图形输入板上，然后通过一个连接计算机的特殊输入笔描绘这些内容。随着输入笔在拷贝内容上的移动，计算机记录它在数字化图形输入板上的位置，当描绘完整个需要拷贝的内容后，图像能在显示器上显示或在打印机上打印或者存储在计算机系统上以便日后使用。数字转换器常常用于工程图纸的设计。

1.4.5　输出设备

常用的输出设备有显示器、打印机、绘图仪、投影仪和音箱等。

1. 显示器

显示器的作用是将电信号转换成可直接观察到的字符、图形或图像。

显示器由监视器和显示控制适配器两部分组成。目前常用的监视器有 CRT（阴极射线管）监视器和 LCD（液晶显示器）两种。显示控制适配器又称显示卡，是监视器的控制电路和接口。

显示器可分为单色显示器和彩色显示器。

显示器的主要技术指标有屏幕尺寸、点距、显示分辨率、颜色深度及刷新频率。

分辨率是指能显示像素的数目，像素是可以显示的最小单位。例如，显示器的分辨率是 1024×768，则共有 $1\,024 \times 768 = 7\,934\,432$ 个像素。分辨率越高，则像素越多，显示的图形就越清晰。显示器的分辨率受点距和屏幕尺寸的限制，也和显示卡有关。

颜色深度是指表示像素点色彩的二进制位数，一般有 16 位、24 位和 32 位，24 位可以表示的色彩数为 40 亿多种，称为真彩色，32 位是指 24 位色彩数再加上 8 位的 Alpha 通道。

刷新频率是指每秒钟内屏幕画面刷新的次数。刷新频率越高，画面闪烁越小，其值通常为 60 ~ 100 Hz。

2. 打印机

打印机可以将计算机的处理结果直接在纸上输出，方便人们阅读，同时也便于携带。

打印机按打印原理分为击打式和非击打式两种；按工作方式又可分为针式、喷墨、激光等。

击打式打印机利用机械钢针击打色带和纸而打印出字符和图形，如针式打印机。

非击打式打印机是利用物理或化学方法来显示字符，包括喷墨、激光等打印机。

针式打印机经久耐用、价格低廉、打印成本极低，还可以打印复写纸、宽行打印纸等，这些优点使其在很长的一段时间内能流行不衰。当然，它较低的打印质量、较大的工作噪音也是它无法适应高质量、高速度的商用打印需要的根结，所以现在只有在银行、超市、学校等用于票单和报表打印的地方才可以看见它的踪迹。

喷墨打印机分辨率高，噪音低，它在普通纸上打印的分辨率虽不如激光打印机，但由于其价格低廉，使用方便，已成为目前办公室打印机的主要种类。此外喷墨打印机还具有更为灵活的纸张处理能力。在打印介质的选择上，喷墨打印机也具有一定的优势：既可以打印信封、信纸等普通介质，还可以打印各种胶片、照片纸等特殊介质。

激光打印机则是近年来高科技发展的一种新产物，也是有望代替喷墨打印机的一种机型，分为黑白和彩色两种。它提供了更高质量、更快速、更低成本的打印方式，适合打印高质量的文件。

3. 绘图仪

绘图仪是一种输出图形硬拷贝的输出设备，它可在软件的支持下，绘出各种复杂、精确的图形，因此成为各种计算机辅助设计（CAD）必不可少的设备。

4. 投影仪

投影仪主要用于电化教学、培训、会议等公众场合。它通过与计算机的连接，可以把计算机的屏幕内容全部投影到荧幕上。随着技术的进步，高清晰、高亮度的液晶投影仪的价格迅速下降，正在不断进入机关、公司、学校等。投影仪的主要性能指标有显示分辨率、投影亮度、投影度、投影尺寸、投影感应时间、投影变焦、输入源和投影颜色等。

1.4.6　计算机的性能指标

一台微型计算机功能的强弱或性能的好坏，不是由某项指标决定的，而是由它的系统结构、指令系统、硬件组成、软件配置等多方面的因素综合决定的。对于大多数普通用户来说，可以从以下几个指标来大体评价计算机的性能。

1. 运算速度和核心数量

运算速度是衡量计算机性能的一项重要指标。微型计算机一般采用主频来描述运算速度 。一般说来，主频越高，运算速度就越快。核心数量决定了计算机并行计算的能力，每个核心可以分别独立运行程序指令，利用并行计算的能力，可以加快程序的运行速度，提供多任务能力。例如，酷睿 i7 4690X 的主频为 3.6 GHz，核心数量为 6 核。

2. 字　长

在其他指标相同时，字长越大计算机处理数据的速度就越快。现在的 PC 机的字长是 64 位。

3. 内存储器的容量

内存储器容量的大小反映了计算机即时存储信息的能力。内存容量越大，系统功能就越强大，能处理的数据量就越庞大。

4. 外存储器的容量

外存储器容量通常是指硬盘容量（包括内置硬盘和移动硬盘）。外存储器容量越大，可存储的信息就越多，可安装的应用软件就越丰富。目前，硬盘容量一般为 40～250 G。

以上只是一些主要的性能指标。除此以外，微型计算机还有其他一些指标，例如，所配置外围设备的性能指标以及所配置系统软件的情况，等等。另外，各项指标之间也不是彼此孤立的，在实际应用时，应该把它们综合起来考虑，而且还要遵循"性能价格比最优"的原则。

第 2 章　Windows 7 操作系统

操作系统是计算机软件系统的核心,它和计算机硬件一起构成了应用程序运行的平台。任何一个计算机用户必须首先学会操作系统的使用与简单维护,才能轻松地使用计算机。

本章将从操作系统的基本概念入手,介绍操作系统的功能和分类,并以 Windows 7 操作系统为例介绍其基本的操作方法。本章内容主要包括:操作系统概述; Windows 7 的基本操作; Windows 7 的程序管理; Windows 7 的控制面板; Windows 7 的其他功能。

2.1　操作系统

2.1.1　操作系统概述

众所周知,一个计算机系统是由硬件系统和软件系统组成的,没有安装软件的计算机被称为"裸机"。裸机对于一个不了解计算机硬件结构的人来说如同一堆废铁,是无法进行工作的。用户只有在一个方便操作的环境中,才能使用和操作计算机,而操作系统承担了这项工作。

1. 操作系统(Operating System)的定义

操作系统是一组控制和管理计算机软、硬件资源,合理地组织计算机工作流程,并为用户提供一个良好的、易于操作的工作环境的程序的集合。有了操作系统,用户可以轻松地使用计算机,而不必关心计算机的硬件设备是如何运行的,软件系统又是如何协同工作的。因此操作系统的性能很大程度上决定了计算机系统的性能。

2. 计算机系统的层次结构与操作系统在其中的地位

一个计算机系统是由硬件系统和软件系统两部分组成的,而软件系统又分系统软件和应用软件两部分,操作系统是软件系统的核心,它们之间的层次关系如图 2.1 所示。

在计算机系统的层次结构中,操作系统是硬件的第一次功能扩充,又是所有软件的运行基础,它为用户提供使用计算机的接口,并与硬件一起构筑了系统的平台。

图 2.1　计算机系统的层次结构

3. 程序的运行

软件（即可运行程序）必须调入内存方可运行，存放于外存中的程序是不可运行的。

系统开机启动后，首先自检，自检完毕后就将操作系统引导进入内存中，引导成功后开始动态地管理和控制计算机系统。操作系统在内存中占用少量区域，而内存中剩余的绝大部分区域分配给了正在运行（或即将运行）的多个用户应用程序。因此 CPU 只有一个或多个（两核或四核等），多个程序就轮流交替地占用 CPU 资源并执行指令，此技术称为多道程序设计技术。由于 CPU 运行的速度极快，但内存的速度较慢，尽管每个程序中能断续获得 CPU 的运行机会，但用户却感到程序的执行是流畅的。程序运行的全过程如图 2.2 所示。

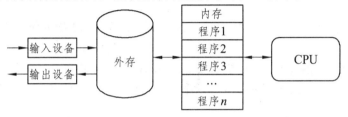

图 2.2　一个程序运行的全过程

2.1.2　操作系统的作用

操作系统的作用是调度、分配和管理所有的硬件设备和软件系统，使其统一协调地运行，以满足用户实际操作的需求。其主要作用体现在以下两个方面：

（1）有效地管理计算机资源，最大限度地发挥计算机系统资源的使用效率。操作系统要合理地组织计算机的工作流程，使软件和硬件之间、用户和计算机之间、系统软件和应用软件之间的信息传输和处理准确流畅；操作系统要有效地管理和分配计算机系统的硬件和软件资源，使得有限的系统资源能够发挥更大的作用。

（2）方便用户使用计算机。操作系统通过内部极其复杂的综合处理，为用户提供友好、便捷的操作界面，以便用户无需了解计算机硬件或系统软件的有关细节就能方便地使用计算机。

2.1.3　操作系统的功能

从资源管理的角度看，操作系统具有处理器管理、存储器管理、设备管理和文件管理的功能。而从用户的角度看，操作系统还必须为用户提供方便的用户接口。

1. 处理器管理

中央处理器即 CPU，是一台计算机的运算核心和控制核心，主要包括运算器（ALU）和控制器（CU）两大部件，是整个计算机系统中较昂贵的资源，它的工作速度比其他硬件要快得多。处理器的功能是负责管理、调度和分派计算机系统的重要资源——处理器，并控制程序的执行。处理器管理是操作系统最核心的组成部分，任何程序的执行都必须真正占有处理器，因此，处理器管理直接影响系统的性能。

2. 存储器管理

通常所说的存储器管理指的是内存管理。内存储器是存放数据和程序运行的场所。存储器管理的主要任务包括以下几个方面。

（1）存储分配与回收

一个程序在计算机上运行时，程序和该程序用到的数据都要占用存储器空间。存储器管理为运行的程序合理安排所需的存储空间，并管理空间，避免多个程序之间的冲突。同时在程序运行终止后还需及时地释放它所占用的存储空间。

（2）存储保护

一个程序不管在内存的什么位置，都必须能正常工作，并在运行期间能够而且只能够在规定的存储区范围内存取。存储器管理必须保证每个用户或程序只能访问自己的存储空间，特别是防止用户程序的错误导致操作系统的崩溃。

（3）地址转换

将进程中的逻辑地址转换成内存中的物理地址，以保证程序的正确运行。

（4）存储扩充

主存空间相对较小，通过虚拟存储技术将磁盘、光盘等辅助存储器模拟成内存来扩充主存空间。

进程：是指系统中正在运行的一个应用程序，它是操作系统中最重要的概念。

3. 文件管理

文件管理为用户提供了一种简便、统一的存取和管理信息的方法。其功能是负责对信息的组织、实现文件共享、数据的存取控制和保密等，并负责对磁盘空间的分配和管理。文件管理包括文件存储空间管理、目录管理、文件读写管理、文件保护和向用户提供接口五个功能。

4. 设备管理

设备管理的主要任务是：提高 CPU 和 I/O 设备的利用率；完成用户程序请求的 I/O 操作；为用户程序分配 I/O 设备；改善人机界面。它包括四个方面的功能：缓冲管理、设备分配、设备处理和虚拟设备功能。

5. 用户接口

为了方便用户使用操作系统，操作系统又向用户提供了用户与操作系统的接口。该接口通常以命令或系统调用方式呈现在用户面前。

（1）命令接口

用户通过一组键盘命令发出请求，命令解释程序对该命令进行分析，然后执行相应的命令处理程序以完成相应的功能。

（2）系统调用

提供一组系统调用命令供用户程序和其他系统程序调用。当这些程序要求进行传输、文件操作时，通过这些命令向操作系统发出请求，并由操作系统代为完成，此称为应用编程接口 API。目前的操作系统都提供了功能丰富的系统调用功能。

不同的操作系统提供的系统调用功能有所不同。常见的系统调用分类有：

文件管理：包括对文件的打开、读写、创建、复制、删除等操作。

进程管理：包括进程的创建、执行、等待、调度、撤销等操作。

设备管理：用于请求、启动、分配、运行、释放各种设备的操作。

进程通信：用来在进程之间传递消息或信号等操作。

存储管理：包括存储的分配、释放和存储空间的管理等操作。

2.1.4 操作系统的分类

1. 单用户操作系统

同一时间只能支持一个用户的操作。单用户操作系统又可分为单任务和多任务两种操作系统。单任务是指一次只能运行一个程序，而多任务是指同时可以运行多个程序。个人计算机上使用的操作系统是单用户操作系统，其 CPU 管理和内存管理方面都比较简单。早期的 DOS 是单用户单任务操作系统，Windows 2000/XP 是单用户多任务操作系统。

2. 批处理操作系统

系统把用户提交的多个作业（作业是指用户程序、数据和命令的集合）按一定的顺序排列，统一送入计算机，计算机根据作业调度算法自动选择作业运行，从而缩短作业之间交换时间，减少 CPU 空闲等待，提高系统的利用率。

批处理系统的优点是能够充分利用系统资源，缺点是用户不能干预程序的执行过程。

3. 分时操作系统

分时操作系统是允许多个用户分享使用同一台主机，即一个主机连接多个终端。分时系统把 CPU 的执行时间分成"时间片"，当这些终端上的用户要求同时使用主机时，分时操作系统采用"时间片"轮转法，一次分配一个时间片给某一用户享用，一个用户的"时间片"用完之后，轮到下一个用户使用其"时间片"。由于 CPU 的速度比人在终端上的速度快得多，使用户感觉到在独占主机资源。但应注意的是，终端不具有独立处理数据的能力，用户从终端键入命令，主机收到命令后进行处理，然后把结果返回给终端用户。Unix 操作系统是分时操作系统的典型代表。

4. 实时操作系统

实时操作系统指计算机对来自外部的作用和信息在规定时间内作出响应并进行处理的系统。主要用于工业控制和联机实时服务。

5. 网络操作系统

计算机技术和通信技术的结合使资源共享和数据通信成为现实。利用通信线路和设备将一些处于不同地理位置的功能独立的计算机互相连接，再配以相应的网络软件，从而实现资源共享和数据通信，这就是计算机网络。网络操作系统就是管理计算机网络的软件，它是计算机网络系统中网络软件的核心。网络操作系统都是多用户的操作系统，由工作站操作系统、通信软件、服务器操作系统和实用程序四部分软件组成。主要功能包括点到点的数据通信、文件管理、用户程序的分配与执行。

6. 分布式操作系统

分布式操作系统（Distributed operating system）是分布式软件系统的重要组成部分，负责管理分布式处理系统资源、控制分布式程序运行等。分布式系统就是若干计算机集合，这些计算机都有自己局部存储器和外部设备，它们既可独立工作，又可合作。

在这个系统中各个机器可以并行操作且有多个控制中心，即具有并行处理和分布控制功能。它的优点是：① 分布性。它集各分散结点计算机资源于一体，以较低的成本获取较高的运算性能。② 可靠性。由于在整个系统中有多个 CPU 系统，因此当某一个 CPU 系统发生故障时，整个系统仍旧能够工作。

7. 嵌入式操作系统

嵌入式操作系统（Embedded Operating System，EOS）是运行在嵌入式系统环境中，对整个嵌入式系统以及它所操作、控制的各种部件装置等资源进行统一协调、调度、指挥和控制的系统软件。例如手机、掌上电脑等所使用的操作系统。

2.1.5 常用操作系统简介

（1）Microsoft Windows 操作系统

Microsoft Windows（微软视窗）操作系统是 Microsoft 公司在 20 世纪 80 年代末推出的基于图形的、多用户多任务图形化操作系统，对计算机的操作是通过对"窗口"、"图标"、"菜单"等图形画面和符号的操作来实现的。用户的操作不仅可以用键盘，更多的是用鼠标来完成。鼠标点击之间，选择运行、调度等工作运用自如。由于它易于使用、速度快、集成娱乐功能、方便快速上网，现已深受全球众多电脑用户的青睐。其中 Windows 7 是 Microsoft 公司于 2009 年推出的个人微机版本，Windows Server 2012 是 Microsoft 公司于 2012 年推出的服务器版本，适用于网络用户。

（2）Unix 操作系统

Unix 是一个交互式的分时操作系统，可靠性及稳定性高和功能强大是其优点，UNIX 取得成功的重要原因是系统的开放性、公开源代码、易理解、易扩充、易移植性，但其界面不友好、学习困难而使许多初学者望而却步。大学、研发单位及重要应用部门的网络通信服务器与工作站大部分采用的是 Unix 操作系统。

（3）Linux 操作系统

Linux 是一个开放源代码、类似于 Unix 的操作系统。它能够在 PC 计算机上实现全部的 Unix 特性，具有多任务、多用户的能力。具有开放源代码、良好的可移植性、丰富的代码资源。它属于自由软件，用户不用支付任何费用就可以获得它和它的源代码，并且可以根据自己的需要对它进行必要的修改。

值得一提的是，我国北京中科红旗软件技术公司在 Linux 的开源基础上于 1999 年成功研制出了红旗 Linux，是优秀的国产操作系统。

2.2　Windows 7 操作系统

2.2.1 Windows 7 的基本知识

1. Windows 7 简介

Windows 7 是由微软公司开发的，具有革命性变化的操作系统，在功能、安全性、个性化、可操作性、功耗等方面都有很大的改进。该系统旨在让人们的日常电脑操作更加简单和快捷，为人们提供高效易行的工作环境。Windows 7 可供家庭及商业工作环境的笔记本电脑、平板电脑、多媒体中心等使用。

2. Windows 7 运行环境

微软推荐 Windows 7 最低安装配置见表 2.1。

表 2.1　Windows 7 最低安装配置要求

设备名称	推荐配置	备　注
CPU	1GHz 及以上的 32 位或 64 位处理器	Windows 7 包括 32 位及 64 位两种版本，如果您希望安装 64 位版本，则需要支持 64 位运算的 CPU 的支持
内　存	1GB（32 位）/2GB（64 位）	最低允许 1GB
硬　盘	20GB 以上可用空间	不要低于 16GB，参见 Microsoft
显　卡	有 WDDM1.0 驱动的支持 DirectX 10 以上级别的独立显卡	显卡支持 DirectX 9 就可以开启 Windows Aero 特效
其他设备	DVD R/RW 驱动器或者 U 盘等其他储存介质	安装使用

3. Windows 7 的启动

（1）依次打开计算机外围设备的电源开关和主机电源开关。

（2）计算机执行硬件测试，测试无误后即开始系统引导。

（2）系统引导完成后，进入 Windows 7 登录界面。

（4）单击要登录的用户名，输入用户密码，如图 2.3 和 2.4 所示。然后继续完成启动，进入 Windows 7 系统桌面。

图 2.3　选择用户　　　　　　　　　　图 2.4　输入 Windows 7 用户密码

4. 退出 Windows 7

在关闭计算机电源之前，用户要确保退出 Windows 7。退出 Windows 7 要先保存所有应用程序的处理结果，关闭所有运行的应用程序。

退出 Windows 7 操作方法是：单击"开始"按钮，从弹出的菜单中选择"关闭"命令便自动开始关闭操作。这时提示"正在关机…"，稍等主机上的电源指示灯熄灭。

若用户在没有退出 Windows 7 系统的情况下直接关闭了电源，系统将认为是非法关机。当计算机突然出现"死机"、"花屏"、"黑屏"等情况时，需要持续按住主机箱开机键几秒钟，片刻后主机会关闭，然后关闭显示器电源开关即可。

Windows 7 为方便不同的用户提供了几种快速登录计算机的方式。当用户单击"关闭"按钮后的图标，弹出如图 2.5 所示的菜单。

（1）切换用户

保留当前用户打开的所有程序和数据，暂时切换到其他用户使用计算机。

（2）注销

应用注销功能，用户不必重启计算机就可以实现多用户登录。

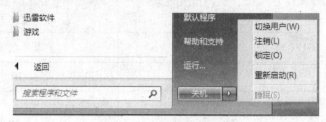

图 2.5　"关机"命令菜单

（3）锁定

用户再使用计算机，必须输入用户账户密码，否则不能进入计算机系统。

（4）重新启动

相当于执行"关闭"操作后再开机。

（5）睡眠

此时电脑将保持很低的耗电量。若需要再次使用电脑，只需晃动一下鼠标，或者轻轻按一下电脑按钮，Windows 7 系统马上就被唤醒，让电脑快速恢复到用户离开时的状态。

2.2.2　Windows 7 的基本操作

1. Windows 7 的桌面

Windows 7 启动完成后所显示的整个屏幕称为桌面，如图 2.6 所示，它是 Windows 7 的工作平台。Windows 7 的桌面由三部分组成：桌面图标、"开始"菜单、任务栏。

图 2.6　Windows 7 桌面

1）图　标

Windows 桌面上的图标是代表应用程序（如 Internet Explorer）、文件（如文档）、打印机信息（例如设备选项）、计算机信息（硬盘、软盘、文件夹）等的图形，通常在图标下配文字说明。桌面上的图标又称快捷方式图标。用户可以通过桌面上的图标，快速地启动相应的程序，打开文件、文件夹或硬件设备，进入相应的窗口。

桌面上的快捷图标有两种类型：一种是系统固有的，如"计算机"、"回收站"、"网络"和"用户文件"（administrator）；另一种是应用型的，是用户自己创建的应用程序的图标。

"回收站"是 Windows 7 桌面上唯一缺省的快捷图标，用来存放用户删除的文件或文件夹。回收站中的内容只表示用户的逻辑删除，并未真正从磁盘上抹去。当用在"回收站"窗口选择"清空回收站"命令时，文件或文件夹才被真正删除，用户也可以选择地恢复它们，并将它们放回到系统中原来的位置。

回收站是一个特殊的文件夹，默认在每个硬盘分区根目录下的 RECYCLER 文件夹中，而且是隐藏的。

2）任务栏

任务栏位于桌面最下方，为一长条呈灰色显示，如图 2.7 所示，目前运行的程序都会在任务栏上显示一个小格子，上面有图标和名称，表示现在正在运行，最左边是"开始"按钮，其右边是含有应用程序图标的"快速启动栏"，单击这些小图标就可以打开相应的应用程序；任务栏右端通常有输入法状态图标、时钟显示和声音控制图标等，又称为"任务托盘"。

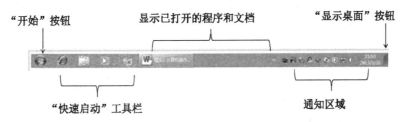

图 2.7　任务栏的组成

3）"开始"菜单

单击任务栏上的"开始"菜单按钮（或按"Ctrl + Esc"组合键），可以打开类似如图 2.8 所示的"开始"菜单。"开始"菜单主要由程序、文档、设置、搜索、帮助、运行、关机等选项组成，可以完成 Windows 的所有功能。"开始"菜单中选项右边省省略号"…"的，表示执行此命令将打开一个对话框；右边带黑色箭头的选项表示执行此命令将打开下一级子菜单。

单击桌面上任意位置或按 Esc 键可关闭"开始"菜单。

图 2.8　"开始"菜单

2. 鼠标和键盘的基本操作

1）鼠标操作

在 Windows 7 中，鼠标的操作分为如下几种：

① 指向：在桌面上移动鼠标至所要选定的对象时就"指向"了对象，这种"指向"是执行某些操作的前提。对于有些菜单来说，"指向"就相当于单击。

② 单击：单击就是当光标指向某个对象后以比较快的速度按下鼠标左键并迅速释放。单击一般用于对图标、菜单命令和按钮的操作。如果要执行连续多项选择，可以在执行单击的同时按住 Shift 键；若要执行不连续多项选择，可以在执行单击的同时按住 Ctrl 键。对于单击来说，首先需要执行指向操作。

③ 右击：指当光标指向某个对象后以比较快的速度按下鼠标右键并迅速施放。右击操作一般用于弹出快捷菜单以及获取帮助。

④ 双击：双击操作就是当光标指向某个对象后以较快的速度连续击鼠标左键两次。它一般用来选择一项并执行一个命令。

注意：双击不是两次单击的简单相加。

⑤ 左键拖放：光标指向某个对象，按住鼠标左键不放拖动对象至合适的位置，然后释放。拖放操作的过程有以下三个步骤：

- 将鼠标指针指向要拖放的对象。
- 按下鼠标左键不放移动鼠标，这时被选中的对象会在屏幕上进行相应的移动。
- 将对象拖动到目的地后释放鼠标左键。

⑥ 右键拖放：光标指向某个对象，按住鼠标右键不放拖动对象至合适的位置，然后释放。这种拖放经常用于移动、复制和创建对象的快捷方式。

（2）光标介绍

在 Windows 7 操作系统中，当鼠标移动时屏幕上会有一光标随之游动，称之为鼠标光标。鼠标光标在不同的工作环境下会显现不同的形状。

表 2.2 给出了几种常见的鼠标光标形状及意义。

表 2.2　光标形状及意义

光标形状	意　义
⌖	就绪光标。等待正常选择，进行下一步工作
⌛	等待光标。当启动 Windows 或打开某个应用程序时常常出现该光标
I ⌛	文本光标后台运行光标。并列启动，即就绪光标和等待光标的组合
⌖?	求助光标
＋	精确定位光标
↕	垂直调整光标
↔	水平调整光标
⤢	沿对角线调整光标
✛	移动光标
⊘	不可用光标
✎	手写光标
↑	候选光标
👆	链接选择光标

（3）键盘操作

在 Windows 7 中，用鼠标操作实现的功能一般也可以用键盘操作来完成，因为键盘操作比使用鼠标单击菜单快，故称其为"快捷键"操作。键盘操作是将控制键"Shift"，"Ctrl"，"Alt"等与其他键组合使用。

表 2.3 是 Windows 中经常使用的键盘操作。

表 2.3　Windows 中常用的键盘操作

快捷键	作　用
Tab 键	使光标在桌面和"任务栏"之间跳动或使光标在窗口和对话框的各个区域中顺序移动
Alt + Space（空格）键	打开窗口的控制菜单
Alt + Tab 键	切换至选择的窗口
Alt + Esc 键	切换至另一窗口
Alt + 菜单命令中带下划线的字母键	为该命令的快捷菜单
Ctrl + Space（空格）键	切换中英文输入法
Ctrl + Esc 键	打开"开始"菜单
Ctrl + Home（End）键	快速移动光标至头（尾）
Ctrl + X 键	剪切
Ctrl + C 键	复制
Ctrl + V 键	粘贴
Esc 键	关闭对话框
Delete 键	删除
Shift + 方向键	有特色的选择操作

3. 窗口和对话框

1）窗　口

Windows 被称作视窗操作系统，它的界面是由一个个的窗口组成的。所谓"窗口"，就是在计算机显示屏幕上一种可见的矩形区域。Windows 7 允许同时在屏幕上显示多个窗口，但每个窗口属于特定的应用程序或文档，从而解决了同时运行多个应用程序而又在显示时不发生冲突的问题。

所有 Windows 7 的操作主要是在系统提供的不同窗口中进行的。Windows 7 的窗口一般分为"文档"窗口和"对话框"窗口两种基本类型，根据实际的需要，用户可以调整窗口外形。

（1）Windows 7 窗口的组成

图 2.9 所示为"计算机"窗口的组成。

① 窗口标题栏。窗口标题栏位于窗口的顶部，最右边的三个按钮分别是最小化、最大化/恢复和关闭按钮，点击可以改变窗口大小。在 Windows 7 中用户可同时打开多个窗口，但在所有打开的窗口中只有一个是正在操作、处理的窗口，称为活动窗口或当前窗口，活动窗口的标题栏以醒目的颜色（一般为蓝色）显示，非活动窗口的标题栏一般呈灰色。

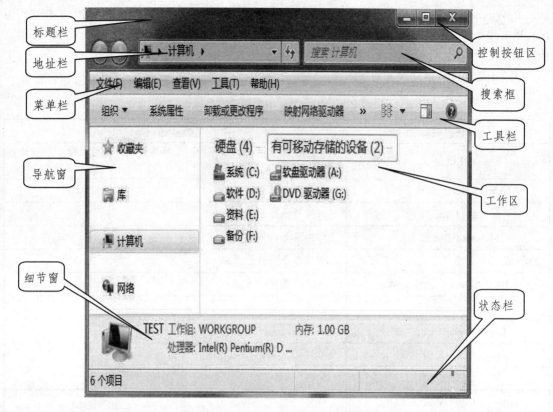

图 2.9　Windows 7"计算机"窗口

② 菜单栏。菜单栏位于标题栏之下,呈条形状。在条形状区域中列出了可选用的菜单项。只有应用程序窗口才有菜单栏,文档窗口没有菜单栏。菜单栏中列出了为该应用程序提供的所有命令,不同的应用程序菜单也不相同。

③ 地址栏。标题栏下边是地址栏,中间有一个长条文本框,表示现在所在的文件夹位置,点击旁边的黑三角下拉按钮可以切换位置,在路径名称旁边有一个黑三角转到按钮,点击可以切换到其他位置;

④ 搜索框。在这里您可以输入任何想要查询的搜索项。

⑤ 导航窗格。在窗口左侧有一个侧栏,里面显示了其他常用的文件夹,点击可以快速切换到其他位置;

⑥ 窗口工作区。窗口工作区是窗口中的主要部分,应用程序将在工作区中对对象进行所需的各种操作。

⑦ 状态栏。状态栏位于窗口的底端,显示与当前操作、当前系统状态的有关信息。与工具栏一样,可以单击"查看"菜单上的"状态栏"命令来关闭或打开状态栏。

⑧ 滚动条。有时,一个窗口中的内容太多而无法全部显示时,为了能够浏览和处理,系统提供了滚动条。滚动条分为垂直滚动条和水平滚动条两种。滚动条两端有滚动箭头按钮用来标识移动的方向,中部有滚动块用来标识正在显示的信息在全部信息中的位置。可以用鼠标单击滚动箭头按钮,或拖动滚动块使其他部分的内容在工作区显示。

⑨ 窗口边框和窗口边角。窗口边框和窗口边角标识了窗口的范围,当鼠标指针指向窗口边框

和窗口边角时，鼠标指针会变成一个双向箭头（ $\updownarrow$ 、 $\leftrightarrow$ 、 $\searrow$ 、 $\nearrow$ ），用户可以用鼠标拖动四个窗口边框和四个窗口边角来改变窗口的大小和形状。

（2）Windows 7 窗口的操作

Windows 7 窗口的基本操作包括窗口的移动、放大、缩小、切换、排列和关闭等。

① Windows 7 窗口的切换（激活）：

Windows 7 桌面允许同时打开多个窗口，但只有一个窗口的标题栏呈深蓝色（系统默认颜色），且位于其他窗口之前，称之为活动窗口（或当前窗口），表示用户正在使用，其他窗口称之为非活动窗口。用户可随时改变当前窗口，改变的过程称之为激活窗口。

切换（激活）窗口可使用鼠标或键盘，其方法如下：

● 使用鼠标激活窗口：在所要激活的窗口内任意处单击鼠标一下；单击任务栏中所需的任务按钮，可激活相应的应用程序的窗口。

● 用键盘切换：反复按组合键"Ctrl + Tab"或"Ctrl + Esc"可切换应用程序窗口；反复按组合键"Ctrl + F6"可切换文档窗口。

● 移动窗口

将鼠标指针指向窗口的"标题栏"，拖曳窗口到屏幕上所需的位置。若使用键盘，则按组合键"Alt + 空格键"打开控制菜单，选择"移动"命令项，然后再按方向键来移动窗口。

● 改变窗口大小

将鼠标指针指向窗口的边框或右下角，鼠标指针形状自动变成双向箭头的指针，此时来回拖曳窗口边框或右下角，即可改变窗口的大小。

● 最大化窗口

单击"标题栏"右端最大化按钮 ▭ ，窗口即可扩大到整个桌面，此时最大化按钮变成还原按钮。

● 还原窗口

当窗口最大化以后，单击"标题栏"右端还原按钮 ▭ ，即可使窗口恢复至原来的大小。

● 最小化窗口

单击"标题栏"右端最小化按钮 ▭ ，窗口在桌面上被隐藏。此时窗口对应的图标按钮仍然在"任务栏"上，单击该按钮又可显示该窗口。

● 关闭窗口

单击"标题栏"右端关闭按钮 ✕ ，窗口在屏幕上消失。此时窗口对应的图标按钮也在"任务栏"上消失。

● 切换窗口

单击"任务栏"上代表该窗口的图标按钮；或者从未被完全遮挡的非活动窗口中单击所需要的窗口的任一地方；或者按"Alt + Tab"键或"Alt + Esc"键，则在多个被打开的窗口间循环切换。

② 排列窗口：

桌面上窗口的排列有层叠、横向平铺和纵向平铺三种方式。鼠标指向"任务栏"的空余处右击，将弹出一个菜单，然后选择其中一种排列方式。

2）对话框

对话框是用户与 Windows 应用程序之间进行设置和信息交流的一个界面。它主要用作人与系统之间的信息对话，用户可根据需要做出设置选择。对话框的一般特征是：不能改变大小，没有菜单、窗口标志图标和任务栏图标按钮。

打开对话框与打开窗口的方法相似，只是对话框依据用户的需求而形状不同，并且对话框能实现人机对话。图 2.10 是"鼠标属性"对话框。

（1）标题栏

标题栏中的左边是对话框的名称。用鼠标拖动标题栏可以移动对话框。

（2）选项卡

选项卡又称标签，它代表对话框中的"页"。如图 2.10 所示，有"鼠标键"、"指针"、"指针选项"、"滑轮"和"硬件"五个标签，表示该对话框有五页。单击选项卡的标题，可以在对话框中所列举的几组功能中选择一组。

（3）命令按钮

命令按钮是一些具有立体效果的方块，方块上写着按钮的名称。命令按钮用于执行一段特定的功能，单击命令按钮可立即执行相应的命令。如果命令按钮呈现淡灰色，表示当前该按钮所对应的功能无效，即不可选；如果一个命令按钮上的命令名后面跟有省略号（…），表示单击该按钮将弹出一个对话框。

图 2.10 "鼠标属性"对话框

（4）文本框

文本框也称编辑框，是用户输入信息的一个矩形区域。当鼠标移至文本框时，鼠标指针变成"I"形状，鼠标在文本框内单击，将在单击处显示一个闪烁的光标即插入点，这时在此处输入文字信息。

（5）列表框

列表框用于显示多个选项，由用户选择其中一项。当选项一次不能全部显示在列表框中时，用户可用列表框右侧或下部的滚动条进行上下或左右调整。

（6）下拉列表框

右侧有一个下三角按钮"▼"，单击该按钮，将打开下拉式列表供用户选择。当选项较多时，会出现滚动条，可以单击滚动按钮来查看和选择。列表关闭时，框内所显示的就是选中的信息。

（7）单选按钮

单选按钮的形状为"▣"，即一个小圆框，是一组互相排斥的选项，成组出现，一组单选按钮中同时只能有一个被选中。被选中的按钮形状为"▣"，即圆框中出现一个小黑点。

（8）复选框

复选框用小方框表示，形状为"☐"，复选框列出了可选择的任选项，可以根据需要选择一个或多个选项。复选框相当于一个开关，框中带有"√"，表示该选项有效。单击复选框后，在小方框内会出现"√"，显示成☑，表示该项被选定；若再次单击此复选框，框内为空，显示成☐，表示取消该项选择。

（9）数值框

数值框可以输入一个精确的数据，也可以单击数值框右边的增/减按钮▲▼改变数值大小，按一下增/减一个单位。

（10）滑标

左右拖动滑标可以改变数值的大小。一般用于调整参数。

（11）帮助

在标题栏的右端有一个帮助按钮◉，单击此按钮，就可获得有关该组件的帮助信息。

（12）关闭对话框

● 若不想执行任何命令而关闭对话框，可按"Esc"键、"Alt + F4"组合键、"关闭"按钮☒或对话框中的"取消"按钮。

● 若选择了命令按钮，如选择"确定"按钮，则对话框自动关闭，所选择的命令有效。

4. 菜单和工具栏

1）菜　单

在 Windows 7 中，菜单是一种用结构化方式组织的操作命令的集合，有利于用户综合了解系统的性能。通过菜单的层次布局，复杂的系统功能才能有条不紊地为用户接受。Windows 7 大量采用了菜单技术将用户操作进行分类，所以操作 Windows 系统有直观、简单和方便的特点。

（1）菜单的分类

Window 菜单是一组"操作名称"的列表。它是一种操作向导，通过简单的鼠标单击即可完成各种操作。Windows 的菜单一般分为 4 类，如表 2.4 所示。

表 2.4　Windows 的菜单及用途

菜单名称	意　义
开始菜单	它是 Windows 最庞大的菜单，包含了 Windows 7 的系统程序和全部应用软件
窗口菜单	一般是指某个窗口标题栏下面一行位置上的一组菜单。只有应用程序窗口有窗口菜单，而对话框窗口没有菜单
控制菜单	指单击标题栏左端图标或者在标题栏上右击鼠标后弹出的菜单
快捷菜单	指用户右击鼠标后弹出的菜单，包含了对某一对象的操作命令

（2）执行菜单命令

菜单中的每一个菜单项就是一个命令，要选择、使用已打开菜单的菜单项可使用以下 3 种方法：

● 使用鼠标的方法：单击菜单项。

● 使用键盘的方法：使用"↑"、"↓"键循环选择菜单项，然后按回车键。

● 使用热键：菜单项的名字后若带有下划线字母，则按该字母键可以快速执行该菜单项。

（3）菜单中命令项的标记

一个菜单含有若干个命令项,其中有些命令项前有符号"√",有些命令项后面跟有省略号"…",它们都有特定的含义,如表2.5所示。

表2.5 命令项标记的含义

命令项	说 明
黑色的菜单项	该菜单项已被激活
灰色的菜单项	该菜单项命令不可使用,如图2.11
带省略号 "…"	执行命令后会打开一个对话框,要求用户输入或选择信息,如图2.12
前有符号 "√"	复选标记。当命令项前有此符号时,表示该命令正在使用,如果再选择一次表示取消选中
带符号 "•"	单选标记。在分组菜单中,只有一个选项带有符号 "•",表示被选中
快捷键 ""	按下快捷键直接执行相应的命令,而不必使用菜单
带符号 "▶"	当鼠标指向该菜单命令时,会弹出一个子菜单,如图2.13
带下划线字母	带下划线的字母为该命令的热键

图2.11 灰色的菜单项   图2.12 带省略号 "…" 的菜单项项

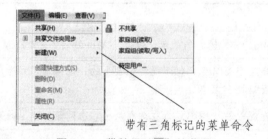

图2.13 带符号 "▶" 的菜单

2）工具栏

Windows 7应用程序大多数都有工具栏,工具栏常位于菜单栏下面,通常是一系列图标按钮,每一个按钮在菜单中都有对应的命令。单击工具栏上的图标按钮,可以快速执行常用的命令和功能。当移动鼠标指针指向工具栏上的某个按钮时,稍停留片刻,应用程序将显示该按钮的功能名称。

工具栏的优点是操作简便、敏捷和快速,使用户避免了记忆复杂的菜单位置和组合键(快捷键)的困难。

用户可以用鼠标把工具栏拖放到窗口中的任意位置，也可改变其排列方式。

5. 快捷方式和剪帖板的操作

1）快捷方式

快捷方式是 Windows 向用户提供的一种资源访问方式，通过快捷方式可以快速启动程序或打开文件和文件夹。快捷方式的实质是对系统中各种资源的一个链接，它的扩展名是 lnk。快捷方式不改变对应文件的位置，并且删除快捷方式的图标，不会删除对应的文件。创建快捷方式通常有下述两种方法：

（1）拖动法

将鼠标指向要创建快捷方式的文件或文件夹，按住鼠标右键并往桌面上拖动，当拖动到适当位置后释放鼠标，在弹出的快捷菜单中选择【在当前位置创建快捷方式】即可。

（2）使用快捷菜单

用鼠标右击要创建快捷方式的文件或文件夹，在弹出的快捷菜单中选择【发送到】／【桌面快捷方式】命令即可。

2）剪贴板的使用

剪贴板（ClipBoard）是内存中的一块区域，是 Windows 7 中用来在应用程序之间进行数据交换的一个临时存储空间。在 Windows 7 中剪贴板上总是保留着最近一次用户存入的信息。这些信息可以是文本、图像、声音和应用程序，通过剪贴板可以很方便地在应用程序间复制它们。剪贴板的使用步骤是先将信息复制或剪切到剪贴板中（按"Ctrl + C"组合键复制或按"Ctrl+X"组合键剪切），然后在目标应用程序中将插入点定位在需要放置信息的位置，然后粘贴（在应用程序中按"Ctrl + V"组合键）即可将剪贴板中的信息传送到目标应用程序中。

2.2.3 文件和文件夹管理

文件的管理包括文件的创建、查看、复制、移动、删除、搜索、重命名、属性等操作。在 Windows 中，文件的管理主要是通过【计算机】和【资源管理器】来完成的。

1. 文件及文件夹

1）文件的概念

文件是指存储在计算机中的一组在逻辑上相关的信息的集合。文件可以是一个程序、数据、文档或其他信息形式。文件的基本属性包括文件名、文件的大小、文件的类型和创建时间等。文件是通过文件名和文件类型进行区别的，每个文件都有不同的类型或不同的名字。

2）文件名

（1）命名规则

在 Windows 7 中，文件的命名有以下规则：

① 每一个文件都有唯一的名字，俗称文件名。文件名由主文件名和扩展名组成，中间用"."字符分隔，其格式为：主文件名.扩展名。主文件名用来表示文件的名字，是辨别文件的基本信息，也是文件名的前半部分，不可省略；文件扩展名又称文件名后缀，用于识别文件的类型，扩展名可

以省略。Windows 通过文件名对文件进行各种操作。表 2.6 是常用的扩展名及其含义。

表 2.6　Windows 中文件的类型和含义

扩展名	含　　义	扩展名	含　　义
.bas	BASIC 语言源文件	.exe	可执行文件
.bak	备份文件	.gif	Gif 图像文件
.bat	批处理文件	.htm	HTML 语言文件
.bmp	位图像文件	.jpg	JPEG 图像文件
.c	C 语言源文件	.lib	库文件
.cls	类模块文件	.pptx	PowerPoint 演示文稿文件
.com	DOS 命令文件	.txt	文本文件
.dat	数据文件	.tmp	临时文件
.dbf	Foxpro 数据库文件	.wav	声音文件
.docx	Word 文档	.sys	系统配置文件
.dll	动态链接库文件	.xlsx	Excel 工作薄文件
.drv	设备驱动程序	.$$$	编辑时产生的临时文件

系统保留用户命名时的大小写字母形式，但系统不区分文件名的大小写。

② 文件的命名规则：Windows 对文件名命名的长度最多可以有 255 个字符或 127 个汉字，其中包含驱动器和完整路径信息。一般在使用长文件名时为了便于记忆文件的内容或用途通常使用描述性的名称。文件名中的字符可以是：

- 文件名可以使用汉字、26 个英文字母（不区分大小写）、数字、部分符号、空格、下划线，可以使用中西文混合名字，例如：北京 abc。

- 文件名不能出现以下 \ | / : * ? " < > 9 个符号，因为它们被赋予了另外的意义，在系统中另有用途。

③ 在同一文件夹中，不能有文件名（包括扩展名）完全相同的文件。

（2）通配符

当搜索文件时，可在文件名或扩展名的某些字符位置上使用通配符 "?" 或 "*"，用以一次指定多个文件，通配符可以跨越间隔符，其含义如下：

① "?"：在文件名字符串中表示所在处为任一字符。例如：xy?.doc 表示文件名为 3 个字符，且前 2 个字符为 xy，第 3 个是任意字符，扩展名为.doc 的所有文件。xy1.doc、xy2.doc 等都符合条件。

② "*"：在文件名字符串中表示所在处为任意个字符。如："*.*" 可以表示所有文件。"a*.doc" 表示文件名前一个字符为 a，扩展名为.doc 的所有文件。a1.doc、abcd.doc 等都符合条件。

③灵活使用通配符是提高使用计算机技能的一个重要环节。

3）文件夹

文件夹是用来协助人们管理计算机文件的，每一个文件夹对应一块磁盘空间，它提供了指向对应空间的地址，它没有扩展名，也就不像文件那样格式用扩展名来标识。文件夹不是文件，如同我们的文件袋，可以将一个文件或多个文件分门别类地放在建立的各个文件夹中，目的是方便查找和管理。Windows 操作系统采用"树型结构"的目录管理方式，使文件管理清楚，便于保存和调用。

Windows 允许用户在根目录下设置文件夹，形成组织文件的一种树形结构。在一个文件夹中可以有文件和文件夹（俗称子文件夹），但在同一个文件夹中不允许有相同名字的文件或子文件夹存在，而在不同文件夹中允许有相同名字的文件或子文件夹。

文件夹的命名与文件名命名规则相同，只是实际使用中省去了扩展名。建立新文件夹时，系统自动命名为"新文件夹（1）...新文件夹(n)"。根据文件名命名规则和需要可重新命名文件夹名。

文件夹及文件间的相互关系，构成了一个树型结构，称为文件夹树。文件夹树的结点是：根结点称为根文件夹；树枝结点称为子文件夹；树叶称为文件。

2. 浏览计算机的资源

Windows7 系统提供了两种重要的管理资源工具——【计算机】和【Windows 资源管理器】。本节主要介绍在【Windows 资源管理器】中查看、管理计算机的各种资源。

1）启动【Windows 资源管理器】

启动 Windows 资源管理器的方法：

（1）双击桌面上【计算机】图标

（2）单击任务栏中的 Windows 资源管理器的图标

（3）依次单击【开始】按钮→【所有程序】→【附件】→【Windows 资源管理器】。

（4）鼠标指向【开始】按钮→单击鼠标右键→在展开的菜单中选择【打开 Windows 资源管理器】。

（5）右键点击任务栏中的 Windows 资源管理器的图标 ，在展开的菜单中选择【Windows 资源管理器】

2）显示或隐藏功能菜单

资源管理器中即可显示菜单，也可以将菜单隐藏。

单击资源管理器窗口中的组织下拉菜单，在弹出的菜单中选择【布局】/【菜单】，则菜单显示。若再选择一次，则菜单隐藏。

3）分隔条

资源管理器工作窗口可分为左、右两个窗格：左侧的是列表区，右侧是"目录栏"窗格，用来显示当前文件夹下的子文件夹或文件目录列表。移动分隔条可以改变左、右窗格的大小，其方法是拖曳分隔条。

4）文件夹树的展开与隐藏

在资源管理器左窗格的文件夹树中，有的文件夹图标左侧有"＋"标记，表示该文件夹有下属的子文件夹（子目录），可以进一步打开（俗称"展开"），打开时只需用鼠标单击"＋"标记即可；有的文件夹图标左侧含有"－"标记，表示该文件夹已经展开，用鼠标单击"－"标记，则系统将显示退回上层文件夹的形态，将该文件夹下的子文件夹隐藏起来，标记"－"变为"＋"；如果文件夹图标左侧既没的"＋"标记也没有"－"标记，则表示该文件夹下没有子文件夹，不可进行展开或隐藏操作。

5）改变文件或文件夹的显示方式

其显示方式有 "超大图标"、"大图标"、"中图标"、"小图标"、"列表"、"详细信息"、"平铺" 和 "内容"，若要改变显示方式，可单击 Windows 资源管理器窗口右上角 "更改您的视图" 图标 ，选择一种方式即可，也可通过【查看】菜单实现。

6）修改其他查看选项

单击【组织】下拉菜单，选择【文件夹和搜索选项】命令，弹出【文件夹】选项对话框，设置其他的查看方式，如图 2.14 所示。

用户切换到 "查看" 选项卡，选中【显示隐藏的文件、文件夹和驱动器】单选钮，去掉【隐藏已知文件的扩展名】复选钮，则查看隐藏文件及文件的扩展名。

7）路径及其表示形式

① 路径：指文件在文件夹树里的位置。用户在操作文件时，不仅要指明该文件在哪一个磁盘上，而且还要指明它在磁盘上的具体位置（即哪一个子文件夹下）。路径的具体表示形式为：盘符\根文件夹\子文件夹\…\文件名。

盘符：盘符是表示计算机中的一个磁盘。计算机中可以安装多个磁盘，其盘符的命名规则是：软磁盘的盘符一般是 "A:" 和 "B:"（不过，现在一般都不使用软盘了，因为软件已经淘汰了），硬盘的盘符从 "C:" 开始，视硬盘的数量及用户对盘的划分不同而盘符不同，系统一般依序而命名。如果安装了其他外存储设备，其盘符顺接。

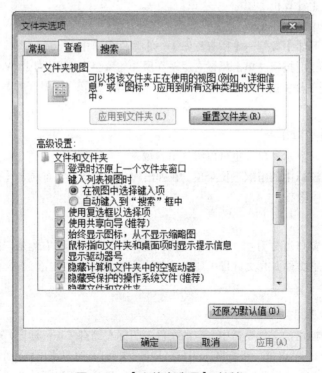

图 2.14 【文件夹选项】对话框

盘符后边的反斜杠表示根目录名，其后再是各级子文件夹名（文件夹之间用 "\" 隔开），最后是文件名，整个表达式中不能有空格。

② 当前盘、当前路径、当前文件夹：正在操作的磁盘称为"当前盘"；正在操作的文件所在的路径称为"当前路径"；正在操作的文件夹称为"当前文件夹"。

③ 绝对路径：指从该文件所在磁盘根文件夹开始直到该文件所在的子文件夹为止的路径。绝对路径表示了文件在文件夹树中的绝对位置。

④ 相对路径：指从该文件所在磁盘的当前文件夹开始直到该文件所在的文件夹为止的路径。相对路径表示了文件在文件夹树上相对于当前文件夹的位置。

3. 创建文件和文件夹

1）创建文件

① 打开相应的应用程序，就可以新建该应用程序的文档。

② 在桌面空白处单击鼠标右键，在弹出的快捷菜单中选择【新建】级联菜单中的相应文件选项来实现。

③ 在某一文件夹中单击鼠标右键或单击【文件】菜单，在弹出的快捷菜单或下拉菜单中选择【新建】级联菜单中的相应文件选项来实现。

2）创建文件夹

① 在桌面空白处单击鼠标右键，在弹出的快捷菜单中选择【新建】级联菜单中的【文件夹】选项并编辑文件夹名，即可在桌面创建指定的文件夹。

② 打开指定位置的文件夹，单击鼠标右键或单击【文件】菜单，在弹出的快捷菜单或下拉菜单中选择【新建】级联菜单中的【文件夹】选项或单击当前窗口中功能区【新建文件夹】命令并编辑文件夹名，即可在指定位置创建文件夹。

【案例1】在 D 盘创建一个名为"练习"的文件夹，并在该文件夹中创建一个名为"我的文件"的文本文件。

操作步骤如下：

- 双击桌面上"计算机"图标，打开"计算机"窗口；
- 在地址栏内输入"D:"并按 Enter 键，右窗格中显示 D 盘的文件或文件夹；
- 选项任一中输入法，单击功能区的【新建文件夹】命令，建立一个默认名为"新建文件夹"的文件夹，直接输入新的文件夹名"练习"。

在当前窗口双击"练习"文件夹名称，打开该文件夹窗口。按鼠标右键或单击【文件】菜单，在弹出的新建级联菜单中选择【文本文档】选项，创建一个默认名为"新建文本文档"的文本文档，直接输入新的文件名"我的文件"。

4. 选定文件和文件夹

Windows 是先选定操作对象，再执行操作命令。因此，用户在对文件和文件夹进行操作前，必须先选定。选取文件和文件夹的方法如下：

① 选中单个文件或文件夹：用鼠标左键单击某个文件或文件夹；

② 选中多个连续文件或文件夹：用鼠标单击要选的一个文件或文件夹，按住 Shift 键，再单击要选中的最后一个文件或文件夹

③ 选中多个不连续文件或文件夹：用鼠标单击要选的一个文件或文件夹，按住 Ctrl 键，再单击要选中的其他文件或文件夹；

④ 全部选中文件或文件夹：单击盘符或某个文件夹，按快捷键 Ctrl+A，就可以选中当前盘或文件夹的全部文件。

5. 复制文件和文件夹

首先选定要复制的文件或文件夹。

方法一：使用菜单命令

选择【编辑】或【组织】/【复制】（"Ctrl + C"）命令，然后选定目标位置，选择【编辑】或【组织】/【粘贴】（"Ctrl + V"）命令即可将选定的文件或文件夹复制到目标位置。

方法二：使用鼠标拖动

若被复制的文件或文件夹与目标位置不在同一驱动器，则用鼠标直接拖动到目标位置即可。否则，按住 Ctrl 键再拖动文件或文件夹到目标位置。

方法三：使用右键拖动

用鼠标右键拖动到目标位置，此时弹出快捷菜单，在菜单中选择【复制到当前位置】命令。

6. 移动文件和文件夹

首先选定要移动的文件或文件夹。

方法一：使用菜单命令

选择【编辑】或【组织】/【剪切】（"Ctrl + X"）命令，然后选定目标位置，选择【编辑】或【组织】/【粘贴】（"Ctrl + V"）命令即可将选定的文件或文件夹移动到目标位置。

方法二：使用鼠标拖动

若被移动的文件或文件夹与目标位置在同一驱动器，则用鼠标直接拖动到目标位置即可。否则，按住 Shift 键再拖动文件或文件夹到目标位置。

方法三：使用右键拖动

用鼠标右键拖动到目标位置，此时弹出快捷菜单，在菜单中选择【移动到当前位置】命令。

7. 删除文件和文件夹

选定要删除的文件或文件夹后，使用下面方法将其删除。

方法一：直接按 Delete 键，在弹出的【删除文件】对话框中单击【是】按钮，即可将文件或文件夹放入回收站。

方法二：按"Shift + Delete"组合键可以永久地删除文件或文件夹，而不放进回收站中，文件也不能还原。

方法三：通过【组织】/【删除】命令，或鼠标右键快捷菜单选择【删除】来完成，还可以用鼠标直接将其拖动到【回收站】图标上即可。

8. 恢复被删除的文件或文件夹

在【回收站】中的文件或文件夹并没有被从磁盘上永久删除，可以恢复这些文件或文件夹。具体方法是：双击桌面上【回收站】图标，打开【回收站】窗口，单击功能区上的【还原所有项目】命令，则回收站中的所有文件或文件夹被恢复到原来的位置，同时文件或文件夹从回收站中消失；选中某一文件或文件夹，单击功能区上的【还原此项目】命令，则选中的文件或文件夹从回收站中消失，并且该文件或文件夹出现在原来的位置。上述方法可以使用【文件】菜单中的【还原】命令完成。

若选择【清空回收站】命令，则回收站中显示的文件或文件夹被永久删除。

9. 重命名文件和文件夹

选取要重命名的文件或文件夹后，使用下面方法进行更名。

方法一：单击鼠标右键，在弹出的快捷菜单中选择【重命名】命令。

方法二：按 F2 键即可对文件或文件夹名进行编辑。

方法三：在文件或文件夹名称位置单击。

输入文件或文件夹名称后，按 Enter 键确认。在 Windows 中一次只能对一个文件或文件夹重命名。在对文件或文件夹名重命名时，不要轻易修改其扩展名，以免造成应用程序不能运行。

10. 查看或修改文件或文件夹的属性

在"Windows 7 资源管理器"中，可以方便地查看文件或文件夹的属性，并对它们进行修改。操作步骤如下：

①选定要查看或修改属性的文件或文件夹。

②执行【文件】/【属性】菜单命令，或鼠标右击文件，或打开菜单栏"文件"下拉菜单，从中选择"属性"选项，在弹出的"属性"对话框中可以查看文件的属性。打开如图 2.15 所示的属性对话框。

"常规"选项卡中，除显示了文件名、文件类型、打开方式等信息外，还包括以下信息：

● 时间属性：包括文件的创建时间、文件的修改时间、文件的访问时间。

● 空间属性：包括文件的位置、文件的大小、文件所占的磁盘空间。

图 2.15 【文件属性】对话框

● 操作属性：包括文件的只读属性、文件的隐含属性、文件的系统属性、文件的存档属性。

③ 在"属性"栏中修改属性。如果选择"隐藏"复选框，则文件在"Windows 7 资源管理器中"不显示出来；如果选择"只读"复选框，则该文件不能被修改，且删除时需要一个附加的确认，从而减少了因误操作而将文件删除的可能。

④ 在修改了属性以后，单击"应用"按钮，不关闭对话框且所做的修改生效；单击"确定"按钮，关闭对话框并保留修改。

11. 搜索文件和文件夹

Windows 7 中的搜索文件或文件夹是在 Windows 7 的资源管理器中进行的，与早期的版本不同。具体操作步骤如下：

① 打开【Windows 7 的资源管理器】窗口。

② 在窗口的左窗格中选择搜索位置。

③ 在"搜索栏"中输入要搜索的信息，并按 Enter 键开始搜索，如图 2.16 所示。

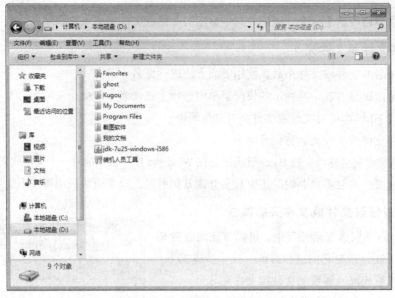

图 2.16 【搜索文件】窗口

④ 用户还可以设置"文件夹"搜索方式。单击【组织】/【文件夹和搜索选项】菜单命令，打开【文件夹选项】对话框，切换到【搜索】选项卡，如图 2.17 所示。

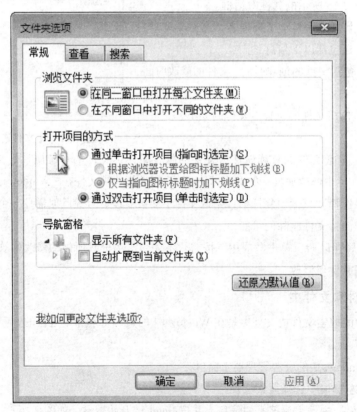

图 2.17 【文件夹选项】对话框

2.2.4　控制面板

Windows 7控制面板是对系统进行设置的一个工具集合，通过它用户可以根据自己的爱好更改显示器、键盘、鼠标、桌面等硬件的设置，以便更有效地使用它们。

打开"控制面板"的方法很多，常用的有以下两种：

① 单击【开始】/【控制面板】命令，打开【控制面板】窗口。

② 双击桌面"计算机"图标，打开【Windows资源管理器】窗口，单击【打开控制面板】命令。

【控制面板】窗口打开后，出现如图2.18所示的窗口。在该窗口中，双击相应选项即可进行参数设置。

图2.18　【控制面板】窗口

1."外观和个性化"设置

在【控制面板】窗口双击【外观和个性化】按钮，切换到【控制面板】的【外观和个性化】窗口，如图2.19所示。在该窗口中可以进行显示特性、字体和文件夹等属性的设置。

1）更改主题

单击【更改主题】按钮，切换到到如图2.20所示的窗口。在该窗口中可完成如下设置：

- 更改桌面图标；
- 更改鼠标指针；
- 更改帐户图片。

（1）更改桌面图标

Windows 7安装好后，桌面上只显示"回收站"图标。用户可以添加或删除计算机、网络、用户的文件和控制面板图标。

图 2.19 【外观和个性化】窗口

图 2.20 【更改主题】窗口

单击【更改桌面图标】按钮，打开如图 2.21 所示的【桌面图标设置】对话框。复选框被选中表示该图标已显示在桌面上，用户可以按自己的要求选择。在"桌面图标"列表框中选择一个图标，单击"更改图标"按钮，可以为该对象指定一个图标。

图 2.21 【桌面图标设置】对话框

2）更改桌面背景

桌面背景又称为墙纸，在【控制面板】的【个性化】窗口中单击【更改桌面背景】命令，打开
"桌面背景"对话框，如图 2.22 所示。用户可以选择一个图片作为桌面背景，也可按【浏览】按钮
指定一个图片作为桌面背景；或选择多个图片创建一个幻灯片，选择更改图片的间隔时间，即可播
放幻灯片。

3）调整分辨率

在【控制面板】的【个性化】窗口中单击【调整屏幕分辨率】命令，打开"显示器分辨率"设
置窗口，如图 2.23 所示。用户可以根据自己的显示器和显卡设置屏幕的分辨率，并可通过【放大或
缩小文本和其他项目】命令，设置显示的字体。

图 2.22　【桌面背景】设置对话框

图 2.23　"显示器分辨率"设置窗口

2．添加新硬件

对于即插即用设备，只要根据生产厂商的说明将设备连接在计算机上，然后打开计算机并启动
Windows 7。Windows 7 将自动检测新的"即插即用"设备并安装所需的软件，必要时插入含有相
应驱动程序的软盘或光盘就可以了。

打开【控制面板】，单击【添加设备】命令，系统将搜索新硬件，用户只需根据提示相应操作
即可安装新硬件。

3．查看系统设备

Windows 7 可以使用多种系统设备，包括 DVD/CD-ROM 驱动器、磁盘控制器、调制解调器、

显示卡、网络适配器、数码相机等，用户可以用鼠标右击桌面上的"计算机"图标，在弹出的快捷菜单中选择"设备管理器"命令查看这些设备，了解它们的基本情况，如图 2.24 所示。

4. 卸载程序

Windows 7 中的应用程序有两种：一种是需安装后才能运行，该程序安装后会在注册表中进行注册；另一种是不需安装可直接运行。对于安装的程序，用户若不使用可将其卸载，释放硬盘空间。

（1）在打开的"添加或删除程序"窗口，在列表中选择希望删除的程序。

（2）单击"添加或删除程序"窗口中上部的"卸载"按钮，然后按提示操作即可。如图 2.25 所示。

图 2.24　【设备管理器】窗口

图 2.25　"程序和功能"窗口

2.2.5　其他功能

Windows 7 中具有很多附加的功能和工具，如磁盘管理、安装和设置输入法、记事本、画图等。

1. 磁盘管理

磁盘管理是计算机用户在使用计算机时的常规任务。Windows 7 为磁盘管理提供了强大的功能，可以对计算机中的磁盘进行格式化、磁盘碎片整理、磁盘清理等工作。使用系统提供的工具，用户能够更加快捷、方便、有效地管理计算机磁盘。

1）磁盘格式化

对新的软盘或硬盘，必须先进行格式化，然后才能使用。当格式化磁盘时，会检查磁盘上是否有损坏的扇区，并且磁盘上的内容会被清除。

格式化 D 盘，操作步骤：

① 打开【控制面板】，并单击【计算机】命令，计算机中的磁盘驱动器号显示在右窗格中。

② 鼠标右击 D 盘，从弹出的快捷菜单中选择【格式化】命令，打开如图 2.26 所示的格式化对话框。

在对话框中"容量"文本框中显示了选中磁盘的大小，在文件系统文本框中显示了选中磁盘的文件系统，在"格式化选项"选项区，用户可以选择一种格式化方式。

● 快速格式化：格式化是指对磁盘或磁盘中的分区（partition）进行初始化的一种操作，这种操作通常会导致现有的磁盘或分区中所有的文件被清除。用过的磁盘，可以选中此项；不选中该项格式化时间较长。

● 压缩：可以将磁盘上存储的数据压缩以节省磁盘空间。

③ 单击【开始】按钮，即开始格式化磁盘。开始之前，将弹出警告对话框询问是否同意格式化磁盘，以免误操作，如图 2.27 所示。

图 2.26 【格式化磁盘】对话框

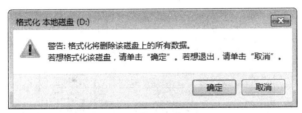

图 2.27 【警告】对话框

④ 单击【确定】按钮开始格式化磁盘，单击【取消】按钮退出格式化工作。格式化过程中将显示格式化的进展情况。

2）清理磁盘

计算机工作时产生的临时文件、回收站里存放的删除文件以及 Internet 临时文件，占用了磁盘空间。使用系统提供的"清理磁盘"工具，可清除掉无用的程序，收回磁盘空间。

进行磁盘清理的操作步骤如下：

① 在"磁盘属性"对话框中选择【常规】选项卡，如图 2.28 所示。

② 单击【磁盘清理】按钮，开始对磁盘进行清理。

2. 任务管理器

在 Windows 7 的运行过程中，由于某些软件或是系统问题，出现程序长时间没反应或系统死机的情形，这时可使用系统提供的任务管理器处理此情况。

调出任务管理器有以下三种方法：

① 在任务栏的空白处单击鼠标右键，从弹出的快捷菜单中选择【任务管理器】。

② 按下"Ctrl + Alt + Delete"组合键。

③ 按下"Ctrl + Shift + Esc"组合键。

任务管理器窗口如图 2.29 所示。

图 2.28 【磁盘属性】对话框　　　　　图 2.29 【任务管理器】窗口

选择【应用程序】选项卡，可以在"任务"列表框中看到当前运行的程序。选中某一程序，单击【结束任务】按钮，可结束该程序的运行。

选择【进程】选项卡，可以在列表框中看到当前内存中的进程状况。选择某一进程，单击【结束进程】按钮，可结束该进程，如图 2.30 所示。

图 2.30 【进程】选项卡对话框

3. 记事本

记事本是不带控制符的编辑器，是一个简单的文本编辑器，常用来创建或编辑无格式且小于 64KB 的纯文本文件。"记事本"使用起来非常方便，适应于备忘录、便条等。它运行速度快、占用空间小，很实用。

第 3 章　Word 2010 文字处理软件

Word2010 是 Microsoft 公司开发的 Office2010 办公组件之一，主要用于文字处理工作，也是目前文字处理软件中使用相对广泛的一种。它具有强大的文本编辑以及文档处理功能，集文字的编辑、排版、表格处理、图形处理功能于一体。使用 Word 2010 便捷的编辑、排版功能，用户可以轻松快捷地制作出各种文档。比如：我们可以制作一份简单的通知，编写及设计自己的简历、计划等，也可以制作一份图文混排、美观漂亮的文稿。在毕业的时候，我们可以撰写论文，同时还可以在文档中加入图表、声音、图像等，构成一个图文并茂、生动活泼的文档。

3.1　Word 2010 概述

Microsoft Word 2010 是一种字处理软件，旨在帮助您创建具有专业水准的文档。Word 中带有众多顶尖的文档格式设置工具和功能强大的编辑与修订工具，可帮助用户高效地组织和编写文档。

3.1.1　Word 2010 的基本功能及特点

Word 2010 能够用于创建各种文档文件，例如文章、计划、报告、书信、简历等。使用 Word 2010 可以在文档中加入图片、表格、艺术字，对文档内容进行修饰与美化，进行自动的排版处理、自动更正错误、自动套用格式、自动创建样式、自动生成索引目录等多种功能。Word 2010 具有十大优点：

（1）发现改进的搜索和导航体验。

利用 Word 2010，可更加便捷地查找信息。现在，利用新增的改进查找体验，可以按照图形、表、脚注和注释来查找内容。改进的导航窗格提供了文档的直观表示形式，这样就可以对所需内容进行快速浏览、排序和查找。

（2）与他人同步工作。

Word 2010 重新定义了人们一起处理某个文档的方式。利用共同创作功能，您可以编辑论文，同时与他人分享您的思想观点。对于企业和组织来说，与 Office Communicator 的集成，使用户能够查看与其一起编写文档的某个人是否空闲，并在不离开 Word 的情况下轻松启动会话。

（3）几乎可从在任何地点访问和共享文档。

联机发布文档，然后通过您的计算机或基于 Windows Mobile 的 Smartphone 在任何地方访问、查看和编辑这些文档。通过 Word 2010，您可以在多个地点和多种设备上获得一流的文档体验 Microsoft Word Web 应用程序。当在办公室、住址或学校之外通过 Web 浏览器编辑文档时，不会削弱您已经习惯的高质量查看体验。

（4）向文本添加视觉效果。

利用 Word 2010，您可以向文本应用图像效果（如阴影、凹凸、发光和映像）。也可以向文本应用格式设置，以便与您的图像实现无缝混和。操作起来快速、轻松，只需单击几次鼠标即可。

（5）将您的文本转化为引人注目的图表。

利用 Word 2010 提供的更多选项，您可将视觉效果添加到文档中。您可以从新增的 SmartArt™ 图形中选择，以在数分钟内构建令人印象深刻的图表。SmartArt 中的图形功能也可以将要点句列出的文本转换为引人注目的视觉图形，以便更好地展示您的创意。

（6）向文档加入视觉效果。

利用 Word 2010 中新增的图片编辑工具，无需其他照片编辑软件，即可插入、剪裁和添加图片特效。您也可以更改颜色饱和度、色温、亮度以及对比度，以轻松将简单文档转化为艺术作品。

（7）恢复您认为已丢失的工作。

您是否曾经在某文档中工作一段时间后，不小心关闭了文档却没有保存？没关系，Word 2010 可以让您像打开任何文件一样恢复最近编辑的草稿，即使您没有保存该文档。

（8）跨越沟通障碍。

利用 Word 2010，您可以轻松跨不同语言沟通交流。翻译单词、词组或文档。可针对屏幕提示、帮助内容和显示内容分别进行不同的语言设置。您甚至可以将完整的文档发送到网站进行并行翻译。

（9）将屏幕快照插入到文档中。

插入屏幕快照，以便快捷捕获可视图示，并将其合并到您的工作中。当跨文档重用屏幕快照时，利用"粘贴预览"功能，可在放入所添加内容之前查看其外观。

（10）利用增强的用户体验完成更多工作。

Word 2010 简化了您使用功能的方式。新增的 Microsoft Office Backstage™ 视图替换了传统文件菜单，您只需单击几次鼠标，即可保存、共享、打印和发布文档。利用改进的功能区，您可以快速访问常用的命令，并创建自定义选项卡，将体验个性化为符合您的工作风格需要。

3.1.2 Word 2010 的启动与退出

1. 启动 Word 2010 应用软件

Word 2010 的启动方法一般有以下几种。

（1）双击桌面上的 Word 2010 快捷图标。

（2）选择菜单【开始】→【所有程序】→【Microsoft Office】中的 Microsoft Word 2010。

（3）选择【开始】→【运行】，在如图 3.1 所示的"运行"对话框中输入 WINWORD，可以不输扩展名，单击【确定】按钮。

（4）在 Office 2010 默认安装目录 C:\Program Files\Microsoft Office\OFFICE14 下，找到 WINWORD.EXE，双击该文件。

（5）在"我的电脑"或"资源管理器"窗口中，双击任何位置下的 word 文档都可启动 word 打开此文件。

其中，采用前面 4 种方法启动应用软件后，应用软件将会建立一个新文档，新文档的命名方法为："文档"＋序号，例如，文档名为"文档1"、"文档2"等。

图 3.1　运行应用程序

2. 退出 Word 2010 应用软件

方法1：选择菜单【文件】→【退出】。

方法2：单击应用软件窗口标题栏右侧的【关闭】按钮。

方法3：双击应用软件窗口标题栏左侧的图标。

方法4：单击应用软件窗口标题栏左侧的图标或者右击应用软件窗口标题栏，在随后弹出的"控制菜单"中选择【关闭】。

方法5：使用快捷键 Alt＋F4。

不管使用哪种方法退出 Word，如果当前打开的文档中有修改后尚未保存的，应用软件都会出现一个提示窗口，提醒用户哪一个文件尚未保存，并询问用户是否需要保存该文件。如果需要保存，选择【是】按钮，Word 会按原有文件名保存后并退出；如果不需要保存，选择【否】按钮，Word直接退出，且不保存已修改的部分内容；如果不想退出应用软件，选择【取消】按钮。如果是一个新文档初次存盘，则选择【是】按钮后，应用软件将打开一个另存为对话框，要求用户指定文档保存位置并输入文档的文件名。

3.1.3　Word 2010 的窗口组成

启动 Word 2010 后进入如图 3.2 所示的窗口界面，该窗口主要由快速访问工具栏、标题栏、"文件"选项卡、功能区、文档编辑区、状态栏和导航窗格等组成。

（1）标题栏：显示当前正在编辑的文档的文件名以及所使用的软件名称。

（2）"文件"选项卡：基本命令(如"新建"、"打开"、"关闭"、"另存为..."和"打印"位于此处。

（3）快速访问工具栏：常用命令位于此处，例如"保存"和"撤销"。也可以添加个人常用命令。

（4）功能区：工作时需要用到的命令位于此处。其功能及作用与其他软件中的"菜单"或"工具栏"相同。

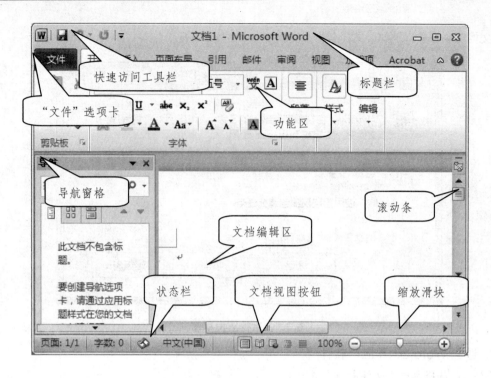

图 3.2　Word 2010 窗口

（5）导航窗格：Word 2010 的"导航窗格"提供了丰富的导航和搜索功能。

（6）文档编辑区：显示正在编辑的文档。

（7）文档视图按钮：提供了五种视图模式，包括"页面视图"、"阅读版式视图"、"Web 版式视图"、"大纲视图"和"草稿视图"等，可用于更改正在编辑的文档的显示模式。

（8）滚动条：可用于更改正在编辑的文档的显示位置。

（9）缩放滑块：可用于更改正在编辑的文档的显示比例设置。

（10）状态栏：显示正在编辑的文档的相关信息。

3.1.4　Word 2010 的功能区

Word 2010 取消了传统的菜单操作方式，而代之于各种功能区。在 Word 2010 窗口上方看起来像菜单的名称其实是功能区的名称，当单击这些名称时并不会打开菜单，而是切换到与之相对应的功能区面板。每个功能区根据功能的不同又分为若干个组，每个功能区所拥有的功能如下所述：

1. 功能区"开始"选项卡

功能区"开始"选项卡中包括剪贴板、字体、段落、样式和编辑等五个组，对应 Word 2003 的"编辑"和"段落"菜单部分命令。该功能区主要用于帮助用户对 Word 2010 文档进行文字编辑和格式设置，是用户最常用的功能区，如图 3.3 所示。

图 3.3 功能区"开始"选项卡

2. 功能区"插入"选项卡

功能区"插入"选项卡包括页、表格、插图、链接、页眉和页脚、文本、符号等七个组，对应 Word2003 中"插入"菜单的部分命令，主要用于在 Word 2010 文档中插入各种元素，如图 3.4 所示。

图 3.4 功能区"插入"选项卡

3. 功能区"页面布局"选项卡

功能区"页面布局"选项卡包括主题、页面设置、稿纸、页面背景、段落、排列等六个组，对应 Word2003 的"页面设置"菜单命令和"段落"菜单中的部分命令，用于帮助用户设置 Word 2010 文档页面样式，如图 3.5 所示。

图 3.5 功能区"页面布局"选项卡

4. 功能区"引用"选项卡

功能区"引用"选项卡包括目录、脚注、引文与书目、题注、索引和引文目录等六个组，用于实现在 Word 2010 文档中插入目录等比较高级的功能，如图 3.6 所示。

图 3.6 功能区"引用"选项卡

5. 功能区"邮件"选项卡

功能区"邮件"选项卡包括创建、开始邮件合并、编写和插入域、预览结果和完成等几个组，该功能区的作用比较专一，专门用于在 Word 2010 文档中进行邮件合并方面的操作，如图 3.7 所示。

图 3.7　功能区"邮件"选项卡

6. 功能区"审阅"选项卡

功能区"审阅"选项卡包括校对、语言、中文简繁转换、批注、修订、更改、比较和保护等八个组，主要用于对 Word2010 文档进行校对和修订等操作，适用于多人协作处理 Word 2010 长文档，如图 3.8 所示。

图 3.8　功能区"审阅"选项卡

7. 功能区"视图"选项卡

功能区"视图"选项卡包括文档视图、显示、显示比例、窗口和宏等五个组，主要用于帮助用户设置 Word 2010 操作窗口的视图类型，以方便操作，如图 3.9 所示。

图 3.9　功能区"视图"选项卡

8. 功能区"加载项"选项卡

功能区"加载项"选项卡包括菜单命令一个分组，加载项是可以为 Word 2010 安装的附加属性，如自定义的工具栏或其他命令扩展。功能区"加载项"选项卡则可以在 Word 2010 中添加或删除加载项，如图 3.10 所示。

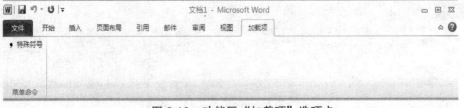

图 3.10　功能区"加载项"选项卡

3.1.5　Word 2010 的视图

Word 2010 提供了五种不同的版式视图：页面视图、阅读版式视图、Web 版式视图、大纲视图、草稿视图，以满足不同编辑状态下的需要，选择适当的视图可以提高工作效率，节省工作时间。

在功能区"加载项"选项卡"文档视图"组，可以切换当前文档视图。五种视图方式的介绍见表 3.1。

表 3.1　Word 2010 的视图

视图方式	视图说明
页面视图	可以显示 Word 2010 文档的打印结果外观，主要包括页眉、页脚、图形对象、分栏设置、页面边距等元素，是最接近打印结果的页面视图
阅读版式视图	以图书的分栏样式显示 Word 2010 文档，"文件"按钮、功能区等窗口元素被隐藏起来。在阅读版式视图中，用户还可以单击"工具"按钮选择各种阅读工具
Web 版式视图	以网页的形式显示 Word 2010 文档，Web 版式视图适用于发送电子邮件和创建网页
大纲视图	主要用于设置 Word 2010 文档的设置和显示标题的层级结构，并可以方便地折叠和展开各种层级的文档。大纲视图广泛用于 Word 2010 长文档的快速浏览和设置中
草稿视图	取消了页面边距、分栏、页眉页脚和图片等元素，仅显示标题和正文，是最节省计算机系统硬件资源的视图方式

3.2　Word 2010 的基本操作

3.2.1　新建或打开 Word 文档

1. 新建 Word 文档

创建新文档的时候，系统会依照默认文档名称"文档1"、"文档2"、"文档3"……的顺序命名文档。

新建 Word 文档有两种方法：

（1）使用应用程序新建文档

步骤：选择菜单【开始】→【程序】→【Microsoft Office】→【Microsoft Office Word 2010】命令，打开一个空白文档。

（当然，如果桌面上有 Word 2010 的快捷方式图标，也直接双击运行。

（2）使用"文件"选项卡新建文档

在编辑文档的过程中，如果需要创建新的文档，可以使用"文件"选项卡新建文档，步骤（见图 3.11）：

① 单击【文件】选项卡，在左侧列表中选择【新建】选项；

② 在【新建】窗口中，单击【可用模板】列表框中的【空白文档】按钮；

③ 单击右侧的【创建】按钮，即可创建一个空白文档。

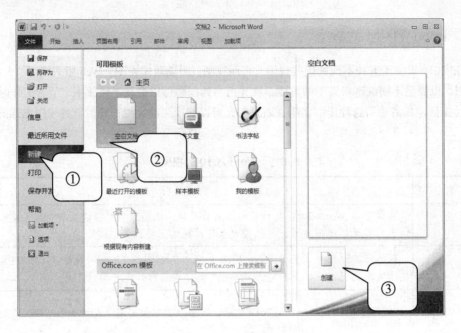

图 3.11　使用"文件"选项卡新建文档

2. 打开 Word 文档

要编辑已经存在的 Word 文档，需要打开文档。打开 Word 文档有以下方法：

（1）直接打开已存在的文档：在所保存文档的文件夹下，直接双击要打开的文档。（在所保存文档的文件夹下，直接右击要打开的文档的图标，然后在弹出的快捷菜单中选择【打开】命令，也可打开该文档）

（2）间接打开文档：新建一个空白文档（或在已打开其它的 Word 2010 文档）界面中，可以单击【文件】选项卡，在左侧列表中选择【打开】选项（见图 3.11 左侧），弹出的如图 3.12 所示的"打开"对话框。在如图 3.12 所示的"打开"对话框中，在左上角的【查找范围】下拉列表中选择所需打开文档所在的驱动器、网络地址或文件夹（包括历史、我的文档、桌面、收藏夹和共享文档等），在文件（夹）列表框中选中所需的文档名称，单击【打开】按钮即可打开该文档。

如果单击【打开】按钮右侧的下拉按钮，还可以选择【以只读方式打开】或【以副本方式打开】文档。"以只读方式打开"的文档只能读取，不能进行修改操作；"以副本方式打开"文档可以创建并打开该文档的一个副本，所有操作都在副本上进行，而原文档保持不变。

图 3.12　"打开"对话框

图 3.13　"另存为"对话框

3.2.2 Word 文档的保存

编辑的文档一定要注意保存。正在编辑的文档只是存储在计算机的内存当中，意外或人为的死机、关机或断电都会造成内存中的数据全部丢失，在 Word 中所做的一切没有保存的操作也会随之丢失。因此，在编辑文档的过程中要注意随时存盘。Word 提供了自动存盘功能，可以单击【文件】选项卡，在左侧列表中选择【选项】（见图 3.11 左侧），在打开的"Word 选项"对话框中选择【保存】选项，在其中可以关闭/打开自动保存功能及设置自动存盘间隔时间。

1. 保存文档：方法很简单，以下三种方法均可以将正在编辑的文档以原文件名保存到原来文件所在的位置：

（1）单击"快速访问工具栏"工具栏上的"保存"按钮；

（2）可以单击【文件】选项卡，在左侧列表中选择【保存】选项；

（3）使用快捷键 Ctrl + S。

2. 另存文档：如果想将已经保存过的文档用不同的名称或不同的位置保存，可以选择【文件】选项卡→【另存为】，在打开的如图 3.13 所示的"另存为"对话框中设置保存位置和文件名即可。另外，当新建的文档第一次保存时，也会打开"另存为"对话框。对话框右上角有新建文件夹按钮，可以将文档保存到新建的文件夹当中。

3.2.3 Word 文档的重命名

在"我的电脑"或"资源管理器"中，对 word 文件重命名：

方法 1：使用鼠标右击需要重命名的文件，在弹出的菜单中选择"重命名"项，使文件名称变为可编辑状态，此时，可以直接输入新的文件名，就完成重命名了。

方法 2：选中需要重命名的文件，单击菜单中的"文件"/"重命名"，使文件名称变为可编辑状态，此时，可以直接输入新的文件名，就完成重命名了。

3.3 编辑文档

3.3.1 在 Word 文档中输入内容

1. 录入文字

在 Word 2010 文档编辑区有一个闪烁的 I 形光标，用户键入的文字都插入在光标所在位置，即"插入点"。按键盘上的 Backspace 键，可以删除插入点前面的一个字符，按键盘上的 Delete 键，可以删除插入点后面的一个字符。

用鼠标在所需插入位置单击即可定位插入点。通常 Word 都是从页面的左上角开始输入文字的。如果想从页面的任意位置开始输入文字，可以将鼠标移动到所需位置双击，插入点会自动移动到此处，并在前面自动插入回车、空格符号。使用键盘上的编辑键也可以移动插入点，表 3.2 列出了常用的移动插入点的键盘操作。

表 3.2　插入点移动键盘操作

按键	插入点变化	按键	插入点变化
↑、↓、←、→	上、下、左、右移动	PageDown	向下翻页
Home	移动到当前行首	Ctrl + Home	移动到文档头
End	移动到当前行尾	Ctrl + End	移动到文档尾
PageUp	向上翻页		

注意：

（1）状态栏上的"插入"或"改写"，显示了当前的是插入编辑模式还是改写编辑模式。

当显示有"插入"时，表示当前处于"插入"状态，新键入的字符将插入到插入点所在位置，插入点及其以后的字符会自动后移。

当显示为"改写"时，表示当前处于"改写"状态，新键入的字符会覆盖插入点所在位置的字符。按键盘上的 Insert 键可以切换"插入/改写"模式。

（2）在进行文字录入时，不需在每一行的行尾按回车键来控制换行，Word 2010 文本编辑是自动换行的。只有在每一段结束时才需要按回车键，在段尾插入一个段落标记↵，新的一段开始。该标记仅在页面上显示，可以使用户很清楚地看到每个段落的划分，文档打印时不会被打印出来。

段落标记表示一段的结束，与键入的其他字符一样也可以被删除。当删除一个段落标记时，其后续的段落会合并到本段来。如果要划分段落，只需在划分处按回车插入一个段落标记即可。

2. 输入标点符号与特殊符号

除了键盘上提供的一些符号可以直接键入以外，还可以插入其它符号，方法是：点击选择功能区"插入"选项卡右边的【符号】组，单击的【符号】组的"符号"，如图 3.14 所示，可点击其中的看到的符号输入，或继续单击【其它符号】，打开如图 3.15 所示的"符号"对话框，来插入更多的符号。

图 3.14 "符号"组

图 3.15 "符号"对话框

3. 输入日期和时间

在 Word 文档中可以直接从键盘输入日期。如果要输入系统当前日期，点击选择功能区"插入"选项卡右边的【文本】组，单击【日期和时间】，出现"日期和时间"对话框在"日期和时间"对话框中可以方便设置日期的显示格式、是否使用全角字符显示日期数字。如果选中右下角的【自动更新】复选框，则插入的日期和时间还会随着系统时间的改变而自动更新，使得显示和打印的总是当前的系统日期和时间，适用于通知、信函等文档。

3.3.2　Word 文档的常用编辑操作

1. 选定文本

实际编辑过程中，往往需要针对文档的某一部分进行操作，这就需要选定文本。被选定的文本会以反色高亮度显示，以区别于其他文本，其后所做的任何操作只作用于选定的文本。选定文本的方法很多，用鼠标无疑是最方便快捷的方式。表 3.3 列出了常用选定文本的方法。

表 3.3　选定文本的常用方法

选定范围	选定方法
任意连续文本区域	按住鼠标左键从开始位置拖动到结束位置释放鼠标；或者将鼠标移到开始位置，按住 Shift 键，然后鼠标点击结束位置
一个英文单词或中文词语	在单词或词语上双击
一个句子	在句子上按住 Ctrl 键单击
一行	鼠标停在行左侧，当指针变为空心斜向箭头时单击
连续多行	鼠标停在行左侧，当指针变为空心斜向箭头时按住鼠标左键向上或向下拖放
一段	鼠标停在行左侧，当指针变为空心斜向箭头时双击或者在段上快按两下左键
整个文件	鼠标停在行左侧，当指针变为空心斜向箭头时快按三下左键；或者使用快捷键 Ctrl + A
不连续文本	选定一个区域后，按住 Ctrl 键，再选定其他区域
矩形区域	按住 Alt 键，按住鼠标左键拖动一个矩形区域

2. 移动、复制、删除文本

（1）移动文本

在文字的编辑过程中，有时需要将整段或更多的文字移动到其他位置，有两种方式实现：

① 鼠标拖动。选定需要移动的文本，将鼠标指针移动到选定区域，按住鼠标左键拖动文本到目标位置，然后释放鼠标。这种方法一般用于移动位置比较近的情况。

② 剪切与粘贴。选定需要移动的文本，先使用"剪切"功能将选定内容保存到剪贴板，然后将插入点定位到目标位置，再使用"粘贴"功能插入剪贴板上的内容。

剪切文本有三种常用方法：

方法一：单击功能区"开始"选项卡左侧【剪贴板】组的"剪切"按钮；

方法二：将鼠标指针移动到选定区域，单击右键，在打开的快捷菜单中选择【剪切】；

方法三：使用快捷键 Ctrl + X。

粘贴文本也有三种常用方法：

方法一：单击功能区"开始"选项卡左侧【剪贴板】组的"粘贴"按钮；

方法二：将鼠标指针移动到选定区域，单击右键，在打开的快捷菜单中选择【粘贴】；

方法三：使用快捷键 Ctrl + V。

（2）复制文本

在文字的编辑过程中，有时需要将整段或更多的文字重复键入，使用复制文本功能可以省略重复的键入操作，轻松获得一模一样的文本，或者复制过来的只要稍加修改就可以生成新的文本。复制文本有两种方式：

方式一：鼠标拖动式复制。在用鼠标移动文本的同时，按住 Ctrl 键，则可实现复制。

方式二：复制与粘贴。选定需要复制的文本，先使用"复制"功能将选定内容保存到剪贴板，然后将插入点定位到目标位置，再使用"粘贴"功能插入剪贴板上的内容。

需要注意的是，不论是"复制"还是"剪切"操作，剪贴板上的内容均可以被重复"粘贴"，实现文本的多次复制。

复制文本也有三种常用方法：

方法一：单击功能区"开始"选项卡左侧【剪贴板】组的"复制"按钮；

方法二：将鼠标指针移动到选定区域，单击右键，在打开的快捷菜单中选择【复制】；

方法三：使用快捷键 Ctrl + C。

（3）删除文本

删除一个字符可以使用 Backspace 或 Delete 键；

如果要删除比较多的字符，方法是先选定要删除的文本，再按 Backspace 或 Delete 键。

3. 撤销、恢复与重复

在编辑 Word 文档时，有时候会出现误操作，Word 2010 为此提供了撤销与恢复功能。撤销和恢复是专为防止用户误操作而设计的"反悔"机制，它们是相互对应的，撤销可以取消前一步（或几步）的操作，而恢复可以取消刚做的撤销操作。需要说明的是，此功能可以撤销或恢复连续的多步操作，但不可任意选择某一个操作撤销或恢复。

（1）撤销：取消上一步的操作。

方法一：单击"快速访问工具栏"工具栏上的"撤消"按钮；

方法二：按 Ctrl + Z 键。

注意：

① "撤销"按钮的屏幕提示和"编辑"菜单中的"撤消"命令名称随上次操作不同而发生变化。

② 单击"撤销"按钮右侧的下拉按钮，在菜单中显示了此前执行的所有可撤销的操作，时间越近，位置越靠上，向下移动鼠标指针，然后单击可以将选中的操作一次性地撤销。

（2）恢复：撤销的反向操作

方法一：单击"快速访问工具栏"工具栏上的"恢复"按钮。

方法二：按 Ctrl + Y 键。

（3）重复：如果刚执行过一种操作或执行了一条命令，按下面的两种方法之一即可重复执行上一步操作。

方法一：按 Ctrl + Y 键。

方法二：按 F4 键。

4．查找与替换

在编辑 Word 文档时，有时需要从一段较长的文档中快速找到某一个词语，或者需要对文档中多处相同的某个词语统一改成另一个词语。例如，想把一篇文档中所有的"电脑"一词修改为"计算机"，则可以使用 Word 2010 的查找与替换功能。

（1）查找

如果只需要查找，按下面的方法完成：

第一步，单击功能区【开始】选项卡右侧【编辑】组的"查找"，在编辑工作区左侧打开如图 3.16 所示的"导航"窗格；

第二步，在"导航"窗格的文本框中输入需要查找的内容。例如这里输入"刹车"，此时会在文本框下方提示"3 个匹配项"，并且在文档中查找到的内容都会被涂成黄色。

第三步，单击"下一处"按钮 ▼，定位到第一个匹配项。再单击"下一处"按钮就可快速查找到下一处符合的匹配项。

（**注意**：如果在上面的第二步中输入了内容，接着按回车键或单击 🔍 按钮，就相当于第三步单击了一次"下一处"按钮，匹配第 1 项了）

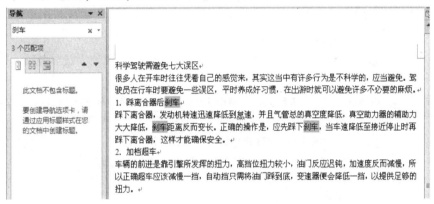

图 3.16 "导航"窗格

（2）高级查找

使用【高级查找】命令，可以打开【查找和替换】对话框，使用该对话框也可以快速查找内容。

第一步，单击功能区【开始】选项卡右侧【编辑】组的"查找"按钮 🔍查找 ▼ 右侧的倒三角按钮，在弹出的下拉菜单中选择【高级查找】命令，打开如图 3.17 所示的"查找和替换"对话框；

第二步，在"查找内容"栏输入需要查找的内容，单击【查找下一处】按钮。

Word 2010 将会把找到的第一处文本所在的页面显示在编辑窗口中，并将找到的文本以淡蓝色背景显示。再单击【查找下一处】，可以继续查找第二处、第三处……

图 3.17 "查找和替换—查找"对话框

（3）替换

如果需要进行替换，按下面的方法完成：

第一步，单击功能区【开始】选项卡右侧【编辑】组的"替换"按钮，打开如图3.19所示的"查找和替换"对话框；

第二步，在【查找内容】栏输入需要查找的内容；

第三步，在【替换为】栏输入要替换为的文本；

第四步，点击【替换】或【全部替换】按钮。

如要把文档中的"电脑"这个词替换为"计算机"。则点击图3.18中【查找下一处】按钮，找到文本后若单击【替换】按钮，则将找到的"电脑"替换为"计算机"；或点击【查找下一处】略过该处，不进行替换；重复【查找下一处】与【替换】操作，可查找/替换多处。

如果单击【全部替换】按钮，则Word 2010自动将整篇文档中所有找到的"电脑"都替换为"计算机"。

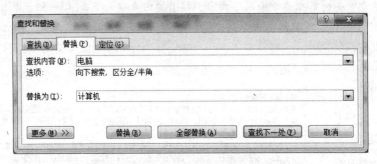

图3.18 "查找和替换—替换"对话框

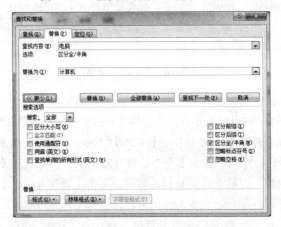

图3.19 "查找和替换—高级"对话框

（4）内容格式替换

有时需要对查找到的内容和替换为的内容进行格式设置，例如将一篇文档中所有的"计算机"一词设置为红色加粗倾斜。或者有时在查找和替换的内容中需要输入特殊字符或使用通配符，可以使用查找和替换的高级功能。

方法：单击图3.18中的【更多】按钮，"查找和替换"对话框变为如图3.19所示，单击【格式】按钮，可以对查找内容和替换为内容进行格式设置，方法与文本格式设计一样设置即可。如果需要对指定了格式的内容取消原来的格式设置，可以单击【不限定格式】按钮。

注意：设置高级"替换"栏内容格式操作顺序：

方法一：先输入【替换为】栏的内容，再点击【更多】按钮，再次点击一次【替换为】栏，点击【格式】按钮，进入设置字体字号等。

方法二：先点击【更多】按钮，再输入【替换为】栏的内容，点击【格式】按钮，进入设置字体字号等。

3.3.3 插入页码

在 Word 文档篇幅比较大，或需要使用页码标明所在页的位置时，可以在 Word 2010 文档中插入页码。一般情况下，页码位于页眉或页脚位置。Word 在文档页脚中插入页码的步骤如下所述：

第 1 步，打开 Word 2010 文档窗口，且换到功能区"插入"选项卡。在"页眉和页脚"组中单击"页码"按钮，并在弹出的选项中选择"页面顶端"（或"页面底端"）命令，

第 2 步，在打开的页码样式列表中选择"普通数字 1"或其他样式的页码即可。

第 3 步，若要不同的页码格式，在第 1 步后，并在打开的页码样式列表中选择"设置页码格式…"，在打开的"页码格式"对话框中，选择"编号格式"中的需要的数字格式。若要插入页码从任意一页开始，则选中"页码编号"中的"起始页码"，选择或输入要起始的页码。可以从 1 开始，也可以从其他页开始，例如填 10，表示从第 10 页开始编排页码。

3.3.4 在 Word 文档中插入文件对象

在 Word 2010 文档中，用户可以将整个文件作为对象插入到当前文档中，嵌入到 Word 2010 文档中的文件对象可以使用原始程序进行编辑。以在 Word 2010 文档中插入另一个 Word 文件为例。

方法：

第 1 步，打开 Word 2010 文档窗口，将插入条光标定位到准备插入对象的位置。切换到功能区"插入"选项卡，在"文本"分组中单击"对象"按钮；

第 2 步，在打开的"对象"对话框中，单击"由文件创建"选项卡，然后单击"浏览"按钮；

第 3 步，打开"浏览"对话框，查找并选中需要插入到 Word 2010 文档中的 Word 文件；

第 4 步，返回"对象"对话框，单击"确定"按钮，即插入成功。

3.4 格式设计与排版

对文档中的不同内容使用不同的格式编排，可以使文档结构清晰、重点突出、美观实用。Word 2010 可以对文本的格式、段落、背景等进行编排，包括字体、字号、字形、颜色以及阴影、空心等修饰效果，还有段落的对齐方式、文字与段落的排列疏密等。

通常情况下，在输入文本时不需考虑格式设置，采用默认设置即可；当整篇文档输入完成后，再根据需要进行格式编排，这样比先设置格式再输入文本更方便一些。

注意：① 如果对已有的文档进行格式设置，则必须先选定文本再设置，这样被选定的文本获得新的设置。

② 如果先进行格式设置再输入文本，则其后输入的文本才采用新的设置（原来有的文本格式不变），直到下一次更改为止。

3.4.1 "字体"设置

利用功能区【开始】选项卡左侧【字体】组的按钮设置：在"字体"组中单击"字体"下拉三角按钮，打开"字体"下拉列表。如果要选择的字体没有显示出来，则可以滚动下拉列表框右侧的滚动块来显示所需要的字体。选中需要的字体（例如"黑体"），则被选中的文本将被设置为选中的字体（如"黑体"）。

还可以在字体"组中设置字号、字体颜色等。

另外，利用功能区【开始】选项卡左侧【字体】组可以快速设置字体、字号和字形，不过如果用户需要设置的字体格式比较复杂，则可以单击功能区【开始】选项卡左侧【字体】组右下角的 按钮，弹出如图 3.20 所示的对话框进行详细设置。

打开"字体"对话框，包括"字体"和"高级"两个选项卡：

 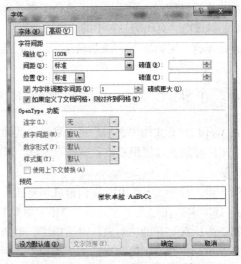

图 3.20 "字体—字体"对话框　　　图 3.21 "字体—高级"对话框

1."字体"选项卡

如图 3.20 所示，可以进行如下设置：

（1）字体

【中文字体】设置中文字符的字体，常用的有：宋体、黑体、楷体、隶书等。

【西文字体】设置英文字符的字体，常用的有：Times New Roman，Arial Narrow 等。

（2）字形

给文本设置不同的字形，可以使文字突出显示，起到强调的作用，表 3.4 列出了 Word 2010 提供的字形设置及效果。

（3）字号

所谓字号，就是指字的大小（Word 2010 默认的字号为五号）。给文字设置不同的字号，可以将不同层次的文字从大小上区分开来。Word 2010 的字号有两种，一种是汉语数字的字号：

从"初号"到"八号"，字号越大，字越小，只能从"字号"下拉列表框中选取；一种是阿拉伯数学的字号：从"5"到"72"，字号越大，字越大，除了能从"字号"下拉列表框中选取，还可以在字号栏内直接输入合法的任意数值，如 32，表示定义的字号为 32 磅。

表 3.4　Word 2010 字形设置及效果

字　　形	范　　例
常规	范文
倾斜	范文
加粗	范文
加粗倾斜	范文

（4）字体颜色

Word 2010 默认的字体颜色是黑色，在"字体"对话框中单击【字体颜色】下拉按钮，可以在调色板中选择需要的字体颜色。

（5）下划线

通过选择【下划线线型】，可以给文字加上不同类型的下划线，如实线、双实线、虚线、波浪线等。Word 2010 默认下划线颜色与字体颜色相同，设置【下划线颜色】可以设置下划线的颜色与字体颜色不同。选择【下划线线型】为"无"，则取消下划线。

（6）着重号

可以在每一个字的下面加一个小黑点，以着重显示，或者选择"无"取消着重号。

（7）效果

Word 2010 还提供了一些特殊的字体效果，包括删除线、上标、下标、空心、阴影、阳文、阴文等。在"字体"对话框的【效果】栏下提供了与这些字体效果相对应的复选按钮，选择或取消这些复选按钮，可以设置或取消这些特殊效果。表 3.5 列出了 Word 2010 提供的特殊字体效果及范例。

表 3.5　字体特殊效果

效果	说　　明	范　　例
删除线	画一条线穿过选定的文字，表示删除	范文
双删除线	画一条双实线穿过选定的文字，表示删除	范文
上标	提高选定文字的位置，并缩小字体	$x^2 + y^3$
下标	降低选定文字的位置，并缩小字体	H_2O
阴影	在选定文字的后、下和右方加上阴影	阴影
空心	将每一个字的笔划留下内部和外部的框线	空心
阳文	立体字，笔画凸出	阳文
阴文	立体字，笔画凹陷	阴文
小型大写字母	将小写字母变成大写字母，并缩小其大小	LETTER
全部大写字母	将小写字母变成大写字母，但不缩小其大小	LETTER
隐藏文字	防止选定文字显示或打印	

2. "高级"选项卡

选择"字体"对话框中的"字符间距"选项卡,如图3.21所示,可以设置字符间距、字符缩放、字符提升与降低等。

(1)缩放

设置字符的缩放比例,文字的高度保持不变,宽度按比例缩放。

(2)间距

首先选择【间距】方式,加宽或紧缩。然后设置【磅值】,均匀调整字符间距。

(3)位置

选择【位置】提升或降低,可使选定文字与同一行文字在位置上提升或降低指定【磅值】。

图3.22 "段落—缩进和间距"对话框

3.4.2 "段落"设置

设置段落格式,可以使文档阅读起来更加清晰、结构分明、版面整洁。设置段落格式,包括对齐方式、左右缩进、首行缩进/悬挂缩进、段间距、行间距等。可以根据情况对段落设置缩进方式、行间距等,使文档的各部分内容错落有致,层次分明。

段落设置可以使用功能区【开始】选项卡的【段落】组进行设置,也可以单击功能区【开始】选项卡左侧【字体】组右下角的 按钮,打开"段落"对话框,如图3.22所示,然后进行设置。

1. 对齐方式

在 Word 2010 中,段落的对齐方式有五种:

① 左对齐:段落的左边缘与页面左边界对齐。

② 右对齐:段落的右边缘与页面右边界对齐。

③ 居中:段落位于页面左、右边界的中间位置。

④ 两端对齐:段落的左、右边缘与页面左、右边界对齐,不足一行的除外。

⑤ 分散对齐:段落的左、右边缘与页面左、右边界对齐,不足一行的加宽字符间距,使文本

均匀分布，布满整行。

对齐方式决定了段落在水平方向上与页面左、右边界的关系，通常的段落设置为两端对齐，标题设置为居中，落款设置为右对齐。

段落设置方法：

方法一：使用功能区【开始】选项卡的【段落】组设置。

先选定要设置对齐方式的段落，然后单击【段落】组中相应的对齐方式按钮即可。

方法二：在段落对话框中设置。

先选定要设置对齐方式的段落，在段落对话框点击如图 3.23 所示"缩进和间距"选项卡，单击"对齐方式"列表框的下拉按钮，在对齐方式的列表中选定相应的对齐方式。

段落默认对齐方式是"两端对齐"。

2. 段落缩进

通常文章的每一段落开头都要缩进两格，这是文本缩进的一种。缩进是表示一个段落的首行、左边和右边距离页面左边和右边以及相互之间的距离关系，缩进的目的是使文档的段落显得更加条理清晰，更便于读者阅读。

（1）缩进的种类

缩进有首行缩进、悬挂缩进、左缩进和右缩进四种。其中，左缩进是指段落的左边距离页面左边距的距离；右缩进是指段落的右边距离页面右边距的距离；首行缩进是指段落第一行由左缩进位置向内缩进的距离，中文习惯中一般首行缩进为两个汉字宽度；悬挂缩进是指段落中除第一行以外的其余各行由左缩进位置向内缩进的距离。

（2）缩进的方法

方法一：使用功能区按钮栏缩进正文

在功能区【开始】选项卡的【段落】组中有两个缩进按钮，它们是：

① 减少缩进量按钮：减少文本的缩进量或将选定的内容提升一级；

② 增加缩进量按钮：增加文本的缩进量或将选定的内容降低一级。

单击相应的按钮设置即可。

方法二：使用 Tab 键缩进正文

单击一次 Tab 键，可以将光标所在的段落的首行缩进两个字。操作步骤为：

第一步，将光标置于该段的开始处；

第二步，按 Tab 键。

这时，该段的首行就缩进了两个字。

方法三：使用标尺缩进正文

选中功能区【视图】选项卡中【显示】组的"标尺"复选框，文档就会显示出标尺，如图 3.23 所示。

图 3.23　水平标尺上的段落缩进滑块

在标尺上移动缩进标记也可以改变文本的缩进量。利用标尺,可以对文本进行左缩进、右缩进、首行缩进、悬挂缩进等操作。操作步骤为:

左缩进:拖动标尺左边上的方形滑块。

右缩进:拖动标尺右边的三角形滑块。

首行缩进:拖动标尺左边上的倒三角形滑块。

悬挂缩进:拖动标尺左边上的方形滑块上的正三角形标记。

方法四:用段落对话框控制缩进

以上介绍的几种缩进方式,只能粗略地进行缩进,如果想要精确地缩进文本,可以使用段落对话框进行设置。操作步骤为:

第一步,将光标置于要进行缩进的段落内;

第二步,单击功能区【开始】选项卡左侧【字体】组右下角的 ▣ 按钮,打开"段落"对话框,如图 3.22 所示;

第三步,在段落对话框中的缩进标签项下的缩进对话框中输入或选择需要的量值。

3. 段间距

适当调整段间距,可以更明显地区分各个段落,使排版更美观。

方法:选定要设置的段落,然后在段落对话框【间距】栏的【段前】和【段后】栏,选择或输入具体的数值和单位(行或磅)来设置在段前或段后空出的距离,也就是段与段之间的距离。

4. 行间距

Word 2010 默认的行间距为单倍行距,即可容纳所在行的最大字体并附加少许额外间距。在"段落"对话框中的【行距】下拉列表中列出了其他的行距类型:1.5 倍行距、两倍行距、多倍行距,顾名思义,它们分别表示设置行间距为单倍行距的 1.5 倍、两倍或多倍。

方法一:在功能区【开始】选项卡的【段落】组中,点击"行和段落间距"按钮,在出现的列表中点击需要设置的行间距倍数。

方法二:把光标放置在要设置行间距的段落中,在图 3.22 段落对话框的【行距】选择行距类型。若选择最小值或固定值,则还需要在【设置值】栏输入具体数值和单位(磅或厘米),指定行与行之间的距离。

3.4.3 项目符号和编号

用户可以为特定段落设置项目符号,同样可以增强 Word 2010 文档的可读性。

添加项目符号和编号方法:

第一步,选中要设置的段落;

第二步,单击功能区【开始】选项卡的【段落】组中"项目符号"(或"编号")按钮即可。

若想换为其他的项目符号,则点击【段落】组中"项目符号"(或"编号")按钮右侧的倒三角形,在出现的列表中选择项目("编号")符号。

小提示:如果用户需要对项目符号进行更丰富的设置,则点击【段落】组中"项目符号"按钮右侧的倒三角形,在出现的列表中单击"定义新项目符号"选项,打开"定义新项目符号"对话框,如图 3.24 所示。用户可以单击"符号"或"图片"按钮选择 Windows 内置的符号或剪贴画等作为项目符号。定义新编号格式操作与定义新项目符号类似,如图 3.25。

要删除项目符号和编号，先选中要的项目，再点击【段落】组中"项目符号"（或"编号"）按钮右侧的倒三角形，在出现的列表中选择的"无"的即可。

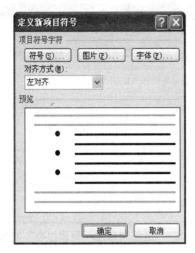

图 3.24 "项目符号"对话框

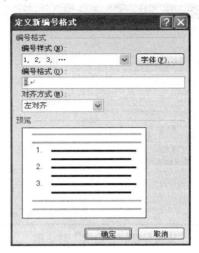

图 3.25 "编号"对话框

3.4.4 边框和底纹

在使用 Word 2010 编辑文档的过程中，为了使排版的某些内容醒目突出，Word 2010 提供了边框和底纹功能，可以对某些文字、某一段落或某一页设置边框或底纹。例如当需要在文档标题和正文之间添加一条分割线时，则可以借助段落边框功能实现这个目的。

打开"边框和底纹"对话框的两种方法：

方法一：单击功能区【开始】选项卡【段落】组中 按钮(或 按钮)右侧的倒三角形，在弹出的列表中选"边框和底纹"；

方法二：单击功能区【页面布局】选项卡的【页面背景】组中"页面边框"按钮。

1."边框"选项卡

① 选中需要添加边框的文字或者段落，在"边框和底纹"对话框中选中【边框】选项卡，如图 3.26 所示。

② 在【设置】栏中，选择一种边框样式。在【线型】列表中，选择边框线的线型。在【颜色】下拉列表框中，选择边框线的颜色。在【宽度】下拉列表框中，选择边框线的宽度。

③ 在【预览】栏中，可以查看设置的效果。在【应用于】下拉列表框中，可以选择【文字】或者【段落】选项。如果在打开对话框之前已选定了文档内容，此操作可省略。

④ 设置完成后，单击【确定】按钮。

2."页面边框"选项卡

① 选中需要添加边框的文字或者段落，在"边框和底纹"对话框中选中【页面边框】选项卡，如图 3.27 所示；

② 在【设置】栏中，选择一种边框样式。在【线型】列表中，选择边框线的线型。在【颜色】下拉列表框中，选择边框线的颜色。在【宽度】下拉列表框中，选择边框线的宽度；

③ 在【预览】栏中，可以查看设置的效果。在【应用于】下拉列表中选择"整篇文档"或"本

节"等，给整篇文档或本节加页面边框。如果在打开对话框之前已选定了文档内容，此操作可省略；

④ 设置完成后，单击【确定】按钮。

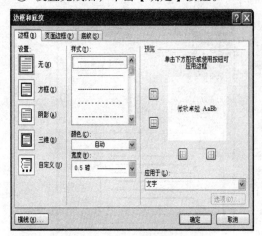

图 3.27 "边框和底纹—边框"对话框   图 3.28 "边框和底纹—页面边框"对话框

3."底纹"选项卡

① 选中需要添加底纹的文字或者段落，在"边框和底纹"对话框中选中【底纹】选项卡，如图 3.28 所示；

② 在【填充】栏中，单击选择所需的色块。如果没有合适的颜色，用户可以单击【其他颜色】按钮，调出【颜色】对话框，自行设置所需的颜色；

③ 在【样式】下拉列表框中，选择底纹的填充样式。在【颜色】下拉列表框中，选择底纹图案中线和点的颜色；

④ 在【预览】栏中，可以查看设置的效果。在【应用于】下拉列表框中，可以选择【文字】或者【段落】选项。如果在打开对话框之前已选定了文档内容，此操作可省略；

⑤ 设置完成后，单击【确定】按钮。

小提示：要取消边框、页面边框，点击图 3.26、图 3.27【设置】栏中的"无"，要取消底纹，点击图 3.28【填充】栏中的"无颜色"。

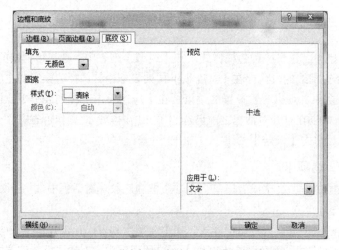

图 3.28 "边框和底纹—底纹"对话框

3.4.5 设置"背景"

背景就是显示在页面最底层的颜色、图案、纹理等。给 Word 文档添加适当的背景，在编辑文档和阅读文档时会感觉更舒适且增强美感，但除了水印背景，其他背景在默认状态下都是不打印的。

1. 单色背景

要给文档添加某种颜色的背景时，单击功能区【页面布局】选项卡的【页面背景】组中"页面颜色"按钮，在弹出的颜色中选择需要的颜色即可。要取消背景颜色，可选择【无颜色】。

2. "填充效果"背景

Word 2010 还可以使用渐变色、纹理、图案或图片作为文档背景。

方法如下：

（1）单击功能区【页面布局】选项卡的【页面背景】组中"页面颜色"按钮，在弹出列表中选"填充效果"，打开"填充效果"对话框。

（2）选择以下的某一种操作

① 选择【渐变】选项卡，如图 3.29 所示。设置一种颜色(【单色】单选按钮)或者两种颜色(【双色】单选按钮)的渐变效果，或者选择系统预定义的渐变效果(【预设】单选按钮)。

② 选择"纹理"选项卡，如图 3.30 所示，可以选择白色大理石、花束、水滴、新闻纸等纹理作为文档背景。

③ 选择"图案"选项卡，可以选择纺织物、窄横线、小网格等图案作为文档背景，并且可以设置图案的前景和背景颜色。

④ 选择"图片"选项卡，单击【选择图片】按钮，打开"选择图片"对话框，在其中找到背景图片，单击【插入】按钮，返回"填充效果"对话框。

（3）单击【确定】按钮，即可将选择的颜色、图案或图片设置为文档背景。

图 3.29 "填充效果—渐变"对话框

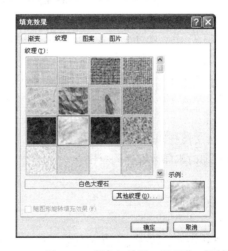

图 3.30 "填充效果—纹理"对话框

3. "水印"背景

在打印一些重要文件时给文档加上水印，例如"绝密"、"保密"的字样，可以让获得文件的人都知道该文档的重要性。Word 2010 具有添加文字和图片两种类型水印的功能，水印将显示在打印文档文字的后面，它是可视的，不会影响文字的显示效果。

注意：Word 2010只支持在一个文档添加一种水印；若是添加文字水印后又定义了图片水印，则文字水印会被图片水印替换，在文档内只会显示最后制作的那个水印。

（1）添加文字水印

① 单击功能区【页面布局】选项卡的【页面背景】组中"水印"按钮，在弹出列表中选一种需要的文字水印。

② 若要自定义水印的文字，单击【页面背景】组中"水印"按钮，在弹出列表中选"自定义水印"，打开如图3.31所示的"水印"对话框。

③ 在"水印"对话框中的【字体】、【尺寸】、【颜色】下拉列表中，选择水印文字的字体、字号和颜色，【斜式】和【水平】单选按钮可以设置水印文字是倾斜排列还是水平排列。

④ 单击【确定】按钮。

图3.31 "水印"对话框

（2）添加图片水印

在如图3.31中，选择【图片水印】单选按钮，设置图片水印。

（3）打印水印

① 单击"文件"选项卡，选择下拉列表中的"选项"，出现"Word选项"对话框。

② 在"Word选项"对话框中，选择左边栏的"显示"，在右边栏中的【打印选项】下选中【背景色和图像】。

③ 进行文档打印。

这样打印时水印才会一同打出。

3.4.6 格式刷

所谓格式刷就是将选定段落或文字的格式设置、段落设置、边框底纹设置等复制给其他段落或文字。在一篇文档中，常常有一些段落或文字位置比较分散，但是需要设置相同的格式，如果一个一个地去设置格式，速度很慢，而且容易造成格式不一致，Word 2010的格式刷可以快速地解决这个问题。

使用方法：

第1步，选定设置好格式的段落或文字。

第2步，单击功能区【开始】选项卡的【剪贴板】组中"格式刷"按钮（此时鼠标指针变成一把小刷子）。

第3步，找到需要设置相同格式的段落或文字，用小刷子进行选定操作。

完成这三步后，需要设置的段落或文字即与设置好的段落具有相同的格式。

注意：第2步中，如果单击格式刷按钮，则当前格式刷只能被使用一次。如果双击格式刷按钮，则当前格式刷可以被多次使用，再次单击格式刷按钮或按 Esc 键可以结束使用。

3.4.7 样 式

用 Word 编辑长篇文档时，常常遇到这样的问题，要给文档中的同级标题设置同样的格式。如果手工从几十页甚至几百页的文档中找出各种标题，并设置格式，即使使用格式刷也是很麻烦的事情。并且这样设置的格式一旦需要修改，又得重新查找并重新设置格式。使用 Word 2010 的"样式和格式"功能能轻松地解决这个问题。

1. 设置样式

样式是一组格式特征，例如字体名称、字号、颜色、段落对齐方式和间距。某些样式甚至可以包含边框和底纹。具有同一样式的文本或段落具有相同的格式设置，并且，当样式的具体格式设置改变时，文档中所有具有该样式的文本的格式可以自动更新。因此，在我们输入文本的时候，如果知道该文本的级别并设置相应的样式，那么，当需要调整该级别文本的格式时将是非常容易的事情。

设置样式的方法：在"开始"选项卡的"样式"组中，单击选择需要的样式即可。

2. 新建样式

如果对 Word 2010 提供的样式不满意，可以自定义新样式：

第一步，Word 2010 文档窗口，在"开始"功能区的"样式"分组中单击显示样式窗口按钮，如图 3.32 所示。

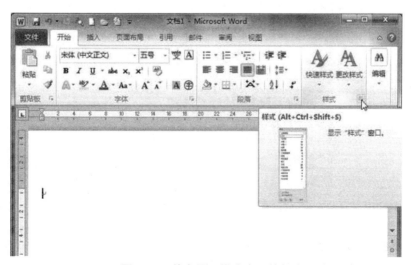

图 3.32 单击显示样式窗口按钮

第二步，在打开的"样式"窗格中单击"新建样式"按钮，如图 3.33（右下角）所示。

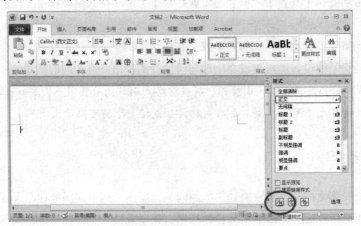

图 3.33 "新建样式"按钮

第三步，打开"根据格式设置创建新样式"对话框，在"名称"编辑框中输入新建样式的名称，如"章标题"、"节标题"。然后单击"样式类型"下拉三角按钮，在"样式类型"下拉列表中包含五种类型：

（1）段落：新建的样式将应用于段落级别；

（2）字符：新建的样式将仅用于字符级别；

（3）链接段落和字符：新建的样式将用于段落和字符两种级别；

（4）表格：新建的样式主要用于表格；

（5）列表：新建的样式主要用于项目符号和编号列表。

选择一种样式类型，例如"段落"，如图 3.34 所示。

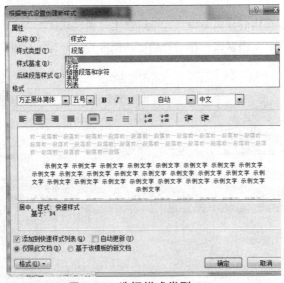

图 3.34 选择样式类型

第四步，单击"样式基准"下拉三角按钮，在"样式基准"下拉列表中选择 Word 2010 中的某一种内置样式作为新建样式的基准样式，如"标题"、"标题 1"等；

第五步，单击"后续段落样式"下拉三角按钮，在"后续段落样式"下拉列表中选择新建样式的后续样式；

第六步，在"格式"区域，根据实际需要设置字体、字号、颜色、段落间距、对齐方式等段落格式和字符格式。如果希望该样式应用于所有文档，则需要选中"基于该模板的新文档"单选框。设置完毕单击"确定"按钮即可。

注意：如果用户在选择"样式类型"的时候选择了"表格"选项，则"样式基准"中仅列出表格相关的样式以供选择，且无法设置段落间距等段落格式。

3. 修改样式

无论是 Word 2010 的内置样式，还是 Word 2010 的自定义样式，用户随时可以对其进行修改。在 Word 2010 中修改样式的步骤如下所述：

第一步，Word 2010 文档窗口，在"开始"功能区的"样式"分组中单击显示样式窗口按钮，如图 3.32 所示。

第二步，在打开的"样式"窗格中右键单击准备修改的样式，在打开的快捷菜单中选择"修改"命令，如图 3.35 所示。

第三步，打开"修改样式"对话框，可以在该对话框中重新设置样式定义。每一部分的设置方法同本节前面的"新建样式"。

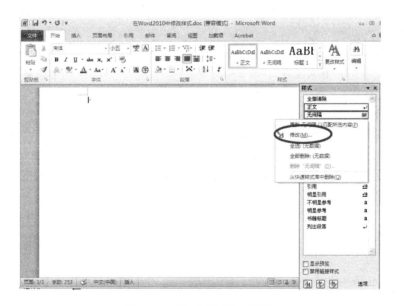

图 3.35 "修改样式"对话框

3.4.8 生成目录

生成的目录如图 3.36 所示，分两步进行：设置标题样式、提取目录。

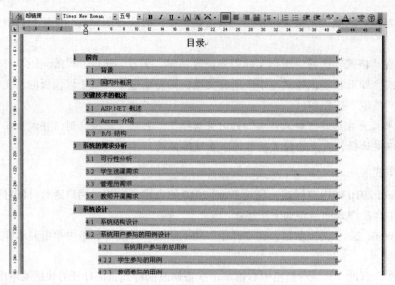

图 3.36　Word 生成的目录

（1）设置标题样式

步骤 1：把光标定位到要设置成目录标题的行中；

步骤 2：在"开始"功能区的"样式"分组中，单击需要的样式，如总标题设为"标题"、章标题设为"标题 1"等。

注意：通常 Word 内置的标题样式不符合论文格式要求，需要手动修改。修改方法见"新建样式"或"修改样式"，在"样式基准"，设章的标题使用"标题 1"样式，节标题使用"标题 2"，第三层次标题使用"标题 3"

（2）提取目录

把光标定位到要放目录的位置，单击功能区【引用】选项卡的【目录】组中，点【目录】下的三角按钮，在弹出的菜单选项中，再单击【自动目录 1】后，Word 就自动生成目录。

若有章节标题不在目录中，肯定是没有使用标题样式或使用不当，不是 Word 的目录生成有问题，请在相应章节中检查其样式是否设置正确。

生成目录后，若章节标题有改变，或页码发生了变化，只需右击目录处，再单击"更新域"，再选"更新整个目录"即可。

3.4.9　设置"分栏"

在日常文档处理中，常常需要使用分栏，翻翻各种报纸杂志，分栏版面随处可见。在 Word 2010 中可以很容易地进行分栏，并且在不同节中有不同的栏数和格式。

操作步骤为：① 选定要分栏的段落（若不选定段落则会对整个文档设置分栏）；② 单击功能区【页面布局】选项卡的【页面设置】组中"分栏"按钮，在弹出列表中选需要分成的栏数；如果要更详细的设置，单击【页面设置】组中"分栏"按钮后，选择"更多分栏"，打开如图 3.37 所示的"分栏"对话框；③ 在【预设】栏选择分栏样式，在【栏数】栏设置分栏的数量，【分隔线】复选框用于设置是否在栏与栏之间显示分隔线，【栏宽相等】复选框用于设置是否平均分布各栏，在【宽度和间距】栏中可以设置各栏的字数以及栏与栏之间的距离；④ 单击对话框中的"确定"按钮完成分栏设置。

注意:分栏的效果只能在页面视图下才能看出。

3.4.10 页面设置

页面设置是指对文档页面布局的设置,主要包括纸张大小、页边距等。

1. 设置页面纸张

快速设置方法:① 单击功能区【页面布局】选项卡的【页面设置】组中"纸张大小"按钮;② 在弹出的列表中,单击需要设置成的纸张型号即可。

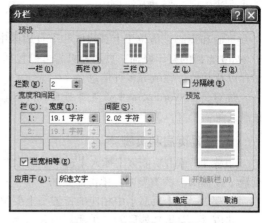

图 3.37 "分栏"对话框

详细设置方法:

① 单击功能区【页面布局】选项卡的【页面设置】组中"纸张大小"按钮";② 在出现的列表中选"其它页面大小",出现如图 3.38 所示的【页面设置】对话框;③ 在【纸张大小】列表框中选择需要的纸张型号;

④ 若要自定义纸张大小,则可以在【宽度】和【高度】数值框中输入设定数值;⑤ 单击【确定】按钮。

2. 设置页边距

快速设置方法:① 单击功能区【页面布局】选项卡的【页面设置】组中"页边距"按钮;② 在弹出的列表中,单击需要设置成的页边距类型即可。

详细设置方法:

① 单击功能区【页面布局】选项卡的【页面设置】组中"页边距"按钮;② 在弹出的列表中,单击"自定义页边距",打开如图 3.39 所示的【页面设置】对话框;③ 在【页边距】栏中设置上、下、左、右的边距值;④ 在【方向】选项组中选择【纵向】或【横向】显示页面;⑤ 单击【确定】按钮。

图 3.38 页面设置的纸张设置

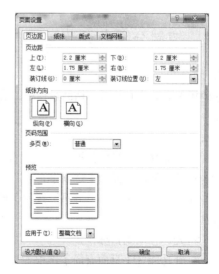

图 3.39 页面设置的页边距设置

3.4.11 页眉和页脚

页眉和页脚是指位于上页边区和下页边区中，存储注释性文字或图片的信息区。页眉页脚常用于 Word 文档的打印修饰，页眉和页脚可以包括文档名、作者名、章节名、页码、编辑日期、时间、图片以及其他一些域等多种信息。

注意：在 Word 文档中设置页眉页脚可以在文档的任何显示视图下进行，但只有页面视图、阅读版式视图中可以显示页眉页脚。

1. 设置页眉和页脚

步骤 1：单击功能区【插入】选项卡的【页眉和页脚】组中的"页眉"（或"页脚"），在弹出的页眉（或页脚）的类型中，单击需要的一种。页眉如图 3.40 所示。

步骤 2：在【页眉】中相应的位置写上要编辑的内容。

步骤 3：单击功能区的"关闭页眉和页脚"。

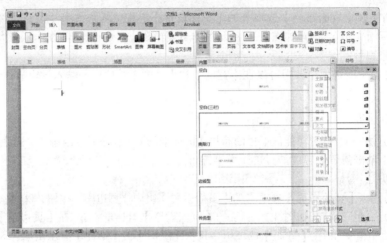

图 3.40　内置的页眉

3.4.12 控制分页与分节

1. 分　页

在使用 Word 2010 编辑文档的过程中，有时需要在页面中插入分页符，以便于更灵活地设置页面格式。

方法一：

（1）将光标移动到目标位置；

（2）打开功能区【插入】选项卡；

（3）在"页"组中单击"分页"按钮，即可在光标位置插入分页符标记。

方法二：

（1）将光标移动到目标位置；

（2）打开功能区【页面布局】选项卡；

（3）在"页面设置"中单击"分隔符"按钮；

（4）在"分隔符"列表中选择"分页符"选项。

2. 插入分节符

分节符是为在一节中设置相对独立的格式页插入的标记。通过在 Word 2010 文档中插入分节符，可以将 Word 文档分成多个部分。每个部分可以有不同的页边距、页眉页脚、纸张大小等页面设置，这样的每个部分就分为一个节。

插入分节符步骤：

第 1 步，打开 Word 2010 文档窗口，将光标定位到准备插入分节符的位置。然后切换到功能区"页面布局"选项卡，在"页面设置"分组中单击"分隔符"按钮；

第 2 步，在打开的分隔符列表中，"分节符"区域列出 4 种不同类型的分节符：

① 下一页：插入一个分节符，新节从下一页开始。

② 连续：插入一个分节符，新节从同一页开始。

③ 偶数页：插入一个分节符，新节从下一个偶数页开始。

④ 奇数页：插入一个分节符，新节从下一个奇数页开始。

从中选择合适的分节符即可。

注意：在默认的"页面视图"下，插入的分节符是看不见的。如需显示分页符、分节符，可切换到普通视图方式，或在【开始】选项卡的【段落】组的选中【显示/隐藏编辑标志】 ⁴ 。

3.4.13 同一文档中设置多个不同的页眉和页脚

如果在 Word 文档中创建了页眉、页脚，那么在默认情况下，一篇文章从头到尾的页眉页脚都是一样的。但日常工作中，普遍用 Word 写论文、编教材等，这类 Word 文档一般较长，页数很多，还包括有许多章节，但又要求不同的页面加上不同的页眉页脚，我们怎么设置呢？

方法如下：

（1）插入分节符。先将光标定位在想要分到另一节的第一个段落的第一行的开头，插入分节符。可以根据需要，把文档分为多少个节，也就插入多少个分节符。

（2）插入页眉页脚内容。在页面视图方式下，定位光标到第 1 节的任意位置，功能区【插入】选项卡的【页眉和页脚】组中的"页眉"（或"页脚"），输入需要的页眉和页脚，此时所有章节还是都加上同样的页眉。然后，点击"页眉和页脚工具设计"功能区的"导航"组中的"下一节"，光标定位到第 2 节的页眉/页脚编辑状态，此时，"导航"组有"链接到前一条页眉"，单击关闭这一按钮（由黄底色变灰底色了），再输入第 2 节的页眉页脚内容，第 2 节和第 1 节就有不同页眉页脚了。其他节的设置依此类推即可完成。

如果还要设置让奇数页、偶数页有不同的页眉和页脚，点击选中"页眉和页脚工具设计"功能区的"选项"组的"奇偶页不同"，分别在奇数页设置奇数页的页眉和页脚，在偶数页设置偶数页的页眉和页脚。

3.5 Word 2010 的图文混排

给文字配上优美的图片，画上生动的图形，可以使 Word 文档内容更加丰富多彩、生动直观。Word 2010 的图文混排是通过在文档中插入各种类型的对象来实现的，包括图片、自选图形、艺术字和公式等。

3.5.1　图　片

在 Word 文档中插入的图片，有三个来源：剪辑库中的剪贴画、以文件形式保存的图片和直接从扫描仪或数码相机中获取的图片。

1. 剪贴画

Office 自带了一个资料丰富的剪辑库，包含图形、照片、声音、视频和其他媒体文件，统称为剪辑，可将它们插入到 Word 文档、演示文稿、出版物和其他 Office 文档中。

在 Word 2010 中，可以通过单击功能区【插入】选项卡的【插图】组中的"剪贴画"按钮，在窗口右侧打开【剪贴画】任务窗格，在【搜索文字】栏输入所需剪贴画的关键字，如"动物"，则剪辑库中所有与动物有关的剪贴画都将会显示在窗格中，双击需要的剪贴画，或者单击剪贴画右侧的下拉按钮，选择【插入】，即可在插入点位置插入所选的剪贴画。

2. 图片文件

如果需要插入的图片是以文件的形式保存的，则可单击功能区【插入】选项卡的【插图】组中"图片"按钮，然后在打开的"插入图片"对话框中找到需要插入的图片文件，单击右下角的【插入】按钮即可完成。

3. 编辑与设置图片格式

插入图片后，如果选定图片，则将在功能区多出一个"图片工具格式"的选项卡，如图 3.41 所示，在上面可以调节图片颜色、亮度、对比度、透明度，裁剪、旋转、压缩图片以及设置图片格式等。

图 3.41　"图片"工具栏

常用的图片格式设置包括以下几点：

（1）图片尺寸的修改

插入的图片如果采用原始尺寸，有时不能适应文档的需要，单击选定图片，在图片的四个角和四条边上会出现八个小方块，称为控制点。用鼠标拖放这些控制点，可以调节图片尺寸到适当的大小。

设置图片具体的高度和宽度，点击"设置图片格式"选项卡中"大小"组右下角的 按钮，弹出如图 3.42 所示的"设置图片格式"对话框，可以精确设置图片的高度、宽度、旋转角度以及缩放比例。

（2）设置文字环绕方式

插入图片的文字环绕方式决定了图片和文本之间的位置关系、叠放次序和组织形式。

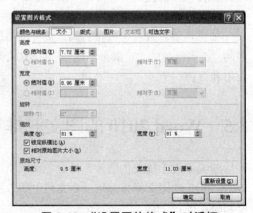

图 3.42　"设置图片格式"对话框

选择"设置图片格式"对话框中的"版式"选项卡，如图 3.43 所示，可以设置文字的环绕方式。

① 嵌入型环绕——默认的环绕方式，嵌入文字之中，类似于文档中的一个字符。

② 四周型环绕——以图片的矩形边框为边界，文字位于图片的四周。

③ 紧密型环绕——以图片的外轮廓为边界，文字位于图片的四周。如果图片的外轮廓是矩形的，则四周型和紧密型效果一样，但如果图片的外轮廓是不规则的，则效果不一样。

④ 上下型环绕——文字位于图片的上方和下方。

⑤ 衬于文字下方——图片与文字重叠，图片位于文字的底层。

⑥ 浮于文字上方——图片与文字重叠，图片位于文字的上层。

⑦ 穿越型环绕——文字沿着图片的环绕顶点环绕图片，且穿越凹进的图形区域。

插入图片后，即可随时设置文字的环绕方式，其基本步骤如下：

方法一：

① 在文档中选择图片，点击"设置图片格式"选项卡，再单击"排列"组"自动换行"按钮；

② 在弹出环绕方式列表中选择适当的环绕方式。

方法二：

单击如图 3.42 中所示的"版式"选项卡，选择其中的"环绕方式"。

如果要更满意的效果，可以对文字环绕方式做更细致的设置，例如，对于四周型环绕，还可设置文字距离图片的上、下、左、右边界的距离等，此时，可点击如图 3.43 所示的"版式"选项卡中的【高级】按钮，打开如图 3.44 所示的"高级版式"对话框"文字环绕"选项卡，在其中可以对文字环绕方式做更细致的设置，使得图片与文字的布局更加合理。

图 3.43 "设置图片格式—版式"对话框　　　　图 3.44 "高级版式—文字环绕"对话框

3.5.2　自选图形

在实际工作中，常常需要在文档中绘制直线、箭头、矩形等各种图形。

方法是：单击功能区【插入】选项卡的【插图】组中"形状"按钮，在弹出的列表中选择图形，包括直线、箭头、曲线、矩形、平行四边形、梯形、圆柱形、立方体等几何图形、十字星、五角星、标注图形等。

选择某个自选图形后，用鼠标拖放即可移动该图形；拖动自选图形四周的控制点，可以调整自选图形的尺寸。双击自选图形，将打开"设置自选图形格式"对话框，可以设置自选图形的填充颜色、线条颜色、高度、宽度、旋转角度、文字环绕方式等，设置方法与"设置图片格式"类似。

3.5.3　艺术字

　　Word 2010 可以创建艺术字进行文字的装饰，可以创建带阴影的、扭曲的、旋转的和拉伸的文字，也可以按预定义的形状创建文字，使文档更为丰富多彩。

　　方法是：选定插入艺术字的位置，单击功能区【插入】选项卡的【文本】组中"艺术字"按钮，打开如图 3.45 所示的"艺术字库"，其中显示了 Word 2010 提供的 30 种艺术字样式，选择其中的一种，单击【确定】按钮，打开如图 3.46 所示的"编辑艺术字文字"对话框，在【文本】栏输入文字并设置字体、字号、是否加粗、倾斜等，然后单击【确定】，即可在当前插入点位置插入如图 3.47 所示的艺术字。

　　选定该艺术字图形，出现功能区右侧出现【艺术字工具格式】选项卡，如图 3.48 所示，在此选项卡的"格式"，可以对其进一步设置，如设置艺术字形状等。另外，由于艺术字也是图形对象，可以利用绘图工具栏对艺术字使用阴影、三维效果等设置。

图 3.45　"艺术字库"对话框

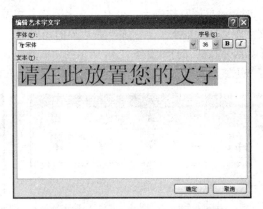

图 3.46　"编辑艺术字文字"对话框

图 3.47　"艺术字"示例

图 3.48　"艺术字工具格式"功能

3.5.4 文本框

通过使用 Word 2010 文本框，用户可以将 Word 文本很方便地放置到 Word 2010 文档页面的指定位置，而不必受到段落格式、页面设置等因素的影响。一方面，文本框中的文本可以作为一个单独的 Word 文档进行处理，如设置文字的方向、字体的风格、段落的格式等；另一方面，它又可以被当作一个图形对象来处理，如移动、与其他图形组合叠放、设置环绕方式等。因此，可以利用文本框来灵活地设计一些特殊的排版效果，例如在一篇横排的文档中间加入一个竖排的标题。

Word 2010 内置有多种样式的文本框供用户选择使用，在 Word 2010 文档中插入文本框的步骤如下所述：

第 1 步，定位插入公式的位置；

第 2 步，单击功能区【插入】选项卡的【文本】组中"文本框"按钮，在打开的内置文本框面板中选择合适的文本框类型，如图 3.49 所示；

第 3 步，所插入的文本框处于编辑状态，直接输入用户的文本内容即可。

图 3.49　内置文本框类型

3.5.5 公　式

用 Word 2010 的公式编辑器就可以方便地插入并编辑比较复杂的数学公式。在 Word 2010 中输入公式的方法如下。

方法一：

第 1 步，定位插入公式的位置；

第 2 步，单击功能区【插入】选项卡的【符号】组中"公式"按钮，会出现常见的内置公式，单击选择所需要的公式；

第 3 步，修改刚才插入的公式的字符为所需要的字符即可。

方法二：

第 1 步，定位插入公式的位置；

第 2 步，单击功能区【插入】选项卡的【符号】组中"π"按钮，就会出现并切换到如图 3.50 所示的公式工具区；

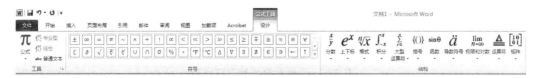

图 3.50　公式工具区

第 3 步，选择其中所需要的符号或结构，再输入对应的字符即可。

3.5.6 超链接

所谓超链接是指在一个计算机文档中，读者能通过链接快速地跳转到另一个所需要的网站、文档或程序。

在使用 Word 2010 编辑文档时，如果输入了 Internet 网址或电子邮件地址，Word 2010 会自动给它们添加下划线并用蓝色字体显示，表示超链接。当鼠标指针指向这些文字时系统会提示用 Ctrl + 单击鼠标左键可以跟踪链接，如果是网址则启动 IE 浏览器并打开该网页；如果是电子邮件地址，则启动电子邮件发送程序，可以向该地址发送邮件。这是 Word 2010 的自动创建超链接功能。

1. 添加超级链接

有时候需要给文字或图片自定义超链接，实现内容或程序的跳转。

方法一：

第一步，先选定文字或图片，右击，在出现的菜单中选择【超链接】，打开如图 3.51 所示的"插入超链接"对话框；

第二步，选择超链接要指向的目标类型，即"链接到"什么地方，如果选【现有的文件或网页】，则查找文件或在【地址】栏输入网址；如果选【本文档中的位置】，则还要选中间的"请选择文档中的位置（C）"下面的位置；若是【新建文档】，则输入新文档的文件名，并选择是否马上开始编辑新文档还是以后再编辑；若是【电子邮件地址】，则在【电子邮件地址】栏输入电子邮件地址。

方法二：先选定文字或图片，单击功能区【插入】选项卡的【链接】组中"超链接"按钮，然后按方法一的第二步操作。

2. 要修改或删除已有的超链接

方法一：先选定要编辑的超链接的文字或对象，后单击功能区【插入】选项卡的【链接】组中"超链接"按钮，打开"编辑超链接"对话框，与"插入超链接"对话框的操作一样，可以重新设置超链接，或者单击【删除超链接】按钮取消超链接。

方法二：选择带有超链接的文本或对象，右击并选择"取消超链接"，将为所选文本或对象去掉超链接。

图 3.51 "插入超链接"对话框

3.6　Word 2010 的表格操作

在我们的日常生活中，经常会用到表格。表格是日常办公文档经常使用的形式，因为表格简洁明了，是一种最能说明问题的表达形式。例如，我们制作通讯录、课程表、报名表等就必须使用表格，这样比较方便，而且美观。Word 2010 提供了强有力的表格制作处理功能，可以制作出满足各种要求的复杂报表。有关表格的所有操作都集中在"表格"菜单中。

3.6.1　绘制规则表格

一般常用的表格由行和列构成，横向的称为"行"，纵向的称为"列"，由行和列交叉组成的方格称为"单元格"。所谓规则表格，是指该表格中的所有横线和竖线都是横贯表格到边框的，即都是分别等长的，表 3.6 所示即为一个规则表格。

表 3.6　规则表格示例

学　号	姓　名	性　别	入学成绩
0001	张三	女	562
0002	李四	男	545
0003	王五	男	602

规则表格的创建非常简单，单击功能区【插入】选项卡的【表格】组中"表格"按钮，系统会弹出一个下拉菜单，如图 3.52 所示，上部是网格，在其中移动鼠标，网格上方显示了表格的行数 ×列数，达到所需要的行数和列数后松开鼠标即可。这样绘制的表格，由于网格的显示受屏幕限制，生成表格的行数和列数有限，如果想绘制更大的表格，可以单击功能区【插入】选项卡的【表格】组中"表格"按钮，在弹出的下拉菜单中点击"插入表格"项，打开如图 3.53 所示的"插入表格"对话框，直接输入表格的【列数】和【行数】即可。

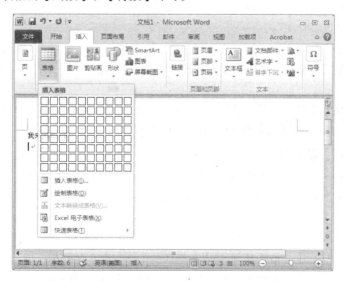

图 3.52　插入表格下拉菜单

图 3.53 "插入表格"对话框

3.6.2 调整表格

自动插入的表格有时还需要进行一些调整,才能适应表格中文本的输入,或者与表格外的文本相适应。

1. 选定行、列、单元格、表格

用鼠标选定:

(1)选定行

将鼠标停在某行左侧,当鼠标指针变为右向上空心箭头时,单击鼠标可以选定一行,按住鼠标向上或向下拖放,可以选择连续多行。

(2)选定列

将鼠标停在某列上侧,当鼠标指针变为向下的实心箭头时,单击鼠标可以选定一列,按住鼠标向左或向右拖放,可以选择连续多列。

(3)选定单元格

将鼠标停在某个单元格内部左侧,当鼠标指针变为右向上实心箭头时,单击鼠标可以选定一个单元格,按住鼠标拖动一个矩形区域,可以选择连续多个单元格。

(4)选定表格

将鼠标停在表格左上角,当鼠标指针变为四向箭头时,单击可以选定整个表格。

按住 Ctrl 键再选定,可以选定不连续的行、列、单元格区域。

2. 插入行、列、单元格

方法一:选定行(列)后,右击选定区域,在打开的快捷菜单中选择【插入】菜单项,在弹出插入的子菜单,选择"在左侧插入列",则可以在选定列的左侧插入与选定行数相同的列;插入表格行进行类似的操作。

方法二:

选定单元格后,打开【表格工具-布局】功能区的【行和列】组的相应插入按钮。

若还要详细处理,点【行和列】组右下角的 ▣ 按钮,打开如图 3.54 所示的"插入单元格"对话框,选择插入单元格的方式后单击【确定】按钮即可。

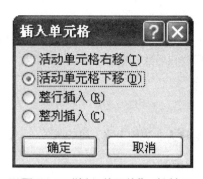

图 3.54 "插入单元格"对话框

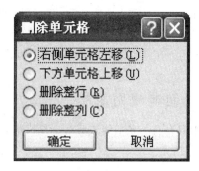

图 3.55 "删除单元格"对话框

3. 删除行、列、单元格、表格

方法一：选定行、列、单元格后，右键单击选定区域，在打开的快捷菜单中选择【删除单元格】（打开如图 3.55 所示的"删除单元格"对话框）即可删除选定的行、列、单元格。

方法二：选定行、列、单元格后，打开【表格工具-布局】功能区的【行和列】组的"删除"按钮，再单击弹出的相应删除选项即可。

4. 调整行高与列宽

调整行高、列宽最简便的方法是将鼠标停在表格的横线或竖线上，当鼠标指针变成上下或左右双向箭头时，按住鼠标拖放，移动表格的横线和竖线，从而调整表格的行高和列宽。

如果想精确地设置行高或列宽，可采用以下两种方法：

方法一：选定行（列）后，打开【表格工具-布局】功能区的【单元格大小】组，在"高度"右侧填入需要的行高，设置行高；在"宽度"右侧填入需要的列宽，设置列宽。

方法二：选定行（列）后，打开【表格工具-布局】功能区的【表】组的"属性"按钮，打开如图 3.56 所示的"表格属性"对话框，选择"行"（"列"）选项卡，选中【指定高度】（【指定宽度】）复选框，在其中输入行高（列宽）的具体数值即可。单击【上一行】（【前一列】）或【下一行】（【后一列】）按钮，可以对表格中的所有行（列）分别设置行高（列宽）。

图 3.56 "表格属性—行"对话框

5. 合并与拆分单元格

（1）合并单元格

方法一：选中待合并的单元格区域，单击右键，选择快捷菜单中的"合并单元格命令"。

方法二：选中待合并的单元格区域，打开【表格工具-布局】功能区的【合并】组的"合并单元格"按钮。

注意：如果选中区域不止一个单元格内有数据，那么单元格合并后数据也将合并，并且分行显示在这个合并单元格内。

（2）拆分单元格

方法一：将光标置于需拆分的单元格中，单击右键，选择快捷菜单中的"拆分单元格…"命令，在弹出的对话框中，键入要拆分成的行数和列数，单击"确定"按钮。

方法二：将光标置于需拆分的单元格中，打开【表格工具-布局】功能区的【合并】组的"拆分单元格"按钮，在弹出的对话框中，键入要拆分成的行数和列数，单击"确定"按钮。

3.6.3 绘制非规则表格

表格中只要有一条横线或竖线不是横贯表格的，就称为非规则表格，见表3.7。

表 3.7　非规则表格示例

借款部门		借款时间	年月日
借款理由			
借款数额	人民币（大写）￥：		
部门经理签字		借款人签字	
财务主管经理批示		出纳签字	
付款记录	年月日以现金/支票（号码：）给付		

1. 绘制非规则表格的方法

方法一：使用合并、拆分单元格的方法。如需制作表3.7，可以先制作如表3.8所示6行6列的规则表格，然后将图3.8中每行虚线间隔的单元格选中，然后合并单元格，即可制作成表3.7的非规则表格。（建议在变为非规则表格之前将行高和列宽调整好）

表 3.8　与表 3.7 对应的规则表格

方法二：使用"绘制表格"工具

调出"绘制表格"工具栏：点击功能区【插入】选项卡的【表格】组的"表格"按钮，在菜单中选择"绘制表格"命令，鼠标指针变成铅笔形状，拖动鼠标左键绘制表格边框、行和列。

表格绘制完成后，按ESC键或者在"设计"选项卡中单击"绘制表格"按钮取消绘制表格状态。

2. 表格线的擦除

如表3.8的6行6列规则表格，用擦除工具将图3.8虚线对应的线条擦除，再调整表格宽度，就可变成表3.7了。

光标定位于表格中任一单元格后，单击【表格工具-设计】功能区的【绘图边框】组的"擦除"按钮，鼠标指针就变成橡皮擦图标，移动到要删除的表格线处，点击一下，相应的线条就删除了。

3.6.4 在表格中输入文本并设置格式

在表格中输入文本的方法与一般文本输入方法一样，只要把光标定位在一个单元格中，单元格中显示一个闪烁的 I 形光标，即可输入文本。如果输入的文本超出一列的宽度，Word 2010 会自动换行，同时单元格高度自动加高。编辑文本以及给文本设置字体、段落、底纹等格式的方法也与一般文档相同，值得注意的是：对表格中的文本设置格式是以单元格为单位的，所做的格式设置只对当前单元格有效。与一般文档一样，建议先输入文本，然后选定单元格设置不同的格式。

单元格中的文本除了水平对齐方式可以使用"段落"菜单进行设置以外，有时还需要设置垂直对齐方式。

（1）设置垂直对齐方式：打开【表格工具-布局】功能区的【表】组的"属性"按钮，打开"表格属性"对话框，选择"单元格"选项卡，如图3.56所示，在【垂直对齐方式】栏选择顶端对齐、居中或底端对齐。

（2）同时设置单元格的水平和垂直对齐方式：

方法一：先选定需设置的单元格，在【表格工具-布局】功能区的【对齐方式】组中，单击相应的对齐方式按钮。

方法二：先选定需设置的单元格，右键单击选定区域，在打开的快捷菜单中选择【单元格对齐方式】菜单项，弹出如图3.57所示的下级菜单，有9种水平与垂直对齐方式的组合可供选择。

图 3.57　"单元格对齐方式"子菜单

3.6.5 将文本转换成表格

在使用 Word 2010 制作和编辑表格时，有时需要将文档中现有的文本内容直接转换成表格，则如何实现呢？

方法：

选中需要转换成表格的数据，在【插入】功能区的【表格】分组中，单击"表格"按钮，并在打开的表格菜单中选择"文本转换成表格"命令，弹出如图3.58所示的"将文字转换成表格"对话框；再单击"确定"按钮完成。

例如：在 word 文档中，有如下格式的文本数据，需要将这些数据转换成表格：

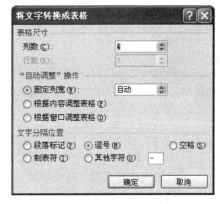

图 3.58　"将文字转换成表格"对话框

    电器，功率(瓦)，用时(月)，损坏数

    电饭锅，1200,100,67

    热水器，2400,100,87

    电炒锅，800,100,53

选中此四行数据，在【插入】功能区的【表格】分组中，单击"表格"按钮，并在打开的表格菜单中选择"文本转换成表格"命令，弹出如图3.61所示的"将文字转换成表格"对话框；再单击"确定"按钮完成，结果见表3.9。

表 3.9　文本转换成的表格

电　器	功率(瓦)	用时(月)	损坏数
电饭锅	1200	100	67
热水器	2400	100	87
电炒锅	800	100	53

3.6.6 表格自动套用格式

Word 2010 提供了多种表格格式可以自动套用,可以不经过格式、边框、底纹等设置,快速改变表格外观,达到事半功倍的效果。

如果要调整样式,把光标定位到表格的任意单元格中,打开【表格工具-设计】功能区的【表格样式】组,单击选择其中需要的内置表格样式。使用更多的样式,单击"表格样式"右侧的下拉按钮,可以看到更多的内置样式,并且可以新建样式。

3.6.7　标题行重复

设置重复标题行

为了表格分页显示时,在每一页的第一行都会显示表头(表格第一行):

方法一:在如图 3.56"表格属性"窗口的"行"选项卡中,选择【在各页顶端以标题行形式重复出现】复选框,即可实现。

方法二:选中表中任意一单元格,再在【表格工具-布局】功能区的【数据】组中,选中"重复标题行"按钮。

3.7　打印预览及打印

文档编辑完成之后,有时需要打印出来。打印之前需要进行页面设置,包括设置页眉和页脚等,然后可以使用打印预览功能模拟显示打印效果。如果不满意可以继续修改,直到满意为止。

3.7.1　打印预览

用户可以通过使用"打印预览"功能查看 Word 2010 文档打印出的效果,以及时调整页边距、分栏等设置,操作步骤如下所述:

第 1 步,打开 Word 2010 文档窗口,并依次单击【文件】→【打印】命令。

第 2 步,在打开的"打印"窗口右侧预览区域可以查看 Word 2010 文档打印预览效果,用户所做的纸张方向、页面边距等设置都可以通过预览区域查看效果。并且用户还可以通过调整预览区下面的滑块改变预览视图的大小,如图 3.59 所示。

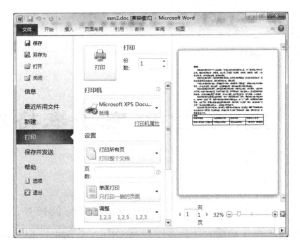

图 3.59 "打印"预览窗口

3.7.2 打 印

（1）在如图 3.59 所示的"打印"区域设置

① 份数：调整【打印】区域的"份数"数值，设置一次重复打印的份数。

② 打印机：在【打印机】选项区的【名称】下拉列表中列出了当前系统中已经安装的所有打印机。

③ 打印的指定页："页数"编辑框中输入需要打印的页码，连续页码可以使用英文半角连接符（如 2-5），不连续的页码可以使用半角逗号分隔（如 5，8，16）。

④ 单、双面打印：在"设置"区域可以看到默认选择"单面打印"选项。

若要设置为双面打印，单击"单面打印"选项右侧的下拉三角，在弹出的选项中选中"手动双面打印"选项，并单击"打印"按钮，则开始打印当前 Word 文档的奇数页，完成奇数页的打印后，将已经打印奇数页的纸张正确放入打印机开始打印偶数页。

⑤ 调整：需要打印多份文档的情况下，此处显示"1，2，3　1，2，3　1，2，3"时，是先打印完整的一份文档内容，再打印下一份。

可以调整为先打印完每一份文档第 1 页，再打印第 2 页，第 3 页……直至打印完成。

⑥ 设置纸张纵向打印，还是横向打印。

⑦ 在页纸上打印多页 Word 文档：单击"每版打印 1 页"选项右侧的下拉三角，然后在打开的下拉列表中选择合适版数。

（2）单击左上角的大"打印"按钮，即可打印。

第 4 章 Excel 2010 电子表格处理软件

Excel 2010 是微软公司推出的办公软件——Microsoft Office 2010 中的一个重要组成成员。因其具有强大的计算、分析和图表等功能，且能方便地与 Office 其他组件相互调用数据，实现资源共享，而成为目前最流行的电子表格处理软件之一。

在 Word 中也有表格，Excel 表格与 Word 表格的最大不同在于 Excel 表格具有强大的数据运算和数据分析能力。Excel 中内置的公式和函数，可以帮忙用户进行复杂的数据处理。

本章主要介绍 Excel 2010 的一些基本操作。

4.1 Excel 2010 简介

4.1.1 Excel 2010 的基本功能

Microsoft Excel 2010 保留了早期版本中的所有功能，并增加了一些新特性，Excel 2010 的基本功能可概括如下：

（1）制作表格

Excel 2010 拥有强大的制表功能，能将用户输入的数据自动转换成二维表格形式。

（2）数据的运算

Excel 2010 可以对表格中的全部或部分数据进行求和、求平均值等各种运算。

（3）数据统计分析

Excel 2010 除了可以对数据进行计算，还能对数据进行排序、筛选、分类、汇总以及数据透视表等统计分析。

（4）生成图表

Excel 2010 能把表格中某区域的数据自动生成多种统计图表，以方便用户更直观地查看各数据间的差异、预测趋势。

（5）数据打印

Excel 2010 处理完数据后，以对电子表格进行编辑排版和打印。

（6）其他

Excel 2010 有远程发布数据功能，可将工作簿或工作表中的数据保存为 Web 页后，可使其可以在网络服务器上使用；此外，Excel 2010 还有一个"文本到语音"的功能，该功能可以通过诵读所选文本来完成校对。

4.1.2 Excel 2010 的启动

1. 启动 Excel 2010

方法一：选择【开始】→【所有程序】→【Microsoft Office】→【Microsoft Excel 2010】命令，启动 Excel 2010 程序。

方法二：如果桌面上设置了 Excel 快捷方式图标 ，直接双击图标即可启动。

方法三：选择任意一个 Excel 文档，双击该文档后系统自动启动与之关联的 Excel 2010 应用程序，并同时打开此文档。

2. 退出 Excel 2010

在完成演示文稿的制作及保存后，要退出 Excel 2010，释放所占用的系统资源。退出的方法有下面几种：

① 选择窗口【文件】选项卡中的[退出]命令。

② 单击窗口右上角的关闭按钮" "。

③ 双击窗口左上角的控制菜单按钮 。

④ 按下<Alt> + <F4>组合键。

4.1.3 Excel 2010 的窗口组成

启动 Excel 2010 后进入如图 4.1 所示的窗口界面。Excel 的工作界面与 Word 的工作界面有着类似的标题栏、菜单、工具栏，也有自己独特的功能界面，如名称框、工作表标签、公式编辑框、行号、列号等。

1. 标题栏

标题栏位于窗口的顶部，工作时显示的是当前工作簿的文件名。首次进入 Excel 2010 时，系统默认打开的文档名为"工作薄 1"。

2. 快速访问工具栏

快速访问工具栏中显示一些常用的工具按钮，默认显示的按钮有"保存"按钮 、"撤消"按钮 、"恢复"按钮 、打印预览和打印按钮 。用户可以将常用的命令添加到快速访问工具栏中。

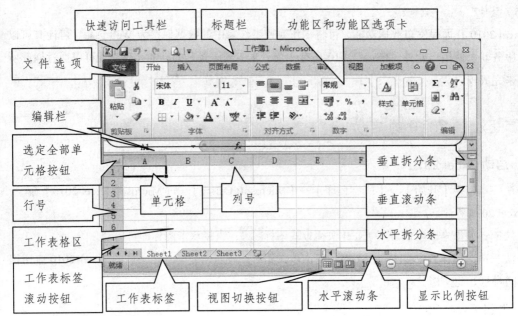

图 4.1　Excel 2010 工作界面

3. 功能区和功能区选项卡

在 Excel 2010 中，程序主窗口顶部功能区取代了原来的菜单和工具栏。功能区中的每个选项卡都有不同的按钮和命令，这些按钮和命令编排到不同的功能区组中。

当打开 Excel 2010 时，将显示功能区的"开始"选项卡。此选项卡包含 Excel 中的许多常用命令。如图 4.2 所示。

功能区可调整其外观，以适合计算机的屏幕大小和分辨率。在较小的屏幕上，有些功能区组可能只显示组名，不显示其中的命令。在此情况下，只需单击组按钮上的下拉箭头"▾"即可显示命令。

图 4.2　功能区选项卡

4. 编辑栏

编辑栏位于功能区的下方，用于显示和编辑当前单元格中的数据或公式，由单元格名称框、按钮组和编辑框 3 部分组成，如图 4.3 所示。

① 单元格名称框：位于编辑栏左侧，用于显示当前活动单元格的名称，用户可在名称框内直接输入单元格地址，改变活动单元格地址。该名称由大写英文字母和数字组成。如 A1，A 表示列号，1 表示行号。

② 按钮组：当在对某个单元格进行编辑时，按钮组会显示为 ✗ ✓ ƒx 图标，单击其中的"取消"

按钮 ✘ 可取消编辑，单击"输入"按钮 ✔ 可确认编辑，单击"插入函数"按钮 𝑓ₓ，可在弹出的"插入函数"对话框中选择需要的函数。

③ 编辑框：用于显示单元格中输入的内容，将光标插入点定位在编辑框内，还可对当前单元格中的数据进行修改和删除等操作。

图 4.3　编辑栏

5. 工作表格区

工作表格区是 Excel 2010 窗口的主体，由若干单元格组成。

4.1.4　Excel 2010 的基本信息元素

Excel 2010 的基本信息元素主要有工作簿、工作表、单元格和单元格区域等。

1. 工作簿

工作簿是用户用来处理和存储数据的文件。标题栏上显示的是当前工作簿的名字。Excel 默认的工作簿名称为"工作簿 1"，扩展名为".xlsx"。

每个工作簿包含多个工作表，默认状态工作簿包含 3 张工作表（名称为 sheet1、sheet2、sheet3），但是 3 张工作表往往不能满足用户的需要，所以用户可根据实际需要在一个工作簿中建立多张工作表，最多时一个工作簿中可包含 255 张工作表。

2. 工作表

工作表由单元格组成，在 Excel 中一张工作表由 256 列 65 536 行（即 256×65 536 个单元格）组成，可以通过单击工作表标签在不同的工作表之间进行切换。当前正在被编辑的工作表称之为活动工作表，一个工作簿只能有一个活动工作表。

3. 单元格

Excel 中的每一张工作表都是由多个长方形的"存储单元"组成，这些长方形的"存储单元"即是单元格，这是 Excel 最小的单位。输入的数据就保存在这些单元格中，这些数据可是字符串、数学、公式等不同类型的内容。

单元格的地址是由列号和行号组成，列号用字母 A、B、C…Z、AA、AB、AC…AZ…IV 表示，共 256 个，行号用数字 1、2、3…65536 表示，共 65 536 个，最小单元格地址为 A1，最大单元格地址为 IV65536。如：A1，就表示第 A 列第 1 行的单元格。光标目前所处的单元格称为活动单元格，以黑色方框标记。

4. 单元格区域

单元格区域是指一组被选定的单元格，它们可以相邻，也可以不相邻，如图 4.4 所示。该区域内除一个单元格为白色外，其他单元格为蓝色。对一个单元格区域操作就是对该区域内所有单元格执行相同的操作。在选定区域外单击鼠标左键，即可取消原选定区域。

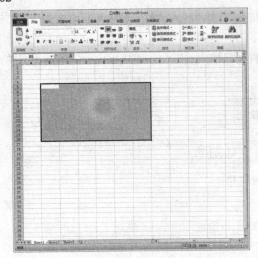

图 4.4　单元格区域

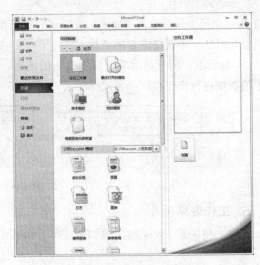

图 4.5 "新建工作簿"任务窗格

4.2　Excel 2010 的基本操作

4.2.1　新建工作簿

创建一个新工作簿，即建立一个空白表格。当启动 Excel 2010 后，系统会自动新建一个临时名为"工作簿 1"的工作簿，以后建立的文档按顺序依次命名为"工作簿 2"、"工作簿 3"等。

Excel 2010 有 2 种方式新建工作簿：

方法一：

① 单击"文件"选项卡中的"新建"选项，如图 4.5 所示的 Backstage 视图。

② 在"可用模板"下，单击要使用的工作簿模板。

说明：

● 如需新的、空白的工作簿，请双击"空白工作簿"。

● 如需基于现有工作簿创建工作簿，请单击"根据现有内容新建"，通过浏览找到要使用的工作簿的位置，然后单击"新建"。

● 如需基于模板创建工作簿，请单击"样本模板"或"我的模板"，然后选择所需的模板。

方法二：

直接使用快捷键 Ctrl + N，则新建一个空白工作簿。

4.2.2　保存工作簿

在操作过程中，为了防止发生意外，导致文档内容丢失；或者在完成编辑、排版任务后，需要将文档存储到磁盘上，可以用保存（存盘）的方法。Excel 2010 提供了多种保存方法：

方法一：单击"快速访问工具栏"上的"保存"按钮 █。

方法二：选择"文件"选项卡中的"保存"。

方法三：选择"文件"选项卡中的"另存为"。

方法四：使用快捷键 Ctrl + S。

若被编辑的工作簿以前没有被保存过，则会出现如图 4.6 所示的"另存为"对话框。

① 在左侧的文件夹窗口中选择文件保存的具体位置。

图 4.6 "另存为"对话框

② 在"保存类型"下拉列表框中选择保存为的文件类型。在"保存类型"下拉列表框中列举了 Excel 2010 系统支持的文件类型，默认值为"Microsoft Excel 工作簿（*.xlsx）"，还有 Web 页（*.html）、纯文本文件（*.txt）等文件类型，用户在保存文件时，用户可根据实际需要选择相应的类型。

③ 在"文件名"下拉列表框中输入文件名，默认的文件名为"工作簿 1.xlsx"。

④ 单击"保存"按钮保存文件，也可单击"取消"按钮，放弃保存文件的操作。

若被编辑的工作簿以前保存过，则单击"保存"按钮时不会出现该对话框，但系统会自动将文件保存。

4.2.3 打开 Excel 2010 文档

常用的打开文档的方法有：

方法一：双击已存在磁盘的 Excel 文件图标。用户也可选择多个 Excel 文件，按 Enter 键同时将多个文件同时打开。

方法二：单击"文件"选项卡上的" 📄打开"选项。在弹出的"打开"对话框（见图 4.7）里，点选文件，最后单击对话框中下方的"打开"按钮或双击该文件图标。

方法三：单击"文件"选项卡中的"最近所用文件"，在显示的 Backstage 视图中，双击所需文件即可。

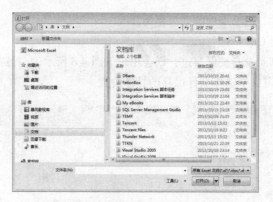

图 4.7 "打开"对话框

4.2.4 关闭工作簿

对 Excel 文档编辑处理后,选择"文件"选项卡中的"📁关闭"项,或单击功能区右侧的"关闭"按钮 ,可以关闭该文档。

选择"文件"选项卡中" 退出"项,或单击标题栏右侧的"关闭"按钮 ,则在关闭该文档的同时也将 Excel 应用程序关闭。

4.3 工作表的基本操作

4.3.1 编辑工作表

1. 数据的输入

Excel 2010 可处理的数据包括多种类型,如常用的文本数据、日期数据、数字数据和公式等,用户通过单击要输入数据的单元格(见图 4.8),并利用键盘输入相应的内容来完成数据的输入(见图 4.9),由于不同类型的数据具有不同的属性,因此,在录入的过程中需采用不同的方法进行处理。

图 4.8 数据的单元格

图 4.9 数据的输入

默认情况下，输入数据后，按 Enter 键，将确认输入并切换到下方的单元格；按 Tab 键，可切换到右方的单元格；按键盘上的光标移动键，可灵活选择下一个数据输入的位置。

（1）常见数据类型的输入方法

① 数字数据的输入。输入的数据出现在当前单元格和编辑栏内，按 Enter 键可确认输入的数据，也可在编辑栏中直接输入数据，按 Enter 键或单击编辑栏的"输入"按钮 ✓。数字数据默认的对齐方式为右对齐。当输入的数字位数超过 11 位时，在单元格内会以科学计数法的形式显示出来，但在编辑栏中还是按数据原样显示。若要输入分数，为了避免系统将输入的分数当作日期，在分数前面应输入 0 和空格。例如，输入"0 5/9"，则在单元格中出现 5/9；若直接输入"5/9"，则在单元格中出现的是 5 月 9 日。

② 文本数据的输入。选定单元格后，可直接录入文本信息，按 Enter 键即可确认录入的数据，按 Alt+Enter 键可对同一单元格中的文本换行。文本信息默认的对齐方式为左对齐。在文本数据类型中，字母、数字、汉字等一些符号都可作为文本数据中的一个字符，但纯数字在录入时，系统将其默认为数字数据，若需要将录入的数字当作文本数据处理，则在录入时应先输入单引号，再输入数字，或者直接输入 = "数字"，如要录入"123"，则应输入'123 或 = "123"。

③ 日期数据的输入。日期和时间不同于数字数据，有特殊的格式。日期的输入格式为：年 – 月 – 日或年/月/日。时间的输入格式为：时：分 AM/PM，AM 表示上午，PM 表示下午，分钟数字与 AM 或 PM 间要用空格隔开，在同一单元格内要录入日期和时间，应在其间用空格隔开。若要输入当天的日期，应按"Ctrl + ;（分号）"，若要输入当前时间，应按"Ctrl + Shift + :（冒号)"。

（2）数据填充和自动填充

在 Excel 2010 中，对于一些规律性比较强的数据，如果逐个手动输入比较浪费时间，而且容易造成数据输入错误，为此，Excel 提供了填充和自动填充功能，可帮助用户快速输入此类数据。

序列数据分两类："数字"序列和"文本"序列。文本序列是指文本字符串中含有数字的字符串。例如，在学生成绩表里，学号数据为 2010001，2010002，…的是数字序列，为 ZW2010001，ZW2010002，…的是文本序列。若要 Excel 2010 自动处理序列数据，必须借助于填充柄。填充柄是指选定的单元格或单元格区域右下角的黑色小方块，用鼠标拖动它可将序列数据的相应值填充至所选定的单元格，如图 4.10 所示。

图 4.10　数据填充和自动填充

填充数字序列的常用方法有：

① 使用填充柄填充数据。

● 在相邻两单元格中输入序列数字的前两项，选定这两个单元格，此时，该单元格区域的右下角出现一个黑色小方块，将鼠标移至填充柄上（鼠标指针由空心的"＋"加号变成实心的"＋"加号），沿序列数据的填充方向拖动鼠标至需要填充数据的单元格，释放鼠标即可填充所需数据。如图4.11 和图 4.12 所示。

注意： 要更改选定区域的填充方式，请单击"自动填充选项" ，然后单击所需的选项。

图 4.11　选定所需填充数据的单元格　　　　　图 4.12　填充数据

● 先在需要存放序列数据的第一个单元格内输入序列的第一项数据，按住 Ctrl 键，将鼠标移至填充柄上拖曳至需要填充数据的单元格，同时释放鼠标和 Ctrl 键即可，但这种方法只能填充步长为 1 的数据序列。若没按 Ctrl 键直接操作，则所有单元格的内容与第一项数据一样。

方法二：使用"填充"命令将数据填充到相邻的单元格中

● 选择要用于填充空白单元格的数据单元格下方、右侧、上方或左侧的一个空白单元格。在"开始"选项卡上的"编辑"组中，单击" 填充 ▾ "，然后在下拉列表中单击"向下"、"向右"、"向上"或"向左"。

● 在需要存放序列数据的第一个单元格内输入序列的第一项数据，选定需要填充的单元区域（注意，此时不能将鼠标放在填充柄上再拖动鼠标，如图 4.13 所示），在"开始"选项卡上的"编辑"组中，单击" 填充 ▾ "，在下拉列表中再单击"序列"，在弹出的对话框中（见图 4.14），点选"自动填充"，最后单击"确定"按钮，得到最终结果（见图 4.15）。也可只选定第一个单元格（该单元格必须要有序列的第一项数据），在"序列"对话框的"步长值"文本框中输入步长，"终止值"文本框中输入终止值，系统会自动填充指定的序列项。

图 4.13　选定需序列填充的单元格

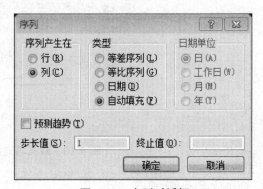

图 4.14　序列对话框

方法三：使用自定义填充序列填充数据

● 使用基于现有项目列表的自定义填充序列

① 在工作表上，选择要在填充序列中使用的项目列表。

② 单击"文件"选项卡中的"选项"。

③ 在"Excel 选项"对话框中单击"高级"，然后在"常规"下，单击"编辑自定义列表"。如图 4.16 所示。

④ 在自定义序列对话框（见图 4.17）中，确保所选项目列表的单元格引用显示在"从单元格中导入序列"框中，然后单击"导入"。

⑤ 所选列表中的项目将添加到"自定义序列"框中。

⑥ 单击两次"确定"。

图 4.15　序列填充的结果

⑦ 在工作表上单击某个单元格，然后键入自定义填充序列中要在列表开头使用的项目。

⑧ 拖动填充柄（填充柄:位于选定区域右下角的小黑方块。将用鼠标指向填充柄时，鼠标的指针更改为黑十字。）使其经过要填充的单元格。

● 使用基于新项目列表的自定义填充序列

① 单击"文件"选项卡中的"选项"。

② 在"Excel 选项"对话框中单击"高级"，然后在"常规"下，单击"编辑自定义列表"。

③ 在"自定义序列"对话框（见图 4.17）中，单击"新序列"，然后在"输入序列"框中键入各个条目（从第一个条目开始）。

④ 在键入每个条目后按 Enter。

⑤ 完成列表后，单击"添加"，然后单击"确定"两次。

⑥ 在工作表上单击某个单元格，然后键入自定义填充序列中要在列表开头使用的项目。

⑦ 拖动填充柄使其经过要填充的单元格。

图 4.16　Excel 选项对话框架

图 4.17　自定义序列对话框

2. 数据的修改

① 直接替换数据。单击选中要修改的单元格，输入新内容，会替换原单元格中的内容。

② 修改单元格中的部分内容。双击单元格，单元格变为录入状态，光标成"I"形，表示文字插入的位置，然后在要修改的文字上拖动鼠标选中的要修改的文字，然后输入新的内容，如图 4.18

所示。也可以在编辑栏中对选定的单元格的内容进行修改。

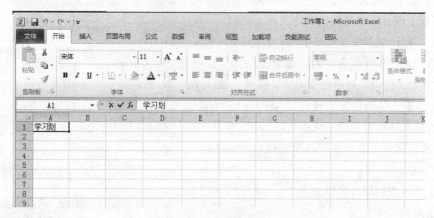

图 4.18　数据的修改

③ 若要取消刚输入的数据,可按 Esc 键或单击编辑栏按键组中的取消按钮 ✖ 。

3. 数据的查找和替换

Excel 系统的查找和替换功能与 Word 系统的查找和替换功能类似。选择"编辑|查找"菜单项(或 Ctrl + F),出现如图 4.19 所示的"查找和替换"对话框,单击其中的"替换"选项卡可切换至"替换"对话框,与 Word 系统不同之处在于 Excel 系统的查找搜索范围有公式、值和批注 3 种选择,当搜索的内容是通过公式计算出来的,则选择搜索范围为"值",其他操作与 Word 类似。

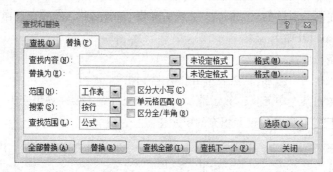

图 4.19 "查找"对话框

4. 数据的校验

在使用 Excel 的过程中,经常需要录入大量的数据,如处理学生成绩数据(学生成绩假定范围为 0 ~ 100)时,由于误操作,所输入的数据会超出正常值范围;为了避免该类错误的出现,可利用 Excel 的数据有效性功能,提高数据输入速度和准确性。

(1)数据录入前的有效性设置

数据的有效性设置方法:在数据录入前,先选定需要校验的数据区域,再选择"数据"选项卡"数据工具"组中的" 数据有效性 ▾ "项,打开如图 4.20 所示的"数据有效性"对话框,以录入学生成绩为例,在"允许"列表框中选择"整数"项,此时"数据"下拉列表框的值变为"介于",在其下方最小值和最大值文本框中输入最小值(0)和最大值(100),单击"确定"按钮完成数据有效性设置。以后在此区域单元格中录入数据时,若数据超出此范围,则出现相应的错误信息提示对话框。

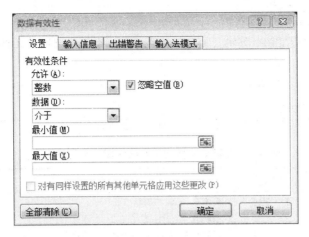

图 4.20 "数据有效性"对话框

（2）对已录入数据的校验

如果事先已录入了数据，可通过下面两种方法来校验已录入数据的正确性。

① 用户需要自定义设置，将语音朗读这个功能添加在 Excel2010 的某个选项卡上的自定义组中。

其添加的方法是：单击"文件"选项卡中的"选项"，在"Excel 选项"对话框中单击"自定义功能区"，然后在"从下列位置选择命令"下，选中"不在功能区中的命令"，选中需要添加选项卡，如"开始"选项卡，点击"新建组"，并点击"重命名"输入用户需要的名称，如"语音朗读"，将左侧的"按 Enter 开始朗读单元格"、"按行朗读单元格"、"按列朗读单元格"分别添加到新建的组中，如添加到"语音朗读"组。如图 4.21 所示。

单击"按行朗读单元格"或"按列朗读单元格"按钮即可按顺序诵读选定区域内的文本，用户可一边听计算机的朗读，一边与原文本进行核对。

② 数据的有效性审核法：先选定要校验的区域，再设置数据的有效性，选择"数据"选项卡的"数据工具"组，单击"![数据有效性]"的下拉按键，在下拉列表中单击"![圈释无效数据]"按钮，则系统会将所有无效数据用红色椭圆圈出来，便于用户修改。

图 4.21 添加语音朗读

5. 单元格（单元区域）的编辑

对单元格的数据进行复制、移动、删除等处理之前，都需先选定单元格或单元格内的数据。

（1）单元格的选定

选定单元格的常用方法见表4.1。

（2）单元格区域的移动

对表格进行排版处理时，有时需对部分单元格的位置进行调整，此时可采用单元格的移动功能。

表 4.1　选定单元格或单元格区域的常用方法

目　的	具体操作
选定单个单元格	① 左键单击要选定的单元格 ② 在名称框内输入要选定单元格的地址 ③ 用键盘上的光标键选择要选定的单元格 ④ 选择"开始"选项卡"编辑"组中的"查找和选择"，在下拉列表中单击"转到"项，在弹出的"定位"对话框中输入单元格地址，再单击"确定"按钮，若在对话框中输入单元格区域地址，则可选定多个单元格
选定连续单元格	① 将鼠标移至要选定区域四周角上的某个单元格，按住鼠标左键沿对角线拖动至区域的最后单元格 ② 选定要选定区域四周角上的某个单元格，按住 Shift 键，单击对角线方向上的另一个单元格
选定不连续单元格	按住 Ctrl 键，用鼠标单击需要选定的单元格
选定多个连续单元格	采用选定连续单元格的方法选定第一个连续区域，再按 Ctrl 键，采用选定连续单元格的方法选定第二个连续区域
选定行或列	① 单击行标号或列标号即可选定一行或一列 ② 单击行标号或列标号，拖动鼠标至所要选定的行或列，或按住 Shift 键，在所要选定的行标号或列标号上单击鼠标左键，则选定连续行或列 ③ 按 Ctrl 键，用鼠标单击需要选定的行标号或列标号，即可选定不连续的行或列
选定所有单元格	按 Ctrl＋A 键或单击"全选"按钮

移动单元格的方法与复制的方法类似，选定要移动的单元格，把鼠标移动到选定区域的黑色外框上，鼠标变成移动状态（白色向左箭头），按住鼠标左键拖动目标位置，此时有一虚线框跟着移动至目标单元格，释放鼠标，即可完成对单元格的移动操作。如图 4.22 所示。

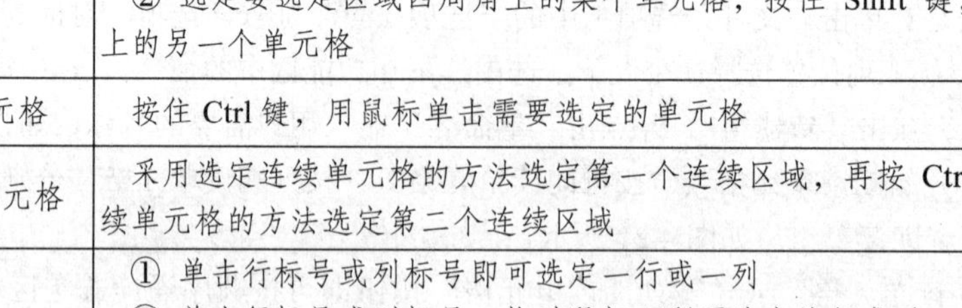

图 4.22 单元格区域的移动

若单元格要移至另一页面，可借助剪贴板的功能来实现。选定要移动的单元格区域，单击"开始"选项卡"剪贴板"组中的"剪切"按钮，或在选定单元格上单击右键，在快捷菜单中选择"剪切"菜单选项，此时选定区域周围增加了一个虚线方框，再选定目标单元格，单击"开始"选项卡"剪贴板"组中的"粘贴"按钮 ，或在选定单元格上单击右键，在快捷菜单中选择"粘贴"菜单选项，即可将源单元格区域的内容移至目标单元格区域。

（3）单元格区域的复制

Excel单元格的复制常用方法有两种：

① 使用剪贴板复制单元格。选定要复制的单元格，单击"开始"选项卡"剪贴板"组中的"复制"按钮 ，或在选定单元格上单击右键，在快捷菜单中选择"复制"菜单选项，再选定目标单元格，单击"开始"选项卡"剪贴板"组中的"粘贴"按钮 ，或在选定单元格上单击右键，在快捷菜单中选择"粘贴"菜单选项。

注意：在选择复制操作后，源单元格区域周围会出现闪烁的虚线方框，只要虚线方框不消失，就可进行多次"粘贴"操作，一旦虚线方框消失，就不能进行"粘贴"操作，若不需要"粘贴"操作，按Esc键或在其他单元格内双击鼠标左键即可取消虚线方框。

② 使用键盘和鼠标复制单元格。在同一页面中要复制单元格的内容，也可使用键盘和鼠标来完成。选择要复制单元格，将鼠标移至所选定单元格的黑色外框上，鼠标指针变成白色箭头，按住Ctrl键，此时鼠标指针右上角增加了一个加号，拖动鼠标至目标单元格，释放鼠标和Ctrl键，单元格的内容即可复制。

6. 单元格、行、列的编辑

（1）单元格的编辑

① 删除：选中要删除单元格，则在单元格上单击右键，在弹出的快捷菜单中选择"删除"菜单项，或单击"开始"选项卡"单元格"组中的"删除"的下拉按钮（见图4.24），在下拉列表中选择"删除单元格"，在弹出的如图4.23所示的"删除"对话框中选择一种删除形式，然后单击【确定】按钮。

图4.23 删除单元格

② 插入：选中要插入新空白单元格的单元格或单元格区域。选中的单元格数量应与要插入的单元格数量相同。例如，要插入五个空白单元格，请选中五个单元格。

在选定的单元格上单击鼠标右键，选择快捷菜单中的"插入"菜单选项，或单击"开始"选项卡"单元格"组中的"插入"的下拉按钮，在下拉列表中选择"插入单元格"，在弹出的如图4.24

所示的"插入"对话框中选择"活动单元格右移"或"活动单元格下移",单击"确定"按钮即可插入单元格。

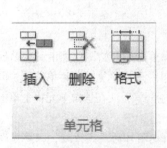

图4.24　开始选项卡单元格组

图4.25　插入对话框

（2）行的编辑

① 删除行:选定要删除的行,在要删除的行的行标志上单击右键,在弹出的快捷菜单中选择"删除"菜单项即可,或选定要插入行的行标号或此行内的任意单元格,单击"开始"选项卡"单元格"组中的"删除"的下拉按钮,在下拉列表中选择"删除工作表行"。

② 插入行:

在要在其上方插入新行的行标号上直接单击右键,选择快捷菜单中的"插入"菜单选项,即可直接当前的上方插入一行。

选定要在其上方插入新行的整行或该行中的任意一个单元格,单击"开始"选项卡"单元格"组中的"插入"的下拉按钮,在下拉列表中选择"插入工作表行",即可在选定行上方插入一行。

在需要其上方插入新行的行中任意单元格内单击鼠标右键,选择快捷菜单中的"插入"菜单选项,在弹出如图4.25的"插入"对话框中选择"整行",单击"确定"按钮即可插入一行。

注意:

● 如要插入多行,请选择要在其上方插入新行的那些行。所选的行数应与要插入的行数相同。例如,要插入三个新行,请选择三行。再按上述方法操作即可。

● 如要插入不相邻的行,请按住 Ctrl 同时选择不相邻的行。再按上述方法操作即可。

（3）列的编辑

与行的编辑方法类似,只需在选择"行"、"行标"和"整行"时将其改成"列"、"列标"和"整列",其他操作过程一样。

（4）内容的删除

若只需删除单元格、行或列的内容,可按 Delete 键或在"开始"选项卡"编辑"组中单击"✐清除▾",在下拉列表中单击"清除内容"项。

4.3.2　单元格的格式化

表格在数据处理完后,为了使工作表的外观更漂亮,排版更整齐,重点更突出,一般都需要对单元格中的数据进行格式化,使其成为更符合要求的格式。

单元格数据格式的设置主要包括行高、列宽的设置,数据性质的设置（格式）、对齐方式、字体格式、边框和底纹等。

1. 行和列

（1）行高和列宽。Excel 工作表建立后，所有单元格的高度和宽度都有相同的默认值。输入数据时，当字符串宽度大于单元格宽度时，超过的部分不能显示，当数字或日期宽度大于单元格宽度时，在单元格内则显示"#####"，要完整地显示数据，应调整单元格的宽度或高度。

调整行高的常用方法有：

① 调整行高：将光标移动到行号中间的分隔线上，此时鼠标变成✛，单击鼠标左键向上（或向下）拖动，即可调整单元格的行高（见图 4.26）。

② 先选定行，在选定区域上单击右键（如只需设置一行，则只需要在要设置行高的行的行标志上单击右键），在弹出的快捷菜单中选择"行高"菜单项，或在"开始"选项卡"单元格"组中单击"格式▾"，在下拉列表中单击"行高"。在"行高"对话框中直接输入行高数值。

如在"开始"选项卡"单元格"组中单击"格式▾"，在下拉列表中单击"自动调整行高"项，系统会根据选定行中的内容自动调整行高。

通过同样的方法可以调整列的宽度。

图 4.26　调整行高

（2）行、列的隐藏（取消隐藏）。选定需要隐藏的列（或行），单击鼠标右键，在弹出的快捷菜单中单击选择"隐藏"项，即可隐藏单元格的列（或行），如图 4.27"隐藏"界面所示。

图 4.27　行、列的隐藏图　　　　4.28　单元格属性的设置

取消隐藏的操作与隐藏类似，单击"取消隐藏"命令即可。

2. 设置单元格格式

对单元格格式的设置，需先选定要设置格式的单元格区域，在"开始"选项卡的"字体"、"对齐方式"、"数字"组中进行设置。也可在选定区域上单击鼠标右键，在快捷菜单上选择"设置单元格格式"项（见图4.28），在弹出的如图4.29所示的对话框中进行单元格格式设置。

图4.29 设置单元格格式对话框

（1）"数字"组

Excel 中为了方便对数据处理，可以通过"开始"选项卡"数字"组中的"数字格式"的下拉列表，定义不同的单元格数据格式，如图4.30所示。

例：输入号码"0001"，如果直接输入，"0001"中的前三个"0"会被忽略掉。此类数据已经不是数字，这是我们需要通过先将单元格的数据格式修改成"文本"类型后，再在该单元格处输入"0001"。

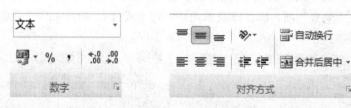

图4.30 单元格数字格式　　**图4.31 单元格对齐方式**

（2）"对齐方式"组

通过"对齐方式"组可实现对单元格的"合并后居中"，以及对单元格内容进行"对齐方式"、"文本方向"、"自动换行"等的控制。

● 要更改单元格内容的垂直对齐方式，请单击"顶端对齐"、"垂直居中"或"底端对齐"。

● 要更改单元格内容的水平对齐方式，请单击"文本左对齐"、"居中"或"文本右对齐"。

● 要将选定的多个单元格合并成一个大单元格，或将已合并的单格重新拆分为单个单元格，请单击"合并及居中"。"合并后居中"包括：合并后居中、跨越合并、合并单元格和取消单元格合并。

● 要更改单元格内容的缩进，请单击“减少缩进量”或“增加缩进量”。

● 要旋转单元格内容，请单击“方向”，然后选择所需的旋转选项。

● 若要在单元格中自动换行，单击“自动换行”。用户也可以按 Alt+Enter 键对同一单元格中的文本换行。

● 要使用其他文本对齐方式选项，请单击“对齐方式”旁边的“对话框启动器”，然后在“设置单元格格式”对话框中的“对齐”选项卡上选择所需的选项。其中“缩小字体填充”选项的作用是当单元格容纳不下所输入的数据时，系统会自动将数据字体缩小使其宽度与单元格宽度相同。

例如，要排版如图 4.31 所示的表格标题，可先在 A1 单元格中录入标题内容，再选定 A1：H1 单元格，单击“开始”选项卡“对齐方式”组中“合并后居中”按钮，即可得到如图所示的效果。

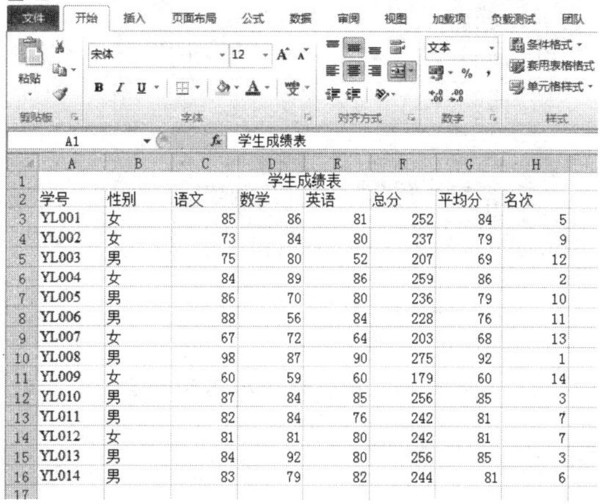

	A	B	C	D	E	F	G	H
1	学生成绩表							
2	学号	性别	语文	数学	英语	总分	平均分	名次
3	YL001	女	85	86	81	252	84	5
4	YL002	女	73	84	80	237	79	9
5	YL003	男	75	80	52	207	69	12
6	YL004	女	84	89	86	259	86	2
7	YL005	男	86	70	80	236	79	10
8	YL006	男	88	56	84	228	76	11
9	YL007	女	67	72	64	203	68	13
10	YL008	男	98	87	90	275	92	1
11	YL009	女	60	59	60	179	60	14
12	YL010	男	87	84	85	256	85	3
13	YL011	男	82	84	76	242	81	7
14	YL012	女	81	81	80	242	81	7
15	YL013	男	84	92	80	256	85	3
16	YL014	男	83	79	82	244	81	6
17								

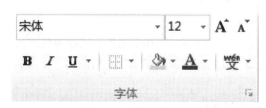

图 4.31　学生成绩表

（3）设置字体

Excel 中提供了多种字体格式，如宋体、仿宋_GB2312、黑体、华文新魏、华文行楷、楷体_GB2312 等。设置文字的字体的常用方法是：

① 选定单元格区域。

② 根据需要，分别在“开始”选项卡“字体”组上的字体和字体大小命令按钮，进行选择，如图 4.32 所示。

图 4.32　单元格字体格式

（4）设置边框

在默认情况下，所看到的 Excel 单元格表格线都是统一的淡虚线，在打印输出时，不会被打印出来，用户若需要表格线，必须另行设置。具体步骤如下：

① 选定要加表格线的单元格或单元格区域。

② 单击“开始”选项卡“字体”组中“边框”的下拉按钮，在下拉列表中选择需要的边框样式，如图 4.33 所示。如需要在边框对话框中设置，则在下拉列表中单击“其他边框”，弹出如图 4.34 所示的对话框。

（5）设置底纹

Excel 单元格底纹是指单元格的背景颜色或图案。具体步骤如下：

① 选定要设置底纹的单元格或单元格区域。

② 单击"开始"选项卡"字体"组中"填充颜色"  ，在下拉列表中选定需要的颜色即可。如需设置图案，则可在"设置单元格格式"对话框的"填充"选项卡上选择"图案颜色"和"图案样式"，单击"确定"按钮即可，如图 4.35 所示。

图 4.33　单元格边框下拉列表

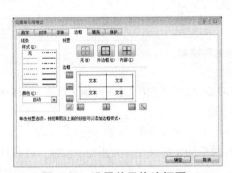

图 4.34　设置单元格边框图

4.35 设置单元格底纹

3. 格式的复制与删除

Excel 的某些单元格数据设置了字号、字体、边框和底纹等格式后，若其他单元格也需要设置相同的字符格式，不必重复设置这些格式，只需采用"格式刷"进行格式复制即可。格式复制的具体步骤如下：

① 选定要复制字符格式的单元格。

② 双击"开始"选项卡"剪贴板"组中的"格式刷"按钮 ，此时选定单元格周围增加了一个虚线闪烁的方框，且鼠标指针右侧会出现一把小刷子 （如果是单击"格式刷"按钮，复制一次后，自动停止字符格式的复制）。

③ 按住鼠标左键，拖动鼠标至需要格式化的单元格区域，释放鼠标，Excel 会自动将选定的单元格所使用的所有字符格式复制过来。

④ 若还需要格式化其他单元格数据，按照步骤③继续操作。否则，再单击"格式刷"按钮，即可停止字符格式的复制。

注意：若单元格已设置了格式（如字体、边框和底纹等），如不再需要，可直接删除，恢复到默认格式。操作步骤是：选择"开始"选项卡"编辑"组中的"清除"，在下拉列表中单击"清除格式"项，则选定的单元格格式就会恢复为默认格式。

4. 条件格式的设置与删除

在实际应用中，很多情况需要根据单元格数据的不同值，动态地设置该数据的字符格式，前面所介绍的字符格式化就无法实现"学生成绩中的值低于60，显示为红色，高于该值，则显示为绿色"，但 Excel 所提供的"条件格式"可以根据单元格内容有选择地自动应用格式来实现这个功能。

（1）"条件格式"设置

若要让单元格中的数字大于等于60时显示为绿色，小于60时显示为红色、加粗、倾斜，通过 Excel "条件格式"实现的具体步骤如下：

① 选定单元格。

② 单击"开始"选项卡"样式"组中"条件格式 ▾"项，在下拉列表中进行选择"突出显示单位格规则"，单击需要的规则（见图4.36），在弹出的相应的对话框中进行设置。如在本例中选择"其他规则"，弹出如图4.37所示的对话框。

③ 在图4.37所示的对话框中，单击"只为满足以下条件的单元格设置格式"中的条件下拉列表框按键，在下拉列表中选择"大于或等于"运算，再在其右侧文本框中输入60。

④ 单击该对话框中的"格式"按钮，打开"设置单元格格式"对话框，设置所需字符格式。点击两次"确定"按钮。

⑤ 重复②～④的操作，设置满足第二个条件的字符格式。

图 4.36 条件格式下拉列表

图 4.37 规则对话框

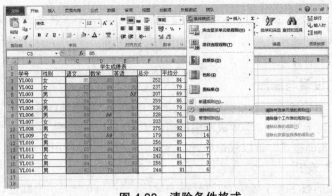

图 4.38　清除条件格式

（2）"条件格式"的清除

"条件格式"清除的具体操作步骤如下：

① 选定需要清除条件格式的单元格区域。

② 单击"开始"选项卡"样式"组中"<img>条件格式 ▾</img>"项，在下拉列表中选择"清除规则"的相应选项即可。如图 4.38 所示。

4.3.3　工作表的管理

1. 工作表间切换

要在工作表之间进行切换，直接单击表标签，如图 4.39 所示。

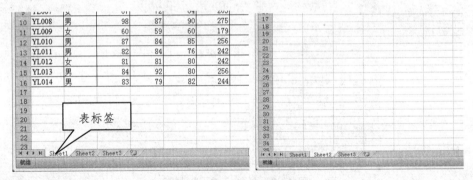

图 4.39　工作表间切换

Excel 2010 中，当前的表格标签为白色，非当前表格默认为浅灰色。

2. 插入工作表

插入工作表也称为新建工作表，可执行下列操作之一：

● 直接单击表标签右侧的"插入工作表"<img>　</img>按键即可。

● 可单击"开始"选项卡"单元格"组中"<img>插入 ▾</img>"项的下拉按钮，在下拉列表中单击"插入工作表"，就可在活动工作表前面插入一个新的工作表，并自动将新建的工作表设置为活动工作表。

● 在工作表标签上单击鼠标右键，在快捷菜单上单击"插入"项，打开如图 4.40 所示的"插入"对话框，双击"常用"选项卡上的"工作表"图标，就可插入新的工作表。

图 4.40 "插入—工作表" 对话框

3. 删除工作表

删除工作表，需先选中要删除的工作表，可执行下列操作之一：

● 单击"开始"选项卡"单元格"组中"⊞ 插入 ▾"项的下拉按钮，在下拉列表中单击"删除工作表"。

● 在工作表标签上单击鼠标右键，在快捷菜单上单击"删除"项。

若工作表没有编辑过，则直接删除，否则会出现如图 4.41 所示的对话框，单击"确定"按钮就可将选定的工作表删除。

注意：删除的工作表将无法用"撤消" ↶ ▾功能恢复。

图 4.41 删除工作表对话框

4. 移动工作表

如只需在同一工作薄内移动，只需要单击要移动的工作表标签，拖动鼠标，此时工作表标签上会出现一个黑色的倒三角图形指示工作表被拖放的位置，释放鼠标，则工作表位置就改变了。

如需在不同工作簿之间移动工作表，需先选中要移动的工作表，可执行下列操作之一：

● 在表标签上，单击鼠标右键，在弹出的快捷菜单中单击"移动或复制工作表"项。

● 单击"开始"选项卡"单元格"组中"⊞ 格式 ▾"，在下拉列表中单击"移动或复制工作表"。

在弹出的对话框（见图 4.42）中单击"工作簿"下拉列表，选择要复制到的工作簿，在"下列选定工作表之前"列表中，选择工作表要复制到的位置，单击"确定"键即可。

5. 复制工作表

如只需在同一工作簿内复制，只需要按住 Ctrl 键，用鼠标拖动要复制的工作表标签至要增加新工作表的位置，此时，鼠标上的文档标记会增加一个"＋"号，释放鼠标和 Ctrl 键，就会创建原工作表的一个副本。

如需在不同工作薄之间复制工作表，需先选择要复制的工作表，执行下列操作之一：

● 在表标签上，单击鼠标右键，在弹出的快捷菜单中单击"移动或复制工作表"项。

● 单击"开始"选项卡"单元格"组中"⊞ 格式 ▾"，在下拉列表中单击"移动或复制工作表"。

在弹出的对话框（见图 4.42）中单击"工作簿"下拉列表，选择要复制到的工作簿，在"下列选定工作表之前"列表中,选择工作表要复制到的位置,并选中"建立副本"项,单击"确定"键即可。

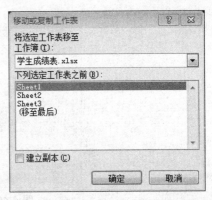

6. 工作表重命名

工作表重命名的常用方法有:

● 在要重命名的工作表标签上单击鼠标右键,在快捷菜单中选择"重命名"菜单选项,此时,工作表标签处于可编辑状态,输入新的工作表名称后,按 Enter 键即可。

● 在表标签上双击鼠标,当光标变成"I"状态后,即可进行编辑修改状态,对表标签进行重命名,如图 4.43 所示。

图 4.42 "移动或复制工作表"对话框

● 单击"开始"选项卡"单元格"组中"格式▼",在下拉列表中单击"重命名工作表"。

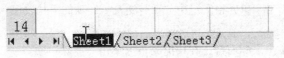

图 4.43 工作表的重命名

7. 工作表窗口的拆分和冻结

由于屏幕的大小有限,当表格太大时,往往只能看到表格的部分数据,若需要将工作表中相距较远的数据关联起来,可将窗口划分为几个部分,以便在不同的窗口内查看、编辑同一工作表不同部分的内容。工作表窗口的拆分有两种:水平拆分和垂直拆分。

(1)水平拆分(即将窗口拆分成左右两部分)

水平拆分,可执行下列操作之一:

● 将鼠标移至"水平拆分条"上,左右拖动"水平拆分条"到合适位置,释放鼠标即可将窗口拆分成左右两部分。

● 将鼠标移至要拆分的列内,双击"水平拆分条"即可从当前列将窗口拆分成左右两部分。

● 选定要拆分位置的列标号,单击"视图"选项卡"窗口"组中的"拆分"项,可将窗口拆分成左右两部分。

图 4.44 滚动条上的拆分条

（2）垂直拆分（即将窗口拆分成上下两部分）

垂直拆分，可执行下列操作之一：

● 将鼠标移至"垂直拆分条"上，上下拖动"垂直拆分条"至合适位置，释放鼠标即可将窗口拆分成上下两部分。

● 将鼠标移至要拆分的行内，双击"垂直拆分条"即从当前行处将窗口拆分成上下两部分。

● 选定要拆分位置的行标号，单击"视图"选项卡"窗口"组中的"▭ 拆分"项，可将窗口拆分成上下两部分。

若选定拆分点时只选定了某单元格，则在"拆分"时会在水平和垂直两个方向上拆分窗口。窗口被水平或垂直拆分后，用鼠标拖动窗口的分隔线，可以进一步调整窗口的大小。

（3）撤销窗口拆分

撤销窗口拆分，可执行下列操作之一：

● 在分隔线上双击鼠标左键。

● 单击"视图"选项卡"窗口"组中的"▭ 拆分"项，即可撤销窗口的拆分。

（4）冻结窗口

如果工作表的数据项较多，采用垂直或水平滚动条查看数据时，标题行或列将无法显示出来，造成查看数据不便。例如，有一学生成绩表，学生考试科目很多，查看学生总分、平均分时，左边的学生学号、姓名会从左侧移出屏幕，此时，很难将所看到的总分和平均分与该学生对应起来。Excel提供的冻结窗口功能可以解决这个问题。窗口冻结的目的是固定窗口左侧几列或上端几行。

选定要冻结点的行标号或列标号，单击"视图"选项卡"窗口"组中的"▦ 冻结窗格 ▾"项，在下拉列表中单击相应的选项，可将窗口的上端几行或右端几列冻结。若选定冻节点时只选定了某单元格，则在"冻结窗格"时会在水平和垂直两个方向上将窗口冻结。若要撤销窗口冻结，只需再次单击"视图"选项卡"窗口"组中的"▦ 冻结窗格 ▾"项，在下拉列表中单击相应的选项即可。

4.3.4 工作表的页面设置和打印预览

相对 Word 而言，Excel 文件的打印要复杂一些。在打印工作表之前，一般还需要进行页面方向设置、页边距设置、页眉/页脚设置、工作表设置等。

Excel 2010 增加了"页面布局"视图，从而帮助用户在分页预览工作表的同时编辑数据、页眉和页脚等，适合于打印 Excel 2010 工作表时使用。

切换到"页面布局"视图，可执行下列操作之一：

● 单击 Excel 窗口右下角的"页面布局"按钮，如图 4.45 所示。

● 单击"视图"选项卡"工作簿视图"组中的"页面布局"按钮，如图 4.46 所示。

此外，用户也可以通过选择"开始"选项卡"打印"项，在相应的 Backstage 视图中进行页面的设置。如图 4.47 所示。

1. 页面设置

Excel 页面设置包括设置页边距、纸张方向、纸张大小等，可以在"页面布局"选项卡的"页面设置"组、"调整为合适大小"组和"工作表选项"组中完成设置，如图 4.48 所示。

用户也可以单击"页面设置"组右侧的"▫"，打开如图 4.49 所示的"页面设置"对话框，在该对话框中可以设置相应的参数。

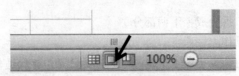

图 4.45　页面布局按钮

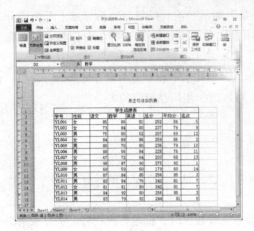

图 4.46　页面布局视图

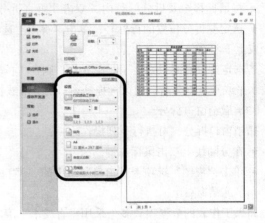

图 4.47　打印视图

图 4.48　页面布局选项卡

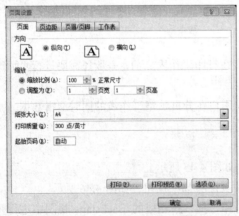

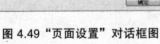

图 4.49 "页面设置"对话框图

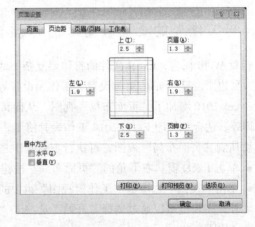

4.50 "页面设置—页边距"对话框

（1）设置页面

在"页面布局"选项卡"页面设置"组中可设置"页边距"、"纸张方向"、"纸张大小"等，用户只需要单击相应的按钮，在下拉列表中选择相应的选项。

如用户选择"纸张大小"中的"其他纸张大小"，则会弹出如图 4.49 所示的对话框。用户可单击"纸张大小"，在下拉列表中选择所需要的纸张类型。

如用户选择"页边距"中的"自定义边距",则会弹出如图 4.50 所示的对话框。

（2）调整大小

在"页面布局"选项卡"调整为合适大小"组中相应选项,可以将需要打印输出的数据表调整为适合指定的纸张大小。

（3）设置页眉和页脚

在"页面布局"视图,用户可以直接单击页眉和页脚区进行设置,或在"插入"选项卡上的"文本"组中,单击"页眉和页脚"切换到页眉和页脚的设置视图,如图 4.51 所示。

在"页眉和页脚工具"选项卡中的"设计"选项卡可以完成以下设置：

● 在"页眉和页脚"组中,单击"页眉"或"页脚",可以在预定义的页眉或页脚中选择所需要的设置。

● 在"页眉和页脚元素"组中,可以选择在页眉或页脚中插入特定元素。

● 用户也可以在页眉或页脚中直接输入所需的文本内容,并设置文本格式。

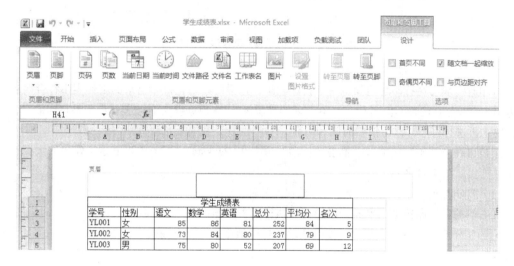

图 4.51　页面视图中设置页眉和页脚

若要关闭页眉和页脚,必须从"页面布局"视图切换为"普通"视图。用户可以在"视图"选项卡上的"工作簿视图"组中单击"普通",也可以单击状态栏上的"普通"。

（4）设置工作表

Excel 在处理表格时,经常在一个工作表中有很多条数据页,若直接打印,按默认的方式分页,一般只有在第一页中有表的标题,其他页面中都没有,这往往不符合要求,浏览起来也很不方便。通过给工作表设置一个打印标题区即可在每页上打印出所需标题。具体的操作方法是：

在"页面布局"选项卡"页面设置"组中,单击"打印标题",弹出如图 4.52 所示的对话框。单击"顶端标题行"中的拾取按钮,对话框变成了一个小的输入条,在工作表中选择数据表上面的几行作为表的标题,单击输入框中的"返回"按钮,或直接在"顶端标题行"文本框中输入要作为表的标题的数据区（如需要将第一行和第二行作为每页标题,输入$1：$2 即可）,单击"确定"按钮。成功设置后,在打印预览或打印过程中,所有页面中都会有标题。另外,在"工作表"选项卡中还可以设置打印顺序和其他一些有关打印参数。

图 4.52 "页面设置-工作表" 对话框

2. 工作表的打印预览和打印

打印时一般会在打印之前预览一下打印效果，这样可以防止打印出来的工作表不符合要求（如页边距太窄，分页位置不恰当和一些不合理的排版等），在预览模式下可进一步调整打印效果，直到符合要求再进行打印，以免浪费时间和纸张。

用户可在"开始"选项卡中单击"打印"项，在 Backstage 视图中将显示工作表的页面设置和打印预览。如图 4.53 所示。

（1）打印预览

在右侧的"打印预览"界面，用户可以执行以下操作：

● 当工作表有多页时，用户可直接拖动"打印预览"窗口右侧的滚动条，或单击"打印预览"窗口底部的上下翻页键。

● 单击"页边距"按钮将显示或隐藏用来调整页面边距、页眉、页脚和列宽的控制柄，边距线用虚线表示，虚线两端各有一个黑色小方块，列线上方也有一黑色小方块，称为控制柄。用鼠标拖动控制柄即可调整相应的列宽、边距等。

● 单击"缩放到页面"按钮可将预览区中显示的图形放大或缩小。

（2）打印和页面设置

在中部的"设置"区，可设置打印范围、页面方向、纸张大小、页边距、缩放比例等，如需更详细的设置可单击底部的"页面设置"，弹出如图 4.49 所示的"页面设置"对话框。

（3）打印

完成对工作表的文本信息格式、页边距、页眉和页脚等设置，通过打印预览调整排版效果后，就可开始打印输出。

用户可以执行以下操作：

● 用户可以单击"打印机"选择打印机的名称。

● "份数"设置打印份数。

● 单击"打印"按钮，开始打印。

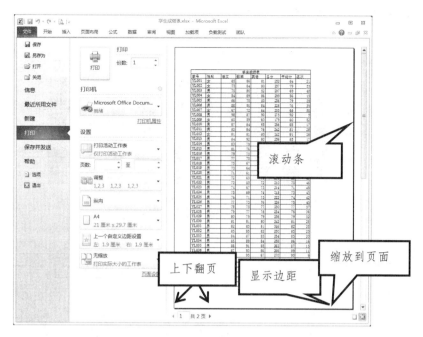

图 4.53　打印视图

4.4　数据图表化

4.4.1　图表基本知识

电子表格提供了数据图表化功能，通过该功能可将数据表中的数据信息以图表的形式显示出来，能更直观地反应数据的变化规律和发展趋势。而且当工作表中的数据源发生变化时，图表中对应项的数据也能自动更新。Excel 2010 内部提供了 11 类图表，每一类又有若干种子类型，既有二维平面图表，也有三维立体图表。常见的类型及其特点：

（1）柱形图：最常用的图表，用于显示各项数据之间的差异或显示数据随时间的变化。

（2）折线图：用于显示在相等时间间隔内数据的变化，它强调随时间的变化率。

（3）饼图：用于显示数据系列中每一项和总体的比例关系，只能显示一个数据系列。

根据图表与工作表之间的关系，可以分为嵌入图表和独立图表两类。嵌入图表与数据所在的工作表不分开；而独立图表与数据所在的工作表分开，单独存放在另一张工作表中。

学生成绩表						
学号	性别	语文	数学	英语	总分	平均分
YL001	女	85	86	81	252	84
YL002	女	73	84	80	237	79
YL003	男	75	80	52	207	69
YL004	女	84	89	86	259	86
YL005	男	86	70	80	236	79
YL006	男	88	56	84	228	76
YL007	女	67	72	64	203	68
YL008	男	98	87	90	275	92
YL009	女	60	59	60	179	60
YL010	男	87	84	85	256	85

图 4.54　创建图表的数据源

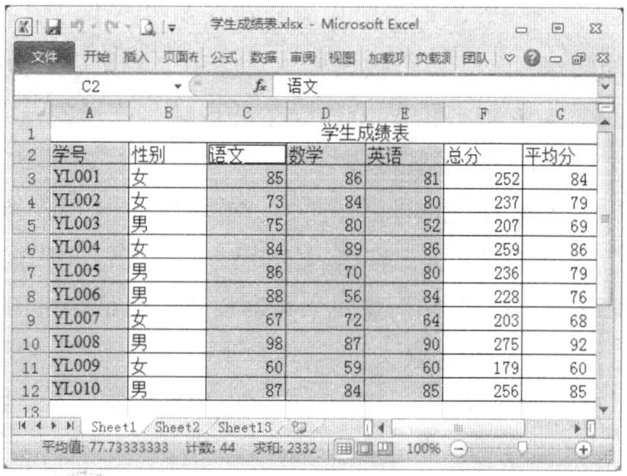

图 4.54、图 4.55、图 4.56 显示了在选中数据源“学号”、“语文”、“数学”、“英语”的基础上

创建的簇状柱形图，反映了不同学生之间各科成绩的差异。

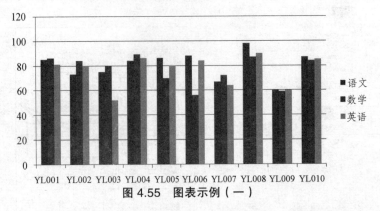

图 4.55　图表示例（一）

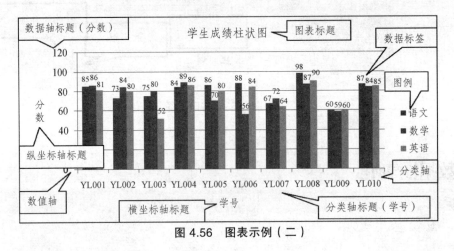

图 4.56　图表示例（二）

2. 图表的组成

在 Excel2010 中，图表示由几个部分构成的，如图表标题、坐标轴等，如图 4.56 所示。下面以图所示的簇状柱形图为例对图表的结构进行说明。

（1）图标标题说明图表内容的标题，可由创建者根据图表内容命名。

（2）数据标志工作表的数据在图表中以图形方式显示出来，例如柱形、面积等，这些图形就叫做数据标志。一个数据标志对应一个单元格的数据，不同的图表类型，数据标志也是不一样的。如在图 4.56 中表示 YL001 学生的成绩是柱形的。

（1）数据系列

工作表中的同一行（列）的数值数据的集合构成的一组数据。即一个数据系列对应工作表的一行或一列的数据。在图 4.56 中，"语文"、"数学"、"英语"分别是三个不同的数据系列。在一张图表中可以绘制一个或多个数据系列，但是在饼图中只能有一个数据系列。

（2）数值轴

一般指 Excel 图表的 *Y*（纵）轴，用于表示数据值的大小。在图 4.56 中表示成绩的值。

（3）分类轴

一般指图表的 *X*（横）轴，用于表示数据的分类。在图 4.56 中表示不同的学生的学号，这是按列选择得到的。如果按行选择，则分类轴就表示不同的课程了。

（4）图例

用于指名各个颜色的图案所代表的数据系列。

4.4.2 创建图表

创建图表的方法是：选定要建立图表的数据单元格区域，在"插入"选项卡"图表"组中，单击相应的图表按钮，在弹出的下拉列表中，单击所需要的图表，则可将图表插入到当前表中。若要查看所有可用的图表类型，请单击"图表"组右侧的" "，可弹出如图 4.57 所示的"插入图表"对话框，然后单击相应箭头以滚动浏览图表类型。

如还需要进行修改，可在"图表工具"选项卡中的"设计"、"布局"和"格式"选项卡中进行相应的设置，如图 4.58 所示。

下面以图 4.56 所示的图表为例，介绍使用"图表向导"创建图表的方法。

① 选定要建立图表的数据单元格区域，在本例中，选定学号、语文、数学和英语字段名和相应数据，如图 4.54 所示。

② 在"插入"选项卡"图表"组中，单击"柱形图"，在弹出的下拉列表中选择相应的图表样式，则在当前表中插入相应的图表。在本例中，选择了"二维柱形图"中的第一个"簇状柱形图"，则在当前表中插入如图 4.55 所示的图表。

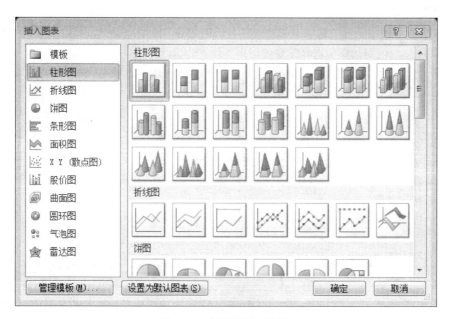

图 4.57　插入图表对话框

图 4.58　"图表工具"选项卡

③ 添加图表标题：在"图表工具"选项卡中，单击"布局"选项卡，在"标签"组中，单击"图表标题"，在下拉列表中选择标题的位置项，选定图表标题，输入图表标题。在本例中，选择标题的位置项为"图表上方"，在图表中选定"图表标题"输入"学生成绩柱状图"。

④ 添加坐标轴标题：在"图表工具"选项卡中，单击"布局"选项卡，在"标签"组中，单击"坐标轴标题"，在下拉列表中选择相应的坐标轴标题选项。在本例中，选择"主要横坐标标题"中的"坐标轴下方标题"，在图表中选定"坐标轴标题"输入"学号"；再选择"主要纵坐标标题"中的"竖排标题"，在图表中选定"坐标轴标题"输入"分数"。

⑤ 添加数据标签：在"图表工具"选项卡中，单击"布局"选项卡，在"标签"组中，单击"数据标签"，在下拉列表中选择相应的项。在本例中，选择"数据标签外"。

如要设置图例位置，可在"图表工具"选项卡中，单击"布局"选项卡，在"标签"组中，单击"图例"，在下拉列表中选择相应的选项。

用户也可在"图表工具"选项卡的"设计"选项卡中，单击"图表布局"组中的"快带布局"，在下拉列表中选择相应的选项，可快速地完成图表中各类对象的快速布局。

4.4.3 图表类型及其格式的编辑

图表创建好之后，如果对所创建的图表的类型或格式不太满意，用户可以对图表类型、图表标题、数据区域等创建图表时的设置进行修改，这些可以通过对图表内容进行编辑来实现。

1. 更改图表类型

选定图表，在"图表工具"选项卡的"设计"选项卡的"类型"组中，单击"更改图表类型"，在弹出如图 4.59 所示的对话框中选择需要的图表类型。

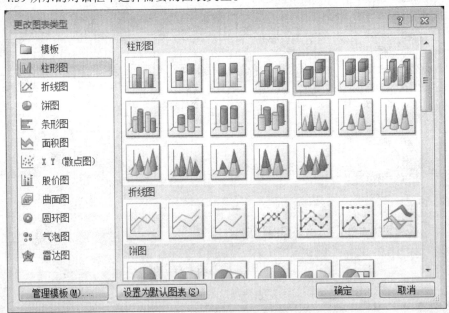

图 4.59 更改图表类型对话框

2. 图表的格式化设置

用户先选定需要编辑区域或对象，可执行下列操作之一：

- "图表标题"、"坐标轴标题"等，选定后可直接修改。

- 各区域对象的字体大小、字号等，可在"开始"选项卡"字体"组中进行设置。
- 在"图表工具"选项卡中的"格式"选项卡和"设计"选项卡中进行设置
- 双击鼠标左键，在弹出的对话框中进行设置。如双击坐标轴数据刻度区域，弹出的对话框如图 4.60 所示的"设置坐标轴格式"对话框；双击图表，弹出的对话框如图 4.61 所示的"设置图表区格式"对话框。
- 单击右键，在弹出的快捷菜单中，选择相应的项。

 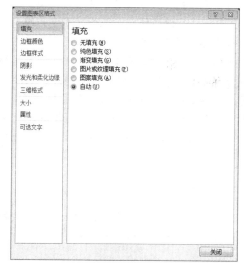

图 4.60　设置坐标轴格式对话框　　　　图 4.61　设置图表区格式对话框

4.5　工作表的数据处理与分析

4.5.1　单元格的引用

单元格引用是函数中最常见的参数，引用的目的在于标识工作表单元格或单元格区域，并指明公式或函数所使用数据的位置，便于它们使用工作表中的数据，或者在多个不同函数中使用同一个单元格的数据。在引用单元格时，可以引用同一工作表中的单元格，也可以引用同一工作簿不同工作表的单元格，还可以引用不同工作簿中的数据。有关公式和函数的概念将在下一节做详细介绍。

根据公式所在单元格的位置发生变化时单元格引用的变化情况，可将引用分为相对引用、绝对引用和混合引用 3 种类型。

1. 相对引用

相对引用是指当复制或移动单元格后，其公式中引用的单元格的地址随着位置的变化而发生变化。例如：假定学生成绩表中 C1 单元格中存放的是语文（A1）和数学（B1）成绩之和，其公式为"= A1 + B1"，当公式由 C1 单元格复制到 C2 单元格后，C2 单元格中的公式变为"= A2 + B2"。注意，C1 和 C2 单元格中的公式的具体形式没有发生变化，只有被引用的单元格地址发生了变化，若公式自 C 列继续向下复制，则公式中引用单元格地址的行标会自动加 1，通过相对引用和填充柄的自动填充功能,可以很快计算出成绩中所有学生的语文和数学总分。

2. 绝对引用

绝对引用是指当复制或移动单元格后,其公式中引用的单元格的地址不会随位置的变化而发生变化。若要实现绝对引用功能,则公式中引用的单元格地址的行标和列标前必须加上"$"符号,如:公式为" = A1 + B1",则无论公式复制到何处,其引用的单元格区域均为"A1:B1"。

3. 混合引用

混合引用是指公式中既有绝对引用又有相对引用的引用形式。如:" = A$1 + B$1",复制到何处,其引用的单元格区域列号变,但行号不变,均为"*1:*1"。

上面介绍的三类引用都是引用同一工作表中的数据。若要引用同一工作簿中不同工作表上的数据,则引用的单元格地址不仅要包含单元格或区域引用,还要在前面加上"工作表名称!"。如当前工作表为 Sheet1,若在 C1 单元格中存放 Sheet2 工作表的 A1 和 B1 单元格的数据之和,则 C1 中的公式为" = Sheet2! A1:B1"。若要引用不同工作簿中的数据,则应在被引用单元格的前面加上"[工作簿名称]工作表名称!",如引用为"[学生成绩表]期考成绩! A1:C1",表示引用工作簿"学生成绩表"中工作表"期考成绩"的 A1 到 C1 单元格区域。

4.5.2 公式和函数

Excel 的主要功能不仅在于能显示、存储数据,更重要的是对数据的计算能力,允许使用公式和函数对数据进行计算、统计和分析。

1. 公 式

在 Excel 中,公式是在工作表中对数据进行分析与计算的等式。利用公式可以对同一工作表的各单元格、同一工作簿的不同工作表中的单元格或不同工作簿的工作表中的单元格进行加、减、乘、除、乘方等运算,使用公式的优越性在于:当公式中引用的单元格数据发生变化后,公式会自动更新其单元格的内容。

(1)公式的一般形式

所有公式必须以" = "开始,后面跟表达式,其形式为: = 表达式。表达式与数学中的表达式类似,可由常量、变量、函数及运算符组成,Excel 表达式中的变量通常为单元格或单元格区域地址。公式中的单元格地址、函数名的英文字母不区分大小写,标点符号只能用英文标点符号。

(2)Excel 常用运算符及其优先级

Excel 常用运算符及其运算规则如下:

① 算术运算符。算术运算符有:%(百分比)、^(乘方)、*(乘)、/(除)、+(加)、-(减)。其优先级为:%和^、*和/、 + 和 - 。

② 关系运算符。关系运算符有: >(大于)、<(小于)、 = (等于)、 > = (大于等于)、 < = (小于等于)、 <> (不等于)。其优先级相同。

③ 引用运算符。引用运算符有:冒号(:区域运算符)、逗号(,联合运算符)、空格(交叉运算符)。

例如,SUM(A1:C2),表示对 A1、A2、B1、B2、C1、C2 构成的矩形区域求和;SUM(A1,B1,C2),表示对 A1、B1、C2 三个单元格的数据求和;SUM(A1:C3 B2:D4),表示对由区域 A1:C3 和 B2:D4 中四个共同的单元格 B2、C2、B3、C3 的数据求和。

④ 文本运算符。文本运算符有:&,表示将符号两侧的文本连接在一起,形成新的字符串。公式和一般的数据一样,可以进行输入、修改,也可以进行复制和粘贴等操作,要注意在有单

元格引用的地方，无论使用什么方式在单元格中填入公式，都存在一个相对和绝对引用的问题。

2. 函　数

Excel 函数是 Excel 系统预先定义、执行计算、分析等处理数据任务的特殊公式。函数应包括函数名、括号和参数三个要素。函数名称后紧跟括号，参数位于括号中间，其形式为：

函数名（参数 1，参数 2，…），不同函数的参数数目不一样，有些函数没有参数，有些函数有一个参数，也有些函数有多个参数。在使用函数时，函数形式中的括号不要录入，其结构如图 4.62 所示，一个函数只能有唯一的一个名称，它决定了函数的功能和用途。 Excel 提供了十多类函数，每类又有若干函数组成。常用函数有：

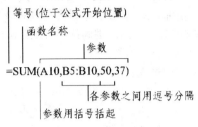

图 4.62　函数结构图

（1）SUM 函数

使用格式：SUM（Number1，Number2…）

主要功能：对参数中的数值求和，参数中空白单元格、逻辑值、文本或错误值将被忽略。

参数说明：Number1、Number2…为需要求和的值，可以是具体的数值、引用的单元格（区域）等，参数不超过 30 个。

（2）AVERAGE 函数

使用格式：AVERAGE（Number1，Number2…）

主要功能：对参数中的数值求算术平均值。

参数说明：Number1，Number2…为需要求平均值的数值或引用单元格（区域），如果引用区域中包含 "0" 值单元格，则计算在内，如果引用区域中包含空白或字符单元格，则不计算在内，参数不超过 30 个。

（3）MIN 函数

使用格式：MIN（Number1，Number2…）

主要功能：求出一组数中的最小值。

参数说明：Number1，Number2…为需要求最小值的数值或引用单元格（区域），参数不超过 30 个，如果参数中有文本或逻辑值，则被忽略。

（4）MAX 函数

使用格式：MAX（Number1，Number2…）

主要功能：求出一组数中的最大值。

参数说明：同 MIN 函数。

（5）COUNT 函数

使用格式：COUNT（Number1，Number2…）

主要功能：求各参数中含数字及参数列表中的含数字的单元格的个数。

参数说明：Number1，Number2…为单元格（区域），常量，其类型不限。

（6）IF 函数

使用格式： = IF（Logical，Value_if_true，Value_if_false）

主要功能：根据对指定条件的逻辑值，判断其真假，返回相应的内容。

参数说明：Logical 为关系表达式或逻辑表达式，Value_if_true 表示当判断条件为逻辑 "真（TRUE）" 时的返回值，如果忽略则返回 "TRUE"。Value_if_false 表示当判断条件为逻辑 "假（FALSE）" 时的返回值，如果忽略则返回 "FALSE"。例如：在 D18 单元格中输入公式： = IF（C18> = 60，"及格"，"不及格"），按 Enter 键确定后，若 C18 单元格中的数值大于或等于 60，则 D18 单元格显示 "及格"，否则显示"不及格"。

（7）COUNTIF 函数

使用格式：COUNTIF（Range，Criteria）

主要功能：统计指定单元格区域中符合给定条件的单元格数目。

参数说明：Range 为要统计的单元格区域，Criteria 表示指定的条件表达式。

例如：B1 至 B13 单元格存放的语文成绩，在 B14 单元格中输入公式：= COUNTIF（B1：B13，">= 60"），按 Enter 键确认即可统计出语文成绩及格的人数。

（8）INT 函数

使用格式：INT（Number）

主要功能：求不大于 Number 数值的最大整数。

参数说明：Number 表示需要取整的数值或包含数值的引用单元格。

（9）MOD 函数

使用格式：MOD（Number1，Number2）

主要功能：求出两数相除的余数。

参数说明：Number1 为被除数；Number2 为除数。

（10）AND 函数

使用格式：AND（Logical1，Logical2…）

主要功能：如果所有参数值均为逻辑"TRUE"，则返回逻辑"TRUE"，否则返回逻辑"FALSE"。

参数说明：Logical1，Logical2…，表示待测试的条件值或关系表达式，最多有 30 个。

（11）OR 函数

使用格式：OR（Logical1，Logical2…）

主要功能：仅当所有参数值均为逻辑"FALSE"时，返回函数结果逻辑"FALSE"，否则都返回逻辑"TRUE"。

参数说明：Logical1，Logical2…，表示待测试的条件值或关系表达式，最多有 30 个。

（12）RANK 函数

使用格式：RANK（Number，Ref，Order）

主要功能：返回某一数值在一组数据中相对于其他数值的排位。

参数说明：Number 为需要排序的数值，Ref 为排序数值所处的单元格区域，Order 为排序方式（如果为"0"或者忽略，则按降序排位，如果为非"0"值，则按升序排名）。注意：Number 参数一般采取相对引用形式，而 Ref 参数则采取绝对引用形式。

3. 嵌套函数

通过常用函数能解决一些简单问题，对于比较复杂的问题采用单个函数解决时很难，但采用嵌套函数可能要简单得多。

嵌套函数是指一个函数是另一个函数或函数本身的参数。例如：现有学生成绩表如图 4.63 所示，B 列存放的是学生成绩，C 列存放学生应分的班级，分班标准为：85 分以上进快班，70 ~ 85 分进中班，70 分以下进慢班。现要求利用公式对学生进行分班，通过分析，常用函数 IF 能根据指定条件进行判断，返回相应内容，但是，其只能判断两个条件，而本例有 3 个条件，若要用 IF 函数来实现分班，则只能采用 IF 函数嵌套，其公式为"= IF（B2>= 85，"快班"，IF（B2>= 70，"中班"，"慢班"））"，在 C3 单元格中输入该公式，按 Enter 键确定后，通过填充柄就可完成其他学生的分班操作。

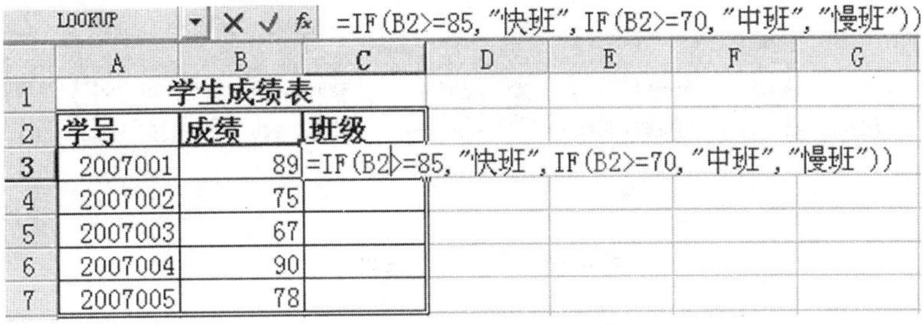

LOOKUP　=IF(B2>=85,"快班",IF(B2>=70,"中班","慢班"))

	A	B	C
1	学生成绩表		
2	学号	成绩	班级
3	2007001	89	=IF(B2>=85,"快班",IF(B2>=70,"中班","慢班"))
4	2007002	75	
5	2007003	67	
6	2007004	90	
7	2007005	78	

图 4.63　学生分班情况

4. 插入公式或函数

在某一单元格中需要用公式来进行数据处理，用户可以像输入数字或文本信息一样，在单元格内或编辑栏内直接输入公式或函数，也可借助“插入函数”对话框实现函数的录入。

现以图 4.64 所示的学生期末考试成绩表为例，介绍公式或函数的输入方法。

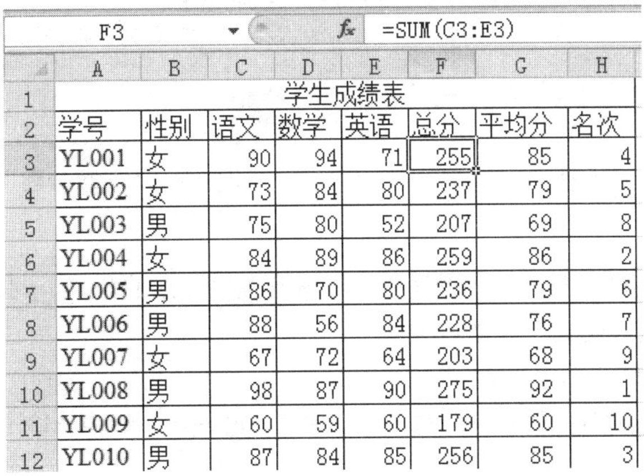

F3　=SUM(C3:E3)

	A	B	C	D	E	F	G	H
1	学生成绩表							
2	学号	性别	语文	数学	英语	总分	平均分	名次
3	YL001	女	90	94	71	255	85	4
4	YL002	女	73	84	80	237	79	5
5	YL003	男	75	80	52	207	69	8
6	YL004	女	84	89	86	259	86	2
7	YL005	男	86	70	80	236	79	6
8	YL006	男	88	56	84	228	76	7
9	YL007	女	67	72	64	203	68	9
10	YL008	男	98	87	90	275	92	1
11	YL009	女	60	59	60	179	60	10
12	YL010	男	87	84	85	256	85	3

图 4.64　学生成绩表

（1）使用“插入函数”按钮 fx

① 将光标定位于 F3 单元格。

② 单击编辑栏（或在“公式”选项卡“函数库”组，如图 4.65 所示）中的插入函数按钮 fx，打开如图 4.66 所示的“插入函数”对话框，该对话框中的“选择类别”下拉列表框中列举了所有函数的类型，“选择函数”列表框中列举了选定函数类型的所有函数，用户可根据需要选择所需函数（本例选用 SUM 函数），单击“确定”按钮，产生如图 4.67 所示“函数参数”对话框。若不知道所需函数属于哪一类型，可在函数分类列表框中选择“全部”，则列表框会将全部函数显示出来，再来寻找所需函数。在列表框下方有所选择函数的帮助信息。

③ 在对话框的 Number1 文本框中直接输入 C3：E3，或单击文本框右侧的“”按钮缩小对话框，选定或输入数据后单击“”按钮，返回“函数参加”界面，或用鼠标拖动“函数参数”对话框，让表格数据能显示出来，释放鼠标，再将鼠标在表格区选择所需单元格，此时文本框内会出现所选定的单元格区域，若还有参数，则按同样的方法针对 Number2 进行处理，所有参数选定后，单击“确定”按钮即可。

图 4.65 "公式"选项卡

图 4.66 "插入函数"对话框 　　　　　　　图 4.67 "函数参数"对话框

（2）直接输入法

如果用户对于公式编辑较熟练，或者输入一些嵌套关系复杂的公式，利用编辑栏输入或在单元格中直接输入会更加方便、快捷。具体步骤如下：

①将光标定位于 F3 单元格。

②在 F3 单元格或编辑栏中输入"=C3+D3+E3"，或输入"=SUM（C3：E3）"，按 Enter 键确定。

输入了一个公式后，F4～F10 单元格内的公式就可通过填充来获得，将光标定位于 F3 单元格，然后将鼠标移至 F3 单元格的填充柄上，拖曳鼠标至 F10 单元格，释放鼠标即可计算所有学生的总分。

4.5.3　数据排序

在查阅数据时，经常希望所查表格中的数据按某种顺序排列，以方便查看。Excel 提供的排序功能，很容易实现该要求。

简单的排序方法是：将光标定位于所需排序的列中，

在"数据"选项卡的"排序和筛选"组中（或在"开始"选项卡的"编辑"组的"排序和筛选"项中），执行下列操作之一：

● 若要按字母数字的升序排序，请单击"升序"。

● 若要按字母数字的降序排序，请单击"降序"。

这种方法虽然简单，但每次只能对一个字段进行排序。

若要对多个字段进行排序，可执行下列操作：

① 选定要排序的单元格区域，若没有选择数据区域，系统会自动选择光标所处的连续区域。

② 在"数据"选项卡"排序和筛选"组中，单击"排序"项（或在"开始"选项卡的"编辑"组，

单击"排序和筛选"项，在下拉列表中单击"自定义排序"），出现如图 4.68 所示的"排序"对话框。

③ 在对话框的"主关键字"列表框中选择要排序的字段，在中部"排序依据"默认为"数值"，在右侧的"次序"列表框中选择排序方式（升序、降序或自定义），若在主要关键字相同时还想进一步区分，可以单击"添加条件"，在增加的"次要关键字"中继续设定。所有选项选定后，单击"确定"按钮即可将表中的选定数据重新排列。若要区分大小写或对汉字按笔画排序，则可单击"选项"对话框中，选择相应的项。

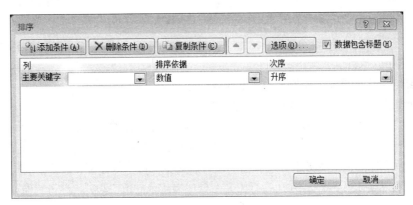

图 4.68 "排序"对话框

4.5.4 数据筛选

排序可按照某种顺序重新排列数据以便于查看，当数据较多时，而用户只需查看一部分符合条件的数据，使用"筛选"功能则更方便。筛选只是将数据清单中满足条件的记录显示出来，不满足条件的记录暂时隐藏起来，当筛选条件删除后，隐藏的数据又会被显示出来。

数据筛选分自动筛选和高级筛选。自动筛选只能对单个字段建立筛选，若条件比较多，只能用"高级筛选"功能筛选所需要的数据。

1. 自动筛选

使用自动筛选可以创建三种筛选类型：按值列表、按格式或按条件。对于每个单元格区域或列表来说，这三种筛选类型是互斥的。例如，不能既按单元格颜色又按数字列表进行筛选，只能在两者中任选其一；不能既按图标又按自定义筛选进行筛选，只能在两者中任选其一。

以图 4.69 数据为例，筛选出总分大于等于 250 分或小于 200 分的数据，筛选的操作步骤是：

① 将光标定位于数据清单中任一单元格。

② 在"数据"选项卡上的"排序和筛选"组中，单击"筛选"（或在"开始"选项卡的"编辑"组，单击"排序和筛选"项，在下拉列表中单击"筛选"），则表格列标题单元格变成下拉列表框，如图 4.69 所示。

③ 单击总分标题的筛选箭头，打开下拉列表框，如图 4.70 所示。

	A	B	C	D	E	F	G	H
1				学生成绩表				
2	学号	性别	语文	数学	英语	总分	平均分	名次
3	YL001	女	90	94	71	255	85	4
4	YL002	女	73	84	80	237	79	5
5	YL003	男	75	80	52	207	69	8
6	YL004	女	84	89	86	259	86	2
7	YL005	男	86	70	80	236	79	6
8	YL006	男	88	56	84	228	76	7
9	YL007	女	67	72	64	203	68	9
10	YL008	男	98	87	90	275	92	1
11	YL009	女	60	59	60	179	60	10
12	YL010	男	87	84	85	256	85	3

图 4.69 筛选成绩表

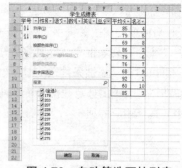

图 4.70 自动筛选下拉列表

④ 用户可以执行以下操作之一:

- 使用"搜索"框输入要搜索的文本或数字。
- 选择并清除复选框,以显示在数据列中找到的值。
- 使用"数字筛选"中的条件筛选,筛选出满足特定条件的值。如图 4.71 所示。

在本例中,单击"数字筛选"中的"大于或等于"条件,弹出如图 4.72 所示"自定义自动筛选方式"对话框,在"大于或等于"条件列表框右侧文本框输入条件值"250",选中"或"项,在下方的条件列表中选择"小于",并在其右侧文本框中输入条件值"200",单击"确定"按钮即可筛选出指定条件的数据。筛选结果如图 4.73 所示。

　　注意:当"筛选"按钮为""表示已应用筛选。当用户在已筛选列的标题上悬停时,会显示关于应用于该列的筛选的屏幕提示,如:大于或等于"250"或小于"200"。

图 4.71 "数字筛选"的条件筛选项

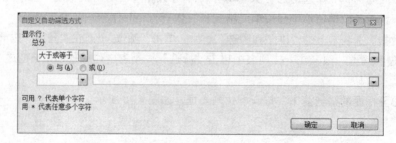

图 4.72 "自定义自动筛选方式"对话框

如需要同时对多个列进行筛选,则只需要依次在相应列的筛选列表中进行设置即可。筛选器是累加的,这意味着每个追加的筛选器都基于当前筛选器,从而进一步减少了所显示数据的子集。

因此,自动筛选只能对各字段间实现"逻辑与"关系,即几个字段同时满足的各自条件。若要各字段间实现"逻辑或"关系的筛选,则只能选用高级筛选。

	A	B	C	D	E	F	G	H
1				学生成绩表				
2	学号	性别	语文	数学	英语	总分	平均分	名次
3	YL001	女	90	94	71	255	85	4
6	YL004	女	84	89	86	259	86	2
10	YL008	男	98	87	90	275	92	1
11	YL009	女	60	59	60	179	60	10
12	YL010	男	87	84	85	256	85	3

图 4.73　筛选结果

2. 高级筛选

使用高级筛选前,先应在数据清单区域外设置一个条件区域,第一行应为筛选条件的字段名称(该字段名必须与数据清单的字段名一样),第二行应为条件表达式,同一行上的条件是"与"关系,如图 4.74 所示;不同行上的条件为"或"关系,如图 4.75 所示。

下面以图 4.69 数据为例,筛选出语文成绩大于等于 80 分或数学成绩大于等于 85 分的数据,筛选的操作步骤是:

① 设置一个如图 4.75 所示的条件区域。

② 选定数据区域中的任一个单元格。

③ 在"数据"选项卡上的"排序和筛选"组中,单击"  高级",Excel 会自动选择筛选的区域,出现如图 4.76 中所示的"高级筛选"对话框。

④ 单击"条件区域"框,选定已设置的条件区域(见图 4.77),单击"确定"按钮,即可得到筛选结果。

语文	>=80	数学	>=85

图 4.74　"与"关系

语文
>=80
数学
>=85

图 4.75　"或"关系

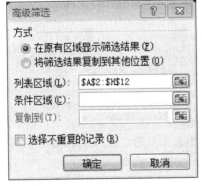

图 4.76　高级筛选对话框

图 4.77　选择条件区域

3. 清除筛选

若要在多列单元格区域或表中清除对某一列的筛选,请单击该列标题上的"筛选" ▼ 按钮,然后在下拉列表中单击"从<"Column Name">中清除筛选"。

清除工作表中的所有筛选并重新显示所有行,则在"数据"选项卡上的"排序和筛选"组中,单击"清除"。

4.5.5　数据分类汇总

分类汇总是对数据清单按某个字段进行分类,将字段值相同的连续记录分为一类,并可进行求和、平均、计数等汇总运算。

在分类汇总之前,必须先对数据清单进行排序,以使数据清单中具有相同值的记录集中在一起,否则分类毫无意义。

1. 插入分类汇总

下面以图 4.69 数据为例,分别计算出男同学和女同学的语文、数学、英语成绩的平均分,分类汇总的操作步骤是:

① 单击数据清单中的要分类汇总的数据列中任一单元格,在"数据"选项卡的"排序和筛选"组中(或在"开始"选项卡的"编辑"组的"排序和筛选"项中),单击"升序" ![AZ] 按钮或单击"降序" ![ZA] 按钮,对表进行排序。在本例中,单击"性别"这一列,并按性别进行排序。

② 在"数据"选项卡的"分级显示"组中,单击"分类汇总",弹出如图 4.78 所示的分类汇总对话框。在对话框中分别进行如下设置:

- 在"分类字段"的下拉列表中选择分类的列标题名。如在本例中,选择"性别"。
- 在"汇总方式"下拉列表中选择汇总的方式。如在本例中,选择"平均分"。
- 在"选定汇总字项"列表中,选择汇总项。如在本例中,选择"语文"、"数学"和"英语"。

单击"确定"按钮,即可得到如图 4.72 所示的分类汇总结果。

③ 选择"数据|分类汇总"菜单项,在如图 4.71 所示"分类汇总"对话框的"分类字段"下拉列表框中选择分类字段(如:性别),选择汇总方式为"平均值",在"选定汇总项"中选择需要汇总的字段,单击"确定"按钮,即可得到如图 4.79 所示的分类汇总结果。

图 4.78　"分类汇总"对话框　　　　图 4.79　分类汇总成绩表

在分类汇总中的数据是分级显示的,在左上角有分级按钮 ![123],"1"表示在表中只显示总计项,"2"表示显示总计项和分类总计项,"3"表示所有数据及总计项和分类总计项。可使用 ![123] 或 ![+-] 符号来显示或隐藏各个分类汇总的明细数据行。

2. 删除分类汇总

选择包含分类汇总的区域中的某个单元格。在"数据"选项卡上的"分级显示"组中,单击"分类汇总",在"分类汇总"对话框中,单击"全部删除"。

第 5 章　Access 数据库使用初步

在信息化进程中，数据库的创建与管理是不可或缺的一环。人们利用数据库技术开发出许多管理软件，如银行业务管理系统、铁路售票管理系统、超市购物管理系统、图书管理系统和学生选课管理系统等，已广泛应用到各个领域。

Access 2010 是 Microsoft 公司于 2010 年 5 月正式推出的 Access 版本，是微软办公 Office 2010 套件产品的一部分，是一个面向对象的、采用事件驱动的关系数据库管理系统。它提供了表生成器、查询生成器、宏生成器、报表设计器等可视化操作工具，以及数据库向导、表向导、查询向导、窗体向导、报表向导等多种向导，可以使用户很方便地构建一个功能完善的数据库系统。它还为开发者提供了 VBA 编程功能，使高级用户可以开发功能更加完善的数据库系统。

Access 2010 采用了一种全新的用户界面，这种用户界面是 Microsoft 公司重新设计的，可以帮助用户提高工作效率。

5.1　数据库系统

5.1.1　数据库系统的组成

数据库系统是由数据库（Database，DB）、数据库管理系统（Database Management System，DBMS）、支持数据库运行的软硬件环境、数据库应用程序和数据库管理员（Database Administrator，DBA）等组成。数据库管理技术分为三个发展阶段，即人工管理阶段、文件系统阶段和数据库系统阶段。

1. 数据库

从不同的角度来描述数据库有不同的定义。一般来说，数据库（Database，DB）是按一定的结构组织的相关数据的集合，是在计算机存储设备上，有组织、可供多个用户共享、与应用程序彼此独立的一组相关数据的集合。

2. 数据库管理系统

数据库管理系统（Database Management System，DBMS）是一种操纵和管理数据库的软件，用于建立、使用和维护数据库。它对数据库进行统一的管理和控制，以保证数据库的安全性和完整性。数据库管理系统提供了应用程序与数据库的接口，允许用户逻辑地访问数据库中的数据，负责逻辑数据与物理地址之间的映射。DBMS 可提供的数据处理功能包括数据定义、数据操作、数据控制和数据维护等功能。此外还应具备其他一些功能，例如与其他应用程序进行数据通信（仅指数据的传输和交换)的功能。

数据库管理系统的主要特点是数据共享、数据独立、减少数据冗余度、避免数据不一致和加强数据保护等。

3. 应用程序

应用程序是指利用数据库管理系统,程序员为解决某个具体的管理或数据处理任务而编制一系列命令的有序集合。用户可以用两种方式对数据库进行操作:一是命令方式,从键盘发出命令,从终端上操作数据库;二是程序方式,即利用应用程序实现对数据库的操作。无论哪种方式,都是在数据库管理系统的支持下,并由它统一管理,它允许用户插入、修改、删除并查询数据库中记录。

4. 数据库管理员(Database Administrator,DBA)这指的是管理与维护数据库系统的人员

5.1.2 数据模型和数据库的分类

1. 数据模型

数据模型是指数据库中数据组织的结构和形式。数据模型反映了客观世界中各种事物之间的联系,归纳起来,客观世界事物之间的联系分为三种:层次型、网状型和关系型。对应的数据模型为:层次型数据模型、网状型数据模型和关系型数据模型。根据数据库数据模型的三种划分,数据库也相应地分为层次型数据库、网状型数据库和关系型数据库。Access 2010 就是一个关系型的数据库管理系统。

(1)层次数据模型

层次数据模型亦称树型,用来描述有层次联系的事物。层次模型反映了客观事物之间一对多(1∶n)的联系,例如一个大学的组织机构就属于层次数据模型,如图 5.1 所示。

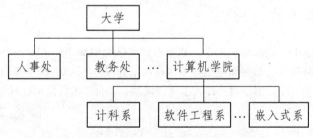

图 5.1 层次数据模型

(2)网状数据模型

网状数据模型反映了客观事物之间的多对多(m:n)的联系。例如一个学生可以选修多门课程,同一门课程也可以被多个学生选修。学生与其所选课程之间的联系就是一种网状数据模型,如图 5.2 所示。

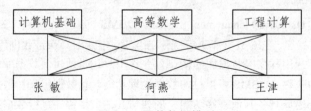

图 5.2 网状数据模型

（3）关系数据模型

目前最常用的数据模型是关系数据模型，它是应用二维表（又称关系）来表示和处理信息世界的实体集合和属性关系的数据库系统方法。

关系数据模型具有以下的特征：

① 表中每个信息项必须是一个不可分割的数据项，不可组合；

② 表中每一列（列表示属性）中所有信息项必须是同一数据类型，各列的名字（属性名）互异，列的次序任意；

③ 表中各行（行表示元组）互不相同，行的次序任意。

例如，在"教务管理系统"中，实体的关系模型为：

课程(课程号，课程名称，教师号，课程类别，学分)

教师(教师号，姓名，性别，工作时间，政治面貌，学历，系别，职称)

学生(学号，姓名，性别，入校日期，党员否，籍贯)

选课成绩(选课号，学号，课程号，学期，平时成绩，考试成绩)

这四个关系，组成了数据库的模型。在每个关系中，从候选关键字中选取一个作为主关键字(也称主键)，并在其下加下划线。一个表最多有一个主键，主键可以由一个字段或多个字段组成。

5.1.3 数据库应用软件

Access 2010 是目前应用最为广泛的关系数据库管理系统之一，利用其内置的 VBA 可以开发出常用数据库应用软件，比如现在广泛使用的工资管理、财务管理、仓库管理、图书管理、科技档案管理、人事档案管理、情报检索等管理软件以及各类信息咨询系统、工程数据库系统、电子词典等都属于数据库应用软件。

5.2 Access 2010 概述

Access 2010 数据库管理系统是一种关系型数据库管理系统，与其他关系型数据库管理系统相比，它具有以下优点。

① 存储文件单一。以 Access 2010 格式创建的数据库的文件扩展名为.accdb，包含了该数据库中的 6 个对象：数据表、查询、窗体、报表、宏和模块等，而早期的 Access（如 Access 2003）版本创建的数据库的文件扩展名为.mdb。

② 支持长文件名，并且可以在文件名中包含空格。

③ 可以处理多种数据信息。例如文本文件以及其他一些数据库管理系统的数据文件，它可以通过 ODBC 与 Oracle、Sybase、Foxpro 等其他数据库相连，实现数据的交换和共享。作为 office 套件一员，还可以和 word、outlook、excel 等进行交互和共享。

④ 易于操作的图形用户界面。具有面向对象的开发方式，可以利用交互式操作数据库，也可以利用应用程序操作数据库。用户无需了解太多的编程语言，就可以轻松地设计和开发数据库应用程序。

⑤ 具有强大的网络功能。通过简单的网络系统，Access 中的数据信息可以迅速地传输到异地的其他计算机中。

概括地说，Access 2010 具有三大功能：建立数据库、数据库操作、数据通讯。

① 建立数据库：根据实际问题的需要建立若干个数据库，在每个数据库中建立若干个表结构，给这些表输入具体的数据，然后在这些表之间建立联系。

② 数据库操作：对数据库和表进行增加、删除、编辑修改、索引、排序、检索、统计分析、打印显示报表等操作。

③ 数据通讯：这里所指的数据通讯是狭义的，即是在 Access 2010 与其他应用软件之间实行数据的传输和交换，以便于 Access 2010 可以使用其他软件的处理结果，而其他软件也可以使用 Access 2010 的处理结果。

5.2.1　Access 2010 启动与关闭

1. 启动 Access 2010 方法

① 双击桌面上 Access 2010 快捷图标。

② 单击任务栏上【快速启动】栏内的 Access 2010 快捷图标。

③ 桌面【开始】→【程序】→【Microsoft office】→【Microsoft office Access 2010】，即可进入 Access 2010 启动界面，如图 5.3 所示。

④ 桌面【开始】，在【运行】对话框中输入"winaccess.exe"，运行该安装软件的可执行文件即可。

⑤ 用查找方法找到 "Microsoft Access" 的启动文件 Microsoft Access，双击该文件。

2. 关闭 Access 2010 方法

① 在 Access 2010 主控窗口中，单击菜单栏【文件】→【退出】。

② 在 Access 2010 主控窗口中，单击标题栏左边的"钥匙"图标，下拉菜单中选择【关闭】。

③ 在 Access 2010 主控窗口中，单击标题栏右边的"×"图标。

④ 按下<Alt> + <F4>组合键。

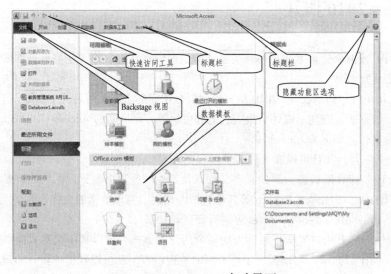

图 5.3　Access 2010 启动界面

5.2.2 Access 2010 数据库的对象

在 Access 2010 中使用的对象有表、查询、窗体、报表、宏和模块等对象，这六个对象都存放在以.accdb 为后缀的同一个数据库文件中，同时扩展名.mdb 也与之兼容。

在这些对象中，表是数据库的基础与核心，是其他对象的数据来源；查询是在数据库的一个或多个表中检索特定信息的一种手段；窗体可以提供一种良好的用户操作界面，通过它可以直接或间接调用宏或模块，并执行查询、计算、预览等功能，甚至对数据表进行更新；报表是从数据库表中生成某种格式的数据表格的工具。

1. 数据库基本表

数据库基本表（简称数据表、基本表、库表或表）是一个二维表。主要用来存储和管理数据，数据库的所有数据都可以存储在表中，表是数据库的资源中心，也是最基本的数据库对象，其他对象都是建立在表的基础之上。

表中的一行称为记录（元组），存储某个实体的信息。每个表由一系列的记录构成，记录是表的基本单位。表中的一列称为一个字段（属性），每个记录由若干字段构成。字段是表的可访问的最小逻辑单位。

每个表最多有一个主关键字（主关键字可以由一个字段或多个字段组成），主键使得表中的记录唯一。在表内还可以定义一个或多个索引，以加速数据的查找。

表之间可以建立关系，这个关系把不同的表联系起来，通过这个关系可以同时获得不同表中的信息。通过关联字段把两个关系联系起来，关联字段名称可以不同，但字段类型、字段的值必须相同。

例如以下两个关系通过字段"教师号"建立联系：

课程(课程号，课程名称，教师号，课程类别，学分)

教师(教师号，姓名，性别，工作时间，政治面貌，学历，系别，职称)

2. 查 询

在表对象中只是定义了数据存储形式，而借助于查询对象，可以进行数据的筛选、分析。例如可以从一个表或几个表中获取数据并按特定的顺序排列，还可以按特定的条件来进行数据的分类、计数、求和以及汇总等。

3. 窗 体

窗体对象是 Access 系统中用户与应用程序的主要接口，它提供了可视化的手段为用户设计输入、输出数据界面，并可以规划各个控件的布局和属性，或者利用控件来执行宏及程序，可以添加筛选条件来决定所要显示的内容，可以编辑数据、显示数据。窗体所显示的信息可以来自一个或多个表，也可以来自查询的结果。

4. 报 表

报表是数据库系统用来输出所需数据的有效手段。在Access2010 系统中报表的数据来源主要是表和查询对象，用户可以创建一份简单地显示每条记录信息的报表，也可以自己打印一份包括计算、图表、图形以及其他特性的报表。

5. 宏

利用宏可以不用编程来完成打开某个窗体、执行某个查询等特定操作。若干个 Access 命令的序列，用以简化一些经常性的操作。当执行这个宏时，就会按这个宏的定义依次执行相应的操作。宏没有具体的实体显示，只有一系列操作的记录。宏可以单独使用也可以与窗体配合使用。用户可以在窗体中设置一个命令按钮，当用鼠标单击这个按钮时，就会执行一个指定的宏。

6. 模　块

模块是用 Access 2010 系统中用于编制 VBA 程序专用的程序段。用户可以编制过程或函数来完成数据库中一切操作，包括生成表、删除表、执行查询、打开表、窗体、查询、报表、执行宏等各种复杂自动处理工作，从而使数据库系统更具有吸引力。

5.2.3　Access 2010 组成界面

Access 2010 是 Microsoft 公司力推的、运行于新一代操作系统 Windows 7 上的数据库，采用了一种全新的用户界面。可以看出，Access 2010 相对于旧版的 Access 2003，界面发生了较大变化，但与 Access 2007 非常类似。

1. Access 2010 系统窗口

用户可以发现，Access 2010 的工作界面与 Windows 标准的应用程序一样，包括标题栏、功能选项卡功能区、状态栏、导航栏、数据库对象窗口以及帮助等部分，如图 5.3 及图 5.4 所示。单击功能区上任何选项卡可显示出其中的按钮和命令，如单击【开始】功能选项卡后，在菜单栏下面出现相应的命令和按钮。

图 5.4　工作界面

图 5.5　快速访问工具栏

（1）快速访问工具栏是一个可以自定义的工具栏，显示在此处的命令始终可见，用户可添加所需命令。通常，系统默认的快速工具栏位于窗口标题栏的左侧，但也可以通过切换显示在功能区下方。快速访问工具栏如图 5.5 所示。

（2）功能选项卡。在功能区包括的命令有文件、开始、创建、外部数据和数据库工具。

（3）用户希望屏幕上留出更多空间，可点击图标"^"或 Alt + F1，可隐藏或显示功能区。

（4）功能区是一个带状区域，贯穿窗口顶部，其中包含多组命令。功能区替代了以前版本的菜单栏和工具栏。功能区包括多个围绕特定方案或对象进行处理的选项卡，在每个选项卡里的控件进一步组成多个命令组，每个命令执行特定的功能。在功能区中，大多数区域都有下拉箭头，单击下拉箭头可以打开一个下拉菜单。在功能区中部分区域有"▣"按钮，单击该按钮可以打开一个设置对话框。

"开始"选项卡包括"视图"、"剪切板"、"排序和筛选"等 7 个组,如图 5.4 所示。"开始"选项卡是用来对各种表进行常用操作的。如查找、筛选、文本设置等。当打开不同的数据库对象时,这些组的显示有所不同。每个组都有可用和禁用两个状态,可用状态时是图标和字体是黑色的,禁用状态时图标和字体是灰色的。当对象处于不同视图时,组的状态是不同的。当没有打开数据表之前,选项卡上所有的命令按钮是灰色的。

"创建"选项卡包括"模板"等 6 个组,如图 5.6 所示。Access 数据库中所有数据对象的创建都从这里进行。

图 5.6   "创建"选项卡

"外部数据"选项卡包括"导入并链接"等 3 个组,如图 5.7 所示。通过这个选项卡实现对内外部数据交换的管理和操作。

图 5.7   "外部数据"选项卡

"数据库工具"选项卡包括"工具"、"宏"、"关系"等 6 个组,如图 5.8 所示。这是 Access 2010 提供的一个管理数据库后台的工具。

图 5.8   "数据库工具"选项卡

(5)导航窗格:在工具栏左下部分是导航窗格。

另外右下部分是显示区,其主要作用是显示交互命令的反馈信息;在窗口最下方的一行为任务栏,用以显示命令执行过程的一些状态信息,右下角是视图切换按钮,如图 5.9 所示。单击【文件】进入 Backstage 视图,用户可在视图中打开、保存、打印和管理数据库。Access 2010 提供了 12 个模板,用户只需要进行简单操作。

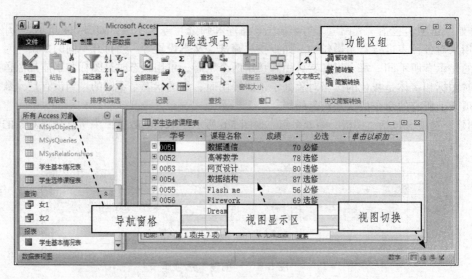

图 5.9　导航窗格

2. 数据库窗口

　　在 Access 中，数据库窗口管理着整个数据库，采用类似 Windows 的资源管理器的方法来管理。通过数据库窗口可以看到该数据库中的所有对象，单击相应的对象按钮，就会显示出相应类型对象的集合，如表、查询、报表等。然后用户就可以选择某一种对象，进行打开、设计（修改）或新建的操作。

　　数据库窗口位于应用程序主窗体内部，由标题栏、工具栏、数据库窗体和数据库对象面板组成。当前窗口改变时，工具栏按钮会发生相应的变化。上图显示的工具栏是适用于当前窗口的。为了方便用户操作，Access 还提供了类似 Windows 的键盘操作快捷键。

5.3　Access 数据库的建立

5.3.1 创建 Access 2010 数据库

　　建立数据库前应该明确数据库各个对象之间的关系。数据库是数据库对象的容器，数据库正是利用它的六大数据库对象进行工作的。

　　创建数据库是用 Access 进行数据处理的第一步，它提供三种创建数据库的方法：

1. 创建一个空数据库

　　先创建一个空数据库，然后根据需要再添加表、查询、窗体、宏等对象，这样能够灵活地创建更加符合需求的数据库系统。

　　下面创建一个"教务管理系统"的空数据库，具体操作步骤如下：

图 5.10 "新建"数据库

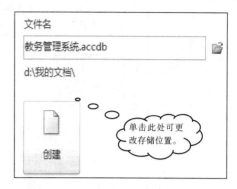

图 5.11 保存数据库名和地址

（1）启动 Access 2010 程序，进入 Backstage 视图，然后在左侧导航窗格中单击【新建】命令，接着在中间窗格中单击【空数据库】选项，如图 5.10 所示。

（2）在图 5.3 右下角【文件名】文本框中输入新建文件的名称"教务管理系统.accdb"，如图 5.11所示，再单击图中的【创建】后得到一个空数据库。

2. 利用模板创建数据库

Access 2010 提供了 12 个不同需求的数据库模板。用户通过选择所需模板，就可以创建一个包含了表、查询等数据对象的数据库系统。

下面利用 Access 2010 中的模板，创建一个"联系人"数据库，具体操作步骤如下：

（1）启动 Access，选择【样本模板】后，从 12 个模板中选择需要的模板【联系人 Web 数据库】，如图 5.12 所示。

图 5.12 样本模板

图 5.13 完成数据库创建

（2）选择【联系人 Web 数据库】后，在屏幕右下方【数据库名称】文本框中输入数据库名称，然后单击【创建】按钮，完成数据库创建。创建的数据库如图 5.13 所示。

（3）这样就利用模板建立了"联系人"数据库。单击【通讯簿】选项卡下的【新增】按钮，弹出如图 5.14 所示的对话框，即可输入新的联系人资料了。

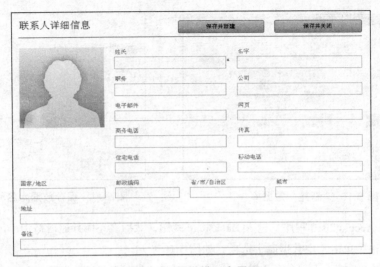

图 5.14　新增联系人界面

　　可见，通过专业数据库模板可以创建专业的数据库系统，但是这些系统有时不太符合要求，因此最简便的方法就是先利用模板生成一个数据库，然后再进行修改，使其符合要求。

5.3.2　表结构的创建与修改

　　表是所有查询、窗体和报表的基础。它作为六大对象之一，是数据库中存储数据的唯一对象。设计良好的表结构，对整个数据库系统的高效运行至关重要。

　　和 Excel 一样，直接在数据表中输入数据，Access 会自动识别存储在该数据表中的数据类型，并据此设置表的字段属性。创建一个新表的方式包括使用表模板创建表、通过字段模板创建表、使用表设计器创建表、使用 SharePoint 列表创建表等。下面分别介绍这几种方法。

1. 使用表模板创建数据表

　　前面已经建立了空数据库系统"教务管理系统"，在该数据库中创建"联系人"数据表。

　　(1) 启动 Access 2010 后，打开"教务管理系统"数据库。

　　(2) 切换到【创建】选项卡，单击表模板的【应用程序部件】，然后在列表中选择【联系人】选项，这样就创建了一个"联系人"表，如图 5.15 所示。

图 5.15　使用模板创建表

图 5.16　数据录入

　　表创建好过后，在表的【数据表视图】中完成记录的录入和删除等操作，如图 5.16 所示。

2. 使用字段模板创建数据表

Access 2010 提供了一种新的创建数据表方法，即通过 Access 自带的字段模板创建数据表。模板中已经设计好了各种字段属性，可以直接使用该字段模板中的字段。下面以在"教务教理系统"中，运用字段模板，建立一个"学生表"为例进行介绍。

表 5.1 "学生表"结构 1

字段名称	字段数据类型	主键
ID	自动编号	是
学号	文本	否
姓名	文本	否
性别	文本	否
专业	文本	否
出身日期	日期/时间	否
政治面貌	文本	否
籍贯	文本	否
备注	备忘录	否

图 5.17　数据表视图

（1）启动 Access 2010 后，打开"教务管理系统"数据库。切换到【创建】选项卡，单击【表格】组中的【表】选项，新建一个空白表，然后进入该表的【数据表视图】，如图 5.17 所示。

（2）单击【表格工具】选项卡下的【字段】，在【添加和删除】组中选择【其他字段】按钮，在图 5.18 的下拉列表中选择需要的字段类型，接着输入字段名称（见图 5.19）。

图 5.18　设置字段类型

图 5.19　字段名设置

（3）选择好字段类型和修改字段名称后，录入下列数据，单击【保存】，在弹出窗口文本框输入"学生表"即可完成，如图 5.20 所示。

学生表								
学号 ▾	姓名 ▾	性别 ▾	专业 ▾	出身日期 ▾	政治面貌 ▾	籍贯 ▾	备注 ▾	单击以添加 ▾
0051	陈红	女	计算机	1995-9-23	党员	山东淄博	赤子之心	
0052	王晓燕	女	机械	1996-5-23	团员	广西玉林	冰壶玉尺	
53	李渊	男	环境	1998-9-5	党员	新疆和田	春风沂水	
54	梁莹	男	计算机	1991-8-7	团员	重庆合川	锐意进取	
55	周游	男	机械	1992-5-12	团员	北京顺义	高风亮节	
56	何霞	女	机械	1996-2-8	党员	广东中山	突飞猛进	
57	吴江	男	计算机	1993-6-30	党员	河南郑州	同意以上意见	

图 5.20　学生表数据录入

3. 使用表设计器修改表

可以看到，在表模板中提供的模板类型是非常有限的，而且运用模板创建的数据表也不一定符合需求，必须进行适当的修改，需要使用"表设计器"。

例如，使用表设计器修改"学生表"见结构，见表 5.2。

表 5.2　"学生表"结构 2

字段名称	字段数据类型	字段属性		主键	索引
学号	文本	字段大小	6	是	是
姓名	文本	字段大小	4	否	否
性别	文本	字段大小	1	否	否
专业	文本	字段大小	12	否	否
出身日期	日期/时间	短日期	-	否	否
政治面貌	文本	字段大小	2	否	否
籍贯	文本	字段大小	50	否	否
备注	附件			否	否

具体操作步骤如下：

（1）在图 5.20 中，单击鼠标右键，选择【设计视图】，得到如图 5.21 所示界面，按照表 5.2 所示的字段名称、数据类型、字段大小、格式等属性进行输入和修改。

图 5.21　设计视图

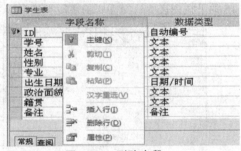

图 5.22　删除字段

（2）删除 ID 字段。在行选择区选中"ID"字段（三角形表示当前行），单击右键选择【删除行】即可，如图 5.22 所示。

（3）学号字段设为主键。定位在"学号"字段，单击"表设计器"工具栏的【主键】按钮，将"学号"字段设定为表的主键。在行选择区选中"学号"字段，单击右键选择【主键】后在行选择出现钥匙图标即可，如图5.23所示。

图 5.23　设置主键

4. 利用"表设计视图"创建新表

在更多情况下，用户必须使用"表设计器"创建一个新表。使用表设计器创建要经过下列几个步骤：打开表设计器、定义字段、设定主关键字、设定表的属性和表存储。

例如，在"教务教理系统"中，建立一个如表5.3所示的"学生选课表"结构的表，并且录入数据。

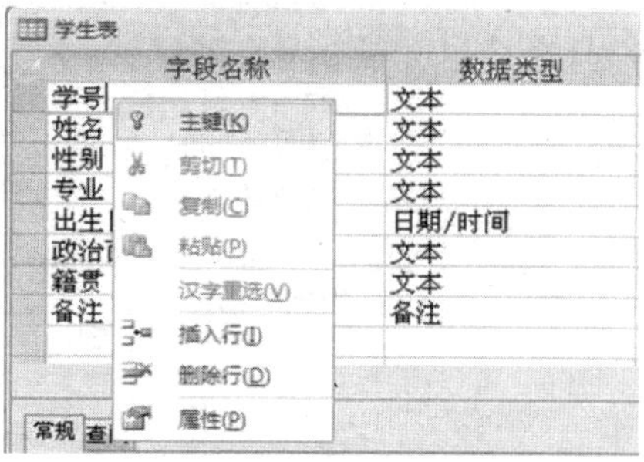

表 5.3　"学生选课表"结构

字段名称	数据类型	字段属性		主键	索引
学号	文本	字段大小	6	是	是
课程名称	文本	字段大小	8	否	否
必修课	是/否	格式	是/否	否	否
平时成绩	数字	字段大小	长整型	否	否
		小数位数	1		
考试成绩	数字	字段大小	长整型	否	否
		小数位数	1		
封面照片	OLE 对象			否	否

（1）打开"教务管理系统"数据库，切换到【创建】选项卡，单击【表格】组中的【表设计】按钮，进入表设计视图，如图5.24所示。

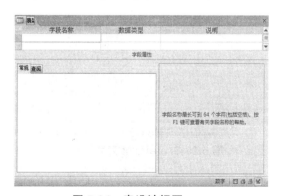

图 5.24　表设计视图

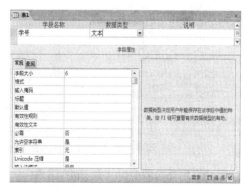

图 5.25　数据类型

（2）在【字段名称】栏中输入字段名称"学号"；在【数据类型】下拉列表框中选择该字段的数据类型，比如选择"文本"；在【说明】栏中的输入为可选择的，可以不输入；在选项卡【常规】中【字段大小】栏输入6，如图5.25所示。

（3）同样，输入其他字段名称，并设置相应的数据类型，结果如图5.26所示。

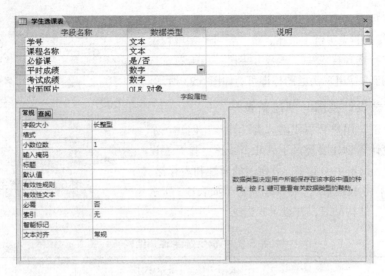

图 5.26 字段属性

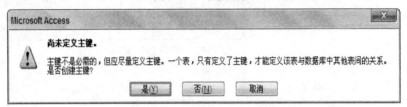

图 5.27 是否添加主键对话框

（4）单击【保存】弹出【另存为】对话框，在【表名称】文本框中输入"学生选课表"，再单击【确定】按钮时，弹出如图 5.27 所示的对话框，单击【否】按钮，暂时不设定主键。

（5）在数据视图中录入数据，如图 5.28 所示。

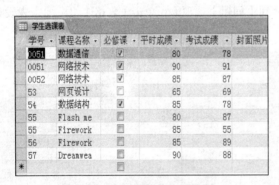

图 5.28 学生选课表录入数据

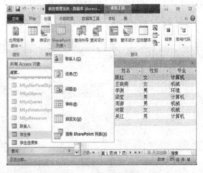

图 5.29 SharePoint 列表

5. 使用 SharePoint 列表创建表

可以在数据库中创建 SharePoint 列表导入的或链接到 SharePoint 列表的列表。还可以使用预定义模板创建新的 SharePoint 列表。在 Access 2010 中的预定义模板包括联系人、任务、问题和事件。下面介绍创建一个"联系人"表为例进行介绍。

（1）打开"教务管理系统"数据库，在【创建】选项卡下的【表格】组中，单击【SharePoint 列表】，接着在下拉列表中选择"联系人"，如图 5.29 所示。

（2）选择"联系人"后，弹出【创建新列表】对话框，输入要在其中创建列表的 SharePoint 网站的 URL。

5.3.3 表设计器的认识

1. 表设计器介绍

表设计器包括表设计视图和设计工具栏两部分。

（1）表设计视图

表设计视图的最上方是表窗口的标题区，在这里显示打开的"学生表"的名称。上半部分的表格用于设计表中的字段。表格的每一行均由四部分组成：行选择区、字段名称、数据类型和说明区。左下部是字段特性参数区。当定义了一个字段后，在此区域会显示出对应字段的特性参数，也可在这里进行有关设置。右下部是一个信息框，用于显示有关字段或特性的信息，帮助和指导用户操作。如图 5.30 所示。

（2）表设计工具栏

当用户打开表时，Access 窗口会自动增加【表格工具】栏。各个按钮的作用与当前创建表的工作环境有关。

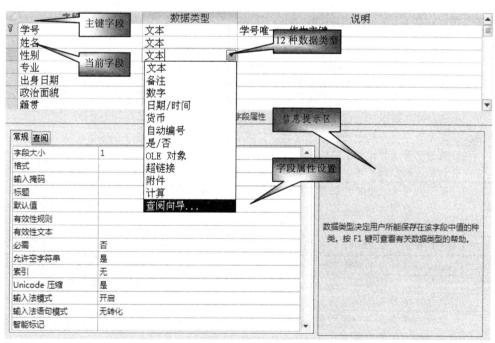

图 5.30 表设计视图

2. 字段定义

（1）字段名称的命名规则

定义字段的工作包括确定字段的名称、数据类型、字段属性等，在必要时编制相关的说明。

字段名命名规则：① 字段名长度至多为 64 个字符。②可以包含字母、数字、空格、特殊的字符

（除句号"。"、感叹号"！"和方括号"[ ]"等之外）的任意组合。③不能以空格开头。

（2）数据类型的确定

在确定字段名称之后，将光标移动到同一行的数据类型列，单击鼠标，显示下拉箭头。再单击此箭头，弹出下拉列表。表中列出了所有可用的数据类型，从中选择合适的数据类型。

某个字段选用什么数据类型要根据实际需要而定。例如若"编号"是以"0"开头的，就要选择文本型。需要注意的是，备注型、OLE 对象、超级链接等数据类型的字段不能作为排序和索引的字段，也不能用于分组记录；自动编号型是一种特殊的整型类型，主要是为在表中设置关键字而设计的。一个表中只能有一个自动编号型的字段。

在表的设计视图中，每一个字段都有数据类型，Access 允许多种数据类型：文本、备注、数值、日期/时间、货币、自动编号、是/否、OLE 对象、超级链接、附件、计算、查询向导等，各种数据类型的使用描述见表 5.4。

表 5.4 Access 的数据类型

数据类型	描　　述	长　　度
文本	用于文字或文字与数字组合,如地址;或不需计算的数字,如电话号码	最多 255 个字符，默认 50 个字符
备注	用来较长的文本或数字。但 Access 不能对备注字段进行排序或索引，却可以对文本字段进行排序和索引	最多可存储 65535 个字符
数字	用于算术计算的数值数据	可以是 2^0-2^4 个字节
日期/时间	提供了 6 种日期和时间类型的数据	8 个字节
货币	它是数字数据类型的特殊类型，等价于双精度的数字字段类型。当小数部分多于两位时，Access 会对数据进行四舍五入	8 个字节
自动编号	添加新记录时，自动插入唯一顺序或者随机编号，即在自动编号字段中指定某一数值。自动编号一旦被指定，就会永久地与记录连接。如果删除了表格中含有自动编号字段的一个记录后，Access 并不会为表格自动编号字段重新编号。当添加某一记录时，Access 不再使用已被删除的自动编号字段的数值，而是重新按递增的规律重新赋值	4 个字节
是/否	用于只包含两个不同的可选值而设立的字段，通过是/否数据类型的格式特性，用户可以对是/否字段进行选择。包括四种类型：复选框、是/否、真/假和开/关	1 个字节
OLE 对象	用于存储来自 Office 或各种应用程序的图像、文档、图形和其他对象	最大可为 1 GB，
超级链接	用来超链接，可以是 UNC 路径或 URL 网址	最长为 6400 个字符
附件	任何受支持的文件类型，Access 2010 创建的.accdb 文件格式，它可以将图像、电子表格、文档、图表等各种文件附加到数据库记录中	
查阅向导	为用户提供了一个建立字段内容的列表，可以在列表中选择所列内容作为添入字段的内容	通常为 4 个字节

（3）确定字段属性

不同的数据类型有着不同的属性，属性有下面 9 种：

① 字段大小：限定文本字段的大小和数字型数据的种类。

文本字段的大小是指文本字段保存和显示的大小，其范围为 0 ~ 255，在默认情况下为 50 字节。应以该字段所存放信息的最大字节数为标准来确定，否则浪费存储空间。

数字型字段的大小与数字型数据的种类有关，不同种类的数字型数据的大小和范围各不相同。Access 规定了 7 个种类：字节、整数、长整数、单精度实数、双精度实数、同步复制号和小数。

② 输入掩码：用户为数据定义的格式。

可以为文本型、数字型、货币型、日期型数据设置掩码，有效的掩码字符说明见表 5.5 所示。

表 5.5　Access 的掩码

字　符	说　明
0	数字（0 到 9，必选项；不允许使用加号 [+] 和减号 [-]）
9	数字或空格（非必选项；不允许使用加号和减号）
#	数字或空格（非必选项；空白将转换为空格，允许使用加号和减号）
L	字母（A 到 Z，必选项）
?	字母（A 到 Z，可选项）
A	字母或数字（必选项）
a	字母或数字（可选项）
&	任一字符或空格（必选项）
C	任一字符或空格（可选项）
. , : ; - /	十进制占位符和千位、日期和时间分隔符（实际使用的字符取决于 windiws 控制面板中指定的区域设置）
<	使其后所有的字符转换为小写
>	使其后所有的字符转换为大写
!	输入掩码从右到左显示，而不是从左到右显示。(键入掩码中的字符始终都是从左到右填入，并且自左到右显示）可以在输入掩码中的任何地方包括感叹号
\	使其后的字符显示为原义字符。可用于将该表中的任何字符显示为原义字符（例如，\A 显示为 A）
密码	将"输入掩码"属性设置为"密码"，以创建密码输入项文本框。文本框中键入的任何字符都按字面字符保存，但显示为星号（*）

例如，在"学生表"的"入校日期"字段，设置如图 5.31 所示的输入掩码，在插入新数据时，显示图 5.32 所示的输入格式。

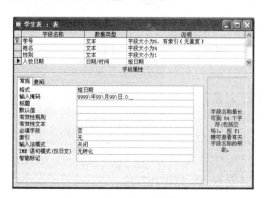

图 5.31 输入掩码属性设置

图 5.32 入校日期显示输入格式

③ 小数位数：对数字型、货币型数据指定小数点的位数。

小数位数视数字或货币型数据的字段大小而定。如果字段大小为字节、整数、长整数，则小数位数为 0；单精度可为 0 ~ 7 位小数；双精度则为 0 ~ 15 位小数；货币型默认为两位小数，但可改变。

④ 标题：用于在窗体和报表中取代字段的名称。

在设计表时，字段名应以简明为好，以便表的使用和管理。但在窗体和报表中，为了表示出该字段的明确的意义，可以把字段名用一个更为详细的标题来代替。如果表中字段名已经很明了，可以不设。

⑤ 有效性规则：根据表达式或宏建立的规则来确认数据是否符合规定。

有效性规则允许用户对字段的值加以限制，在"有效性规则"文本框中输入一个表达式，便对一个字段值进行了简单核查。此后，用户在数据表视图中输入该字段的内容后，系统将自动检查这个值是否符合有效性规则，如果不符，就给出提示，该提示的信息内容来自于"有效性文本"的输入。如果用户没有输入有效性文本，系统会提示标准出错信息。定义有效性规则后，系统将把不符合该规则的用户输入数据视为非法数据，不允许输入。系统也能检查一些常见的错误，如在数字型字段中输入文本型数据。

有效性规则用有效性规则表达式来定义。表达式包括一个运算符和一个比较值。比较值可以是常量、变量、函数或表达式，如果是变量或函数，必须能获得确定值。

例如，"学生选课表"的"成绩"字段的有效性规则可以定为">=0 and <=100"。其步骤为：把光标移动到有效性规则的文本框，对简单有效性规则，可直接在其中输入有效性规则表达式。对于复杂有效性规则，可单击其后出现的"..."按钮，弹出如图 5.33 所示的表达式生成器对话框。

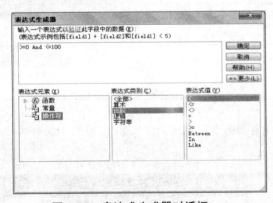

图 5.33　表达式生成器对话框　　　　图 5.34　有效性文本设置

表达式生成器有三个部分：

上方是一个表达式框，用于创建表达式。下方是用于创建表达式的元素，可以将这些元素粘贴到表达式框中以形成表达式。也可以直接在表达式框中键入表达式的某一部分。中部是常用运算符按钮。单击运算符的某个按钮，就在表达式框中的插入点插入相应的运算符。

生成器下部含有三个框：

左边的框包含文件夹，该文件夹列出表、查询、窗体及报表等数据库对象，以及内置和用户定义的函数、常量、运算符和常用表达式。

中间的框列出左边框中选定文件夹内指定的元素或指定元素的类别。例如，如果在左边的框中单击"内置函数"，中间的框便列出 Access 函数的类别。

右边的框列出了在左边和中间框中选定元素的值。例如，如果在左边的框中单击"内置函数"，并在中间框中选定了一种类别，右边的框将列出选定类别中所有的内置函数。

在生成表达式后，单击"确定"按钮，完成表达式的创建。

⑥ 有效性文本：当数据不符合有效性规则时所显示的信息。

当违反了有效性规则时，系统将显示所输入的文本作为错误信息。如果没有设置有效性文本属性，则显示系统的标准信息。例如图 5.34 所示的"学生选课表"的"考试成绩"字段的有效性文本。

⑦ 索引：确定该字段是否作为索引。

索引可以加快数据的存取速度，并将数据限定为唯一值。表中的主关键字将自动被设置为索引，而备注、超级链接 OLE 对象等类型的字段不能设置索引。索引分为单字段索引和多字段索引两种，一般为单字段索引。

建立单字段索引的方法为：

（1）在表设计器中单击要建立索引的字段。

（2）在【常规】选项卡的【索引】下拉列表框中，选择"有（有重复）"或"无（无重复）"选项，前者允许在表内出现重复值，后者保证表中任何两个记录的这一字段没有重复值。

3. 设置关键字

数据库中的每一个表，都必须有一个主键（亦称主关键字），使记录具有唯一性。主键由记录的一个或多个字段组成。如果用户没有主键指定，系统往往会以"自动编号"型数据自动地建立一个。设置关键字的方法是：

①在表设计视图中单击行选择区选定要定义为关键字的字段。如果是多个字段则在单击的同时按下<Ctrl>键，就选定了主关键字字段。

②单击工具栏中的钥匙状"关键字"。

设置完成后，在相应字段的左侧就会出现"钥匙"标记。

5.3.4 建立和修改表之间的关系

在关系型数据库中，各个表之间是通过相同的字段内容联系起来的。用来在两个表之间设置关系的字段，其名称可以相同也可不同，但字段类型、字段内容必须相同，关系型数据库正是通过这些共同属性在表之间建立关联的。

在数据库中定义了关系，不仅是确立了数据表之间的联系，而且也确定了数据库的参照完整性。所谓参照完整性是指在设定了表的相互关系后，用户不能随意更改用以建立关系的字段，从而保证数据库中的关联不被破坏。否则，更改关联字段之后，系统将无法识别原有的关联。

参照完整性保证了数据在关系型数据库管理系统中的安全与完整。这种完整性在关系型数据库中对于维护正确的数据关联是必要的。

不同表之间的关联是通过表的主关键字来确定的。因此，当数据表的主关键字段发生更改的时候，系统都会进行检查，并提醒用户是否违反了参照完整性。

用户在定义关系之前，必须关闭所有的表。因为不能在已打开的表之间创建或修改关系。

157

关闭数据表之后，如果还没有切换到数据库窗口，可以按<F11>键从其他窗口切换到数据库窗口。

例如，在"教务管理系统"中有"学生表"和"学生选课表"两个表。可以通过"学号"这个字段把这两个表联系起来，建立表之间的关系。建立关联方法如下。

（1）打开"教务管理系统"数据库，切换到【数据库工具】选项卡，单击【关系】按钮，并把导航栏的"学生表"和"学生选课表"拖拽到关系窗口，如图 5.35 所示。

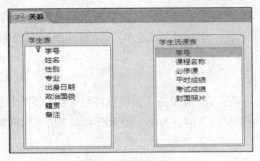

图 5.35　添加关系表

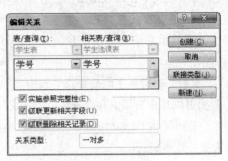

图 5.36　编辑关系

（2）在"关系"窗口中，将"学生表"的"学号"字段拖到"学生选课表"的"学号"字段上释放鼠标，弹出"编辑关系"对话框，如图 5.36 所示。在"编辑关系"对话框中，选择"实施参照完整性"，再单击"创建"按钮，"学生表"与"学生选课表"就建立了一对多的关联关系，如图 5.37 所示。

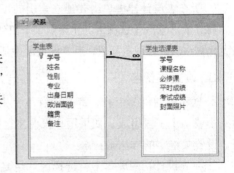

图 5.37　数据表关系

5.4　数据表的输入和编辑

定义了数据表的结构框架，而数据表还是一个没有任何数据的空表。必须给它们输入数据，才能使用它们，对它们进行检索、修改、排序、统计、打印等操作。表的使用是在数据表视图方式中进行的。不同视图方式下工具栏的命令按钮有所不同。

在表窗口的下方还有一个"记录"指示框，包含有若干个命令按钮。通过它，可以将光标移到指定的记录行，以及显示表中的记录总数。

5.4.1　更改数据表的显示方式

在数据表视图下可以根据用户的需要更改数据表的显示方式，如调整行宽列高、设置字体格式、隐藏和显示字段、冻结和取消冻结等。

这里仅介绍了更改行高的两种方法。

方法一：键入法的操作步骤：

① 在数据表视图下打开选中某行，单击【行高】选项，弹出【行高】对话框。

② 在【行高】文本框中键入新的行高数值（以像素为单位，其大小由显示器的分辨率决定），

或者单击【标准高度】复选框，恢复标准行高。

③ 单击【确定】按钮，完成更改。

方法二：鼠标法的操作步骤：

将鼠标指针移到行选择器的分界线上，待指针箭头变为双箭头时，按住鼠标左键上下拖动，到达合适的位置时，松开左键。

5.4.2　修改数据表中的数据

对数据表中数据的修改包括插入、修改、替换、复制和删除等。

1. 添加记录

步骤：以数据表视图打开表，在表末尾的空白行中（在行选择区中有一个"*"符号），逐个字段输入数据。每输入一个字段的数据，系统都会按字段有效性规则对其进行检验。如果不符，就提示修改，直到数据满足有效性规则为止，如图 5.38 所示的在"课程表"中追加新数据。

在数据表的行选择区中会出现某些符号，它们代表的含义是：

① 箭头形：表示该行为当前操作行。

② 星形：表示表末的空白记录，可以在此输入数据。

③ 铅笔形：表示该行正在输入或修改数据。

④ 锁形：表示该行已被锁定，只能查看，不能修改数据。

图 5.38　"课程表"添加记录　　　　图 5.39　删除记录

2. 删除记录

打开要操作的表，单击行选择区使其变成灰色，此时光标变成向右的黑色箭头。如果要删除该记录，单击右键，在快捷菜单中选择【删除记录】命令即可。如图 5.39 所示。

3. 数据的查找与替换

为了查找海量数据中的特定数据，就必须使用"查找"和"替换"。其操作与 Word 中字符的查找类似。

在数据表视图中选择要查找的字段，单击【开始】选项卡下的【查找】按钮。弹出【查找和替换】对话框后，如图 5.40 所示。

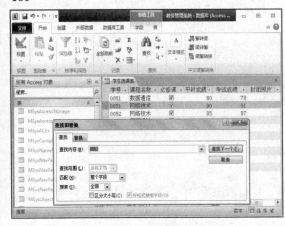

图 5.40　查找　　　　　　　　　图 5.41　替换

① 在【查找内容】文本框中输入要查找的数据内容。

② 在【查找范围】下拉列表框中选择查找的范围。在【匹配】下拉列表框中选择匹配的方式。

③ 在【匹配】下拉列表框中，弹出【字段任何部分】、【整个字段】和【字段开头】选项。

④ 在【搜索】下拉列表框中选择搜索的方式：向上、向下和全部。

⑤ 在两个复选框中确定是否区分字母的大小写和是否按格式搜索字段。

⑥ 单击【查找下一个】按钮，开始查找。找到时将记录指针指向找到的记录；找不到时，提示没有要找的记录。

4. 修改数据

利用查找操作定位到所要的记录后，将光标移到要修改的字段处，即可输入新的数据，以修改原有的数据。当光标移出被修改的字段时，系统会自动进行有效性规则的检验，不符合有效性规则的数据将被拒绝。

需要注意的是，字段值的修改只是修改显示。只有当光标从被修改字段所在记录的位置移到其他记录时，对该记录的修改才会被保存起来。在没有保存修改之前，可以按<Esc>键放弃对所在字段的修改。

5. 数据的替换

系统提供了"替换"数据的操作，可以在一个操作中同时完成定位和修改两个操作。在批量修改数据的情况下，使用替换数据的操作来修改数据具有很大的优越性。替换数据的操作和 WORD 中查找与替换的操作类似。

① 在图 5.40 中单击【替换】选项卡，如图 5.41 所示。

② 在【查找内容】文本框中输入欲查找的内容。在【替换值】文本框中输入用来替换的新数据。在【查找范围】下拉列表框中选择查找的范围。在【匹配】下拉列表框中选择匹配的方式。

③ 单击【高级】按钮弹出【搜索】选项。在【搜索】下拉列表框中选择搜索的方式：向上、向下、全部。

④ 在两个复选框中确定是否区分字母的大小写和是否按格式搜索字段。

⑤ 如果是单个字段的替换，先单击【查找下一个】按钮，找到相匹配的记录后，单击【替换】按钮，用【替换值】替换当前记录的指定字段的数据。在找不到时，将提示没有要找的记录。

⑥ 如果是批量字段的替换，单击【全部替换】按钮，将全部替换找到的数据。

5.4.3　数据的排序与筛选

排序和筛选是两种比较常用的数据处理方法,通过排序和筛选可以给用户提供很大的方便。例如,为了评价业务员的业绩,需要对业务员的销售额进行排序;教师对学生的考试成绩排序等,这些都需要排序。大多数时候,用户并不是对数据表中的所有数据都感兴趣,只需查找几个感兴趣的记录,这时就用到筛选功能。

1. 数据的排序

(1)简单排序

数据表中的记录,可以根据某一字段内容按升序或降序来排列。在数据表视图中,选中排序字段,单击右键,在快捷菜单中选择【升序】(或【降序】)按钮,就可以将表中的记录升序(或降序)排列,如图 5.42 所示。当选定升序时如图 5.43 所示。

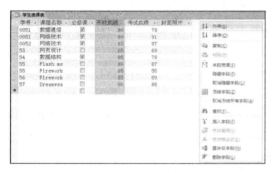

图 5.42　升序与降序

图 5.43　升序排列

(2)高级排序

简单排序存在两个问题,即当记录中有大量的重复记录或者需要同时对多个列进行排序时,简单排序就无法满足用户需求。

例如,对高级排序,当"考试成绩"相同时,则按"平时成绩"排序。

步骤:打开"学生选课表",单击【开始】选项卡,选择【排序和筛选】组中的【高级】按钮,如图 5.44 所示。在下拉菜单中选择【高级筛选/排序】后,出现图 5.45 所示窗口。在查询设计网格的【字段】中,选择"考试成绩"字段,【排序】行选择"升序";在另一列中选择"平时成绩"字段和"升序"排列。关闭设计视图并且保存该查询为"高级筛选",即可得到如图 5.46 所示高级排序结果。

图 5.44　高级筛选/排序

图 5.45　高级筛选/排序

学号	课程名称	必修课	平时成绩	考试成绩	封面照片
53	网页设计	☐	65	69	
0051	数据通信	☑	80	78	
55	Flash me	☐	80	87	
55	Firework	☐	85	55	
54	数据结构	☑	85	78	
0052	网络技术	☑	85	87	
56	Firework	☐	85	89	
57	Dreamwea	☐	90	88	
0051	网络技术	☑	90	91	

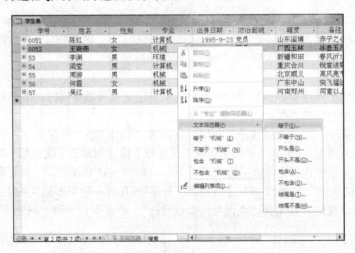

图 5.46　高级排序结果

2. 数据的筛选

在 Access 中，可以利用数据的筛选功能，过滤掉数据表中我们并不关心的信息，返回想要的数据记录，从而提高工作效率。

下面就以“学生表”中查找“计算机”专业的学生信息为例，介绍两种筛选方法。

方法一：用鼠标右键建立筛选。其步骤如下：

（1）进入“学生表”的【数据表视图】，在“专业”字段的任意位置单击右键，在弹出的快捷菜单中选择【文本筛选器】，弹出筛选级联菜单如图 5.47 所示。

图 5.47　文件筛选器

（2）在级联菜单中选择【等于】，弹出【自定义】对话框，在文本框中输入“计算机”，如图 5.48 所示。

图 5.48　自定义筛选

学号	姓名	性别	专业	出身日期	政治面貌	籍贯	备注
0051	陈红	女	计算机	1995-9-23	党员	山东淄博	赤子之心
54	梁莹	男	计算机	1991-8-7	团员	重庆合川	锐意进取
57	吴江	男	计算机	1993-6-30	党员	河南郑州	同意以上意见

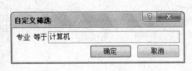

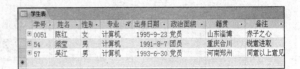

图 5.49　专业为计算机的筛选结果

（3）单击【确定】则 Access 将按照"专业"="计算机"的条件进行筛选，运行筛选后的数据表视图如图 5.49 所示。这样就完成了专业为计算机的学生信息查询。单击【排序和筛选】组中【切换筛选】按钮，即可在源数据表和筛选表之间切换。

方法二：通过字段下拉菜单建立筛选。

用户可以在【数据表视图】中，通过单击字段旁的黑色三角形，在弹出的下拉菜单中选择相应的筛选操作。

5.5　查　询

查询就是以数据库表中的数据为数据源，根据给定的条件从指定的表或查询中检索出用户要求的数据，形成一个新的数据集合。查询的结果是随着数据表中的数据变化而变化的。

查询可以看成是一种特殊的筛选，只是这种筛选比较固定。只要设计好一次筛选任务，以后就可以直接调用，不需要重复设计了。查询可以对几个数据表操作，而筛选和排序只能对同一个数据表操作。

查询的功能除了用来查看、分析数据外，它还具备以下几项功能：作为窗体、报表及查询的数据源；用来生成新的数据表；批量地向数据表中添加、删除和修改数据。

5.5.1　Access 查询的类型及视图

1. 查询分类

Access 2010 从功能上划分，可分为 6 种查询。打开或新建一个数据库，单击【创建】选项卡下的【查询设计】按钮。在弹出的【显示表】窗口中选择【表】选项卡，选择其中需要的表（这里选择学生表和学生选课表），然后进入了查询的【设计视图】，如图 5.50 所示。在【查询类型】组中可以清楚看到 6 种查询类型。

图 5.50　查询设计器及查询类型

下面介绍各种查询的不同特点：

（1）选择查询

选择查询是最常见的查询类型。它从一个或多个的表中检索数据，并且在可以更新记录（带有一些限制条件）的数据表中显示结果。也可以使用选择查询来对记录进行分组，并且对记录作总计、计数、平均以及其他类型的总和的计算。

（2）生成表查询

生成表查询从一个（或多个）表中的全部或部分数据新建表。

（3）追加查询

从一个（或多个）表中将一组记录追加到一个（或多个）表的尾部。

（4）更新查询

对一个（或多个）表中的一组记录作全局的更改。使用更新查询，可以更改已存在表中的数据。

（5）交叉表查询

交叉表查询显示来源于表中某个字段的总结值（合计、计算以及平均），并将它们分组，一组列在数据表的左侧，一组列在数据表的上部。

（6）删除查询

从一个（或多个）表中删除一组记录。

其中选择查询和交叉表查询仅仅是对数据表中的数据进行某种筛选，而其余的几种查询将直接操作数据表中的数据，因此又被称为操作查询。

2.查询的视图

打开一个查询后，可以清楚看到5种查询视图，分别是：设计视图、SQL视图、数据表视图、数据透视表视图、数据透视图视图，其切换方式如下。

方式一：在左上角的视图切换按钮中选择，如图5.51所示。

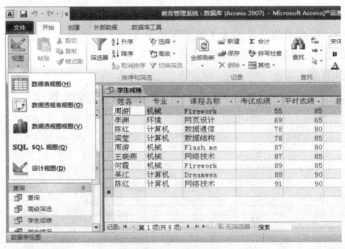

图 5.51 视图切换 1

方式二：选中对应的选项卡，单击右键，如图5.52所示。

（1）设计视图

设计视图完成对查询的设计，利用查询设计视图可以按照需要设计一个查询，而且还可以用它来对一个已有的查询进行编辑和修改，如图5.62所示。

图 5.52　视图切换 2

（2）数据表视图

数据表视图是将查询结果显示出来。

（3）SQL 视图

SQL 视图用来编辑查询对象所对应的 SQL 语句。

如在图 5.57 中选中【SQL 视图】后，出现下列 SQL 语句：

SELECT 学生表. 学号，学生表. 姓名，学生表. 专业，学生表. 籍贯 FROM 学生表;

如在图 5.62 中选中【SQL 视图】后，出现下列 SQL 语句：

SELECT 学生表. 姓名，学生表. 专业，学生选课表. 课程名称，学生选课表。考试成绩，学生选课表. 平时成绩，[学生选课表]! [平时成绩]*0.3+[学生选课表]![考试成绩]*0.7AS 总评 FROM 学生表 INNER JOIN 学生选课表 ON 学生表。学号=学生选课表. 学号 WHERE ((([学生选课表]![平时成绩]*0.3+[学生选课表]! [考试成绩]*0.7)>60)) ORDER BY [学生选课表]! [平时成绩]*0.3+[学生选课表]![考试成绩]*0.7;

SQL 语言是一门复杂的语言，详细介绍请参考相关书籍。

5.5.2　使用"查询向导"创建查询

当建立了数据库，创建了数据表并在数据表中存储了数据之后，就可以创建查询了。创建查询的方式一般有"查询向导"和"设计视图"两种创建方式。

运用"查询向导"创建查询，操作比较简单，只需选择要查询和显示的表、字段就可以建立查询。Access 2010 提供了 4 种不同类型的"查询向导"，它们是简单查询向导，交叉表查询向导，查找重复项查询向导，查找不匹配项查询向导。

下面仅以"简单选择查询"为例，介绍查询向导的使用。

1. 简单选择查询（数据来源于一个表）

例如，在"教务管理系统"中，根据"学生表"，使用简单查询向导创建一个名为"学生情况"的查询，包括"学号"、"姓名"、"专业"和"籍贯"四个字段。

（1）打开"教务管理系统"数据库，切换到【创建】选项卡，在【查询】组中单击【查询向导】按钮，并在如图 5.53 所示的文本域中选择【简单查询向导】。

图 5.53　查询向导类型

（2）单击【确定】后，弹出"简单查询向导"窗口，如图 5.54 所示。选择建立查询的数据表（这里选择"学生表"），在【可用字段】框中列出了该表的所有字段。

（3）在【可用字段】框中选择字段，送到【选定字段】框。单击">"按钮（或双击该字段），可以把它送到"选定的字段"列表框中。单击">>"按钮，可以选取全部字段，例如在"学生表"中选择"学号"、"姓名"、"专业"和"籍贯"，如图 5.55 所示。

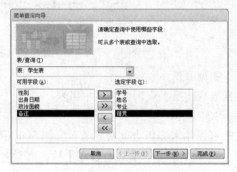

图 5.54　表选择窗口　　　　　　　　　　　　图 5.55　字段选择窗口

（4）单击下一步后，在如图 5.56 所示的对话框中输入"学生情况"，单击【完成】后，生成如图 5.57 所示的查询结果。

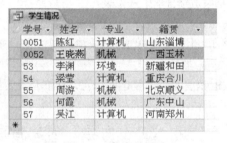

图 5.56　查询命名窗口　　　　　　　　　　　图 5.57　查询结果

2. 简单选择查询（数据来源于多个表）

例如，在"教务管理系统"中，根据"学生表"和"学生选课表"，使用简单查询向导创建一个名为"学生成绩"的查询。包括"姓名"、"专业"、"课程名称"和"成绩"四个字段。

（1）进入简单查询向导视图。从"学生表"中选择"姓名"和"专业"字段；从"学生选课表"中选择"课程名称"和"成绩"字段，如图 5.58 所示。

（2）单击【下一步】，弹出对话框中选择"明细"或"汇总"，如图 5.59 所示。

图 5.58　字段选择　　　　　　　　　　　图 5.59　查询选择方式

（3）单击【下一步】按钮，在弹出对话框中的【请为查询指定标题】文本框中输入"学生成绩"并选择【完成】，如图 5.60 所示。

④ 打开查询查看信息，查询结果如图 5.61 所示。

图 5.60　查询命名　　　　　　　　　　　图 5.61　查询结果

5.5.3　使用"设计视图"创建查询

利用查询设计视图可以按照需要设计一个查询，而且还可以用它来对一个已有的查询进行编辑和修改。

1. 查询设计器和查询设计器工具栏

查询设计器分为上下两部分，上部为数据表/查询显示区，用来显示查询所用的基本表或查询（可以是多个）；下部为查询设计区，用来设置具体的查询条件。查询设计区中的网格的每一列都对应着查询结果集中的一个字段，网格的行标题表明了其字段的属性及要求。

例如，利用"查询设计视图"，打开"学生成绩"查询，修改字段，使其包括学生"姓名"、"专业"、"课程名称"、"平时成绩"、"考试成绩"和"总评"六个字段，其中总评成绩=平时成绩*0.3 + 考试成绩*0.7，并按升序排列总评成绩大于 60 分的所有记录。

（1）打开"学生成绩"查询，单击右键选择【设计视图】弹出设计视图窗口。然后添加平时成绩字段（从学生选课表中添加）。将光标定位在空白字段处，单击【右键】，选择【生成器】，如图 5.62 所示。

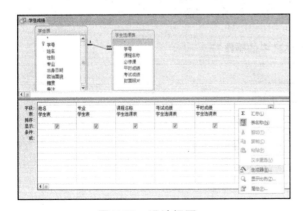

图 5.62　设计视图

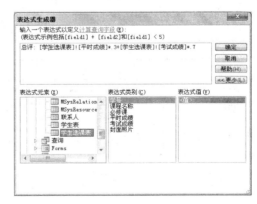

图 5.63　表达式生成器

（2）打开表达式生成器。在其文本框中输入"总评：[选课成绩表]![平时成绩]*0.3 + [选课成绩表]![考试成绩]*0.7"，如图 5.63 所示。

（3）单击【确定】后，在总评排序单元格中选择"升序"，条件单元格中输入"＞60"，如图 5.64 所示。

（4）保存后，切换到数据表视图就可以查看查询的结果，如图 5.65 所示。

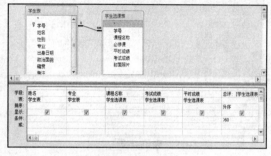

图 5.64　查询设置　　　　　　　　　　图 5.65　查询结果

2. 设置查询条件

查询"条件"就是查询记录应该符合的条件。查询设计视图在"条件"行中所设置的各个字段的条件在逻辑上是"与"的关系。在"条件"行下面的"或"行可以指定查询记录的不必同时满足的其他条件。这些条件和条件行的条件在逻辑上是"或"的关系。而同一个"或"行中的各个条件之间逻辑上仍然是"与"的关系。图 5.66 表示了查询广西的男学生及湖南学生的记录。

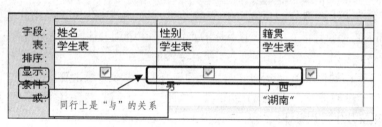

图 5.66　查询条件设置

设置的条件可以是某些个特定的字段值。当这个特定值是文本型时，应该用引号括起来。条件是一个表达式，称为条件表达式。它由一些特定值、字段名、内部函数和操作符构成。

（1）条件表达式中使用的操作符见表 5.6。

表 5.6　条件表达式中的操作符

操作符	条件表达式	含　义
And（与）	A　and　B	两个条件 A 和 B 都为真，才能有查询结果
Or（或）	A　or　B	两个条件 A 和 B 其中之一为真，才能有查询结果
Between...and...	Between A and B	介于两个条件 A 和 B 之间，才能有查询结果。主要用于数字型、货币型和日期型字段
In	In（"A、B、C"）	等价于 A Or B Or C，三者之一
Like	Like "? 机械*"	第 2、3 字符是"机械"的所有记录

（2）条件表达式中使用的日期与时间。在条件表达式中使用的日期与时间有特殊的规定，必须

在日期值的前后加上"#"。例如#Jun23，99#、#5/28/99#、#11221999#等。

在计算日期、时间时还可以使用一些内部函数，见表 5.7。

（3）表达式中的计算。在 Access 中查询不仅具有查找的功能，而且还具有计算的功能，四则算术运算见表 5.8。如果用户需要这些可以由已有字段经过计算而得出的数据信息，就可以使用查询的计算功能。

表 5.7　常用的时间日期函数

函数名	含　义	函数名	含　义
Date（　　）	返回系统当前日期	Year（　　）	返回日期中的年份
Month（　　）	返回日期中的月份	Day（　　）	返回日期的日数
Weekday（　　）	返回日期的星期数	Hour（　　）	返回时间中的小时数
Now（　　）	返回系统当前日期与时间		

表 5.8　四则算术运算

四则运算	含　义	四则运算	含　义
A＋B	两个数字型字段值相加	A-B	两个数字型字段值相减
A*B	两个数字型字段值相乘	A&B	把文本型 A 和 B 连接成一个字符串
A\B	把数字型字段 A 的值除以数字型字段 B 的值的结果四舍五入成整数	A/B	数字型字段 A 的值除以数字型字段 B 的值
Mod（A，B）	表示把数字型字段 A 和 B 的值化为整数并相除求余数	A^B	表示 A 的 B 次幂

（4）条件表达式中的比较运算符见表 5.9。

表 5.9　运算符表

运算符	字段名	条件表达式	含　义
＞大于	总评	＞60	总评大于 60 的记录
＞= 大于等于	同上	＞=60	总评大于等于 60 的记录
＜小于	同上		
＜= 小于等于	同上		
＜＞不等于	同上		

3．在已有的查询中添加和删除表或查询

这里介绍的是在已有的且已打开其设计器的查询中添加表或查询。其操作步骤为：

（1）在查询设计视图中，单击【视图】菜单的【显示表】命令。弹出【显示表】对话框。如果已打开了【显示表】对话框，就直接作下一步。

（2）在【显示表】对话框中，单击某个选项卡以显示可以被添加的表或查询的所有名字。

（3）在选项卡的列表框中，双击（或者单击然后再单击【添加】按钮）所要添加到查询的某个表或查询的名字，就把它添加到查询设计器的表/查询显示区。

（4）完成所需的表或查询的添加后，单击【关闭】关闭【显示表】对话框。

5.6 创建窗体

5.6.1 窗体简介

窗体是用户与数据库直接交互的界面,创建具有良好界面的窗体,可以大大增强数据的可读性,提高管理数据的效率。用户可以通过窗体查看和访问数据库,也可以很方便地进行数据信息的编辑、运算等。和查询类似,窗体的数据源可以是单表也可以是多表。

窗体的基本功能:

(1)显示、修改和输入数据记录。运用窗体可以非常清晰和直观地显示一个表或者多个表中的数据记录,可对其进行编辑,并且还可以根据需要灵活地将窗体设置为"纵栏式"、"表格式"和"数据表式"。如图5.67所示的为一个学生基本信息的数据表窗体。

(2)创建数据透视图窗体,如图5.68所示。

(3)作为程序的导航面板,可提供程序导航功能。用户只需单击窗体上的按钮,就可以进入不同的程序模块,调用不同的程序。

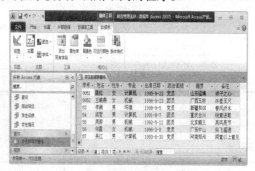

图 5.67　学生数据表窗体

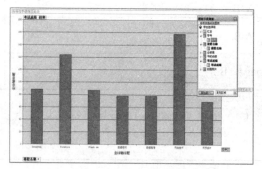

图 5.68　学生选课数据透视图窗体

5.6.2 创建窗体的方法

Access 2010 提供比以前版本更加智能化的自动创建方法。在【创建】选项卡下的【窗体】组中,可以看到,如图5.69所示。

图 5.69　窗体的创建方法

1. 使用"窗体"创建窗体

在已经打开数据表或查询中,如果希望创建一个简单的单列窗体,可以使用"窗体"按钮创建一个显示选定表或查询中所有字段及记录的窗体。每一个字段都显示在一个独立的行上,并且左边带有一个用以显示字段标题的标签。

例如,使用"窗体"工具创建窗体,创建一个。步骤如下

（1）打开"学生表"，在【创建】选项卡下的【窗体】组中，直接单击【窗体】按钮，得到如图 5.70 所示的"学生窗体"。

图 5.70　使用"窗口"按钮创建窗体　　　　图 5.71　创建窗体的方式

2. 使用"窗体设计"创建窗体

使用"设计视图"不仅可以创建窗体，还可以修改窗体，包括向窗体工作区添加控件、更改控件的大小和位置、设置和修改控件的属性值等，使窗体更加符合用户的需求。

3. 使用"空白窗体"创建窗体

建立一个空白窗体，通过将选定的数据字段添加到该空白窗体中建立窗体。

4. 使用"窗体向导"创建窗体

利用"窗体向导"创建窗体时，按照向导的提示，输入窗体的相关信息，一步一步地完成窗体的设计工作。

5. 其他方式

单击【窗体】组中的【其他窗体】按钮，弹出一个选择菜单，在该菜单里，Access 2010 提供了多种创建窗体的方式，如图 5.71 所示。

（1）分割窗体：利用当前打开（或选定）的数据表或查询自动创建分割窗体。

（2）多个项目：利用当前打开（或选定）的数据表或查询自动创建一个包含多个项目的窗体。

（3）数据透视图：一种高级窗体，以图形的方式显示统计数据，增强数据的可读性。

（4）数据表：立即利用当前打开（或选定）的数据表或查询自动创建一个数据表窗体。

（5）数据透视表：一种高级窗体，通过表的行、列、交叉点来表现数据的统计信息。

5.7　创建报表

报表是数据库系统用来输出所需数据的有效方法。在 Access2010 系统中报表的数据来源主要是表和查询对象，用户可以创建一份简单地显示每条记录信息的报表，也可以自己打印一份包括计算、图表、图形以及其他特性的报表。

报表是数据库的主要对象之一，利用报表可以对数据库中的数据进行显示，还可以进行排序、分组计算、累计、求和等操作，并可以完成数据打印格式的定义及打印的任务。

报表中的大部分信息来自它所基于的数据表、查询。报表中所有信息都包含在报表的控件中，报表设计完成后，每次打印报表时都可以获得当前库中的最新数据。

5.7.1　报表和窗体的区别

窗体是交互式界面，用户通过窗体可以对数据进行筛选、分析，也可以实现数据的输入与编辑，进行人机对话。窗体可以用于控制程序流程操作，其中包含一部分功能控件，如命令按钮、单选按钮、复选框等，这些是报表所不具备的。而报表对象是为数据的显示和打印而存在的，不能用于输入数据，不具有交互性，具有专业的显示和打印功能。报表中包含文本框和标签等控件，以实现报表的分类、汇总等功能。

5.7.2　报表的分类

Access 几乎能创建用户所能想到的任何形式的报表。一般来说，商业报表主要有以下几种类型：

① 纵栏式报表：纵栏式报表每行显示一个字段，左边带有一个由标签显示的字段名；

② 表格式报表：和表格型窗体、数据表类似，以行列的形式列出数据记录。表格式的字段标题信息不能安排在每页的主体节，而是要安排在页面的页眉节区。

③ 图表报表：有柱形图、折线图、饼图等 20 种图表；

④ 标签报表：以特定字段中的数据提取出来，打印成一个小小的标签，以粘贴标识物品，方便大批量的数据打印。

5.7.3　创建报表的方式

在【创建】选项卡下的【报表】组中，可以看到，如图 5.72 所示。

① 使用"报表"创建报表。它是最简单、最快捷的创建报表的方法，它能创建"纵栏式"和"表格式"两种格式的报表。

② 使用"报表设计"创建报表，不仅可以选择所需的字段，还可以定义报表的布局和样式，创建出格式较丰富的报表。

③ 使用"空报表"创建报表：建立一个空白报表，通过将选定的数据字段添加到该空白窗体中建立报表。

④ 使用"报表向导"创建报表。

图 5.72　报表的创建方式

第 6 章　计算机网络与 Internet

计算机网络是计算机技术和通信技术结合所形成的产物，在近几十年来，计算机技术和通信技术得到迅速的发展，使得计算机网络技术的发展也日新月异。伴随计算机网络技术的迅猛发展，计算机网络的应用越来越普及，现在已深入社会的各个领域，正改变着人们的工作、生活、学习和交流方式，成为人们日常生活和工作中不可缺少的组成部分。

6.1　计算机网络基础

6.1.1　计算机网络的产生与发展

任何一种新技术的出现都必须具备两个条件，即社会需求与先期技术的成熟，计算机网络技术的形成与发展也遵循了这条规律。随着计算机应用的发展，出现了多台计算机互连的需求，这种需求主要来自军事、科学研究等领域，人们希望将分布在不同地点的计算机通过通信线路连接起来，这样用户不仅可以使用本地计算机的资源，也可以使用互联网其他计算机的资源，达到相互通信和资源共享的目的。

1. 计算机网络雏形的产生

计算机诞生之时，计算机技术与通信技术并没有直接的联系。1952 年，由于军方需要，美国半自动地面防空系统（SAGE）的研究开始了计算机技术与通信技术相结合的尝试。SAGE 系统将远程雷达与其他测量设施连接起来，使得观测到的防空信息通过通信线路与一台 IBM 计算机连接，实现分布的防空信息能够集中处理与控制。

2. Internet 的发展

（1）第一阶段——ARPAnet 的产生

1969 年，美国国防部高级研究计划管理局（Advanced Research Projects Agency，ARPA）开始建立这样一个分散的"指挥系统"，它就是 ARPAnet 网络。ARPAnet 的建立初衷是用于军事目的，指导思想为：网络必须经受得住故障的考验而维持正常的工作，一旦发生战争，当网络的某一部分因遭受攻击而失去工作能力时，网络的其他部分能维持正常的通信工作。

Internet 前身 ARPAnet 的正式诞生，标志着计算机网络开始兴起。ARPAnet 是一种采用分组交换技术的网络。分组交换技术使计算机网络的概念、结构和网络设计方面都发生了根本性的变化，并为后来计算机网络的发展打下了坚实的基础。

（2）第二阶段——互联网络的提出

当初，ARPAnet 只连接 4 台主机，从军事要求上来说是置于美国国防部高级机密的保护之下，从技术上来说它还不具备向外推广的条件。1975 年,ARPAnet 已经连入 100 多台主机,并结束了网络试验阶段,移交给美国国防部国防通信局正式运行。在总结第一阶段建网实践经验的基础上,研究人员开始了第二代网络协议的设计工作。这个阶段的重点是网络互联问题,"internet"(互联网络)这个名词也应时而生。网络互联技术研究的深入导致了 TCP/IP 协议的出现与发展。1979 年,越来越多的研究人员投入到了 TCP/IP 协议的研究与开发之中。1980 年前后,ARPAnet 所有的主机都转向 TCP/IP 协议。1983 年 1 月,ARPAnet 向 TCP/IP 协议的转换全部结束。

(3)第三阶段——Internet 初成

70 年代 TCP/IP 协议成功的扩大了数据包的体积,进而组成了互联网。1983 年,ARPA 和美国国防部通信局研制成功了用于异构网络的 TCP/IP 协议,美国加利福尼亚伯克莱分校把该协议作为其 BSDUNIX 的一部分,使得该协议得以在社会上流行起来,从而诞生了真正的 internet。同年 1 月,ARPAnet 分裂为两部分,一部分仍被称为 ARPAnet,另一部分是被称为 MILNET 的美国军用网络。1990 年 6 月,NSFnet 彻底取代了 ARPAnet,成为 Internet 主干网。

Internet,由 internet(泛义的互联网络)的首字母大写而成,特指现在的全球规模最大的,基于 TCP/IP 协议的互联网络——国际互联网。

3. Internet 在中国的发展

我国的 Internet 起步较晚,但是发展非常迅速,回顾 Internet 在我国发展的历史,大致可以分为两个阶段:

第一阶段:1987—1993 年,是 Internet 在中国的起步阶段。在此期间,以中科院高能物理所为首的一批科研院所与国外机构合作开展了一些和 Internet 联网的科研课题和科技合作工作,通过拨号 X.25 实现了和 Internet 电子邮件转发系统的连结,并在小范围内为国内的部分重点院校、科研院所提供了 Internet 电子邮件的服务。

第二阶段:1994 年以后,Internet 在中国开始进入快速发展时期。1994 年 4 月 20 日,中国通过美国 Sprint 公司连入 Internet 的 64K 国际专线开通,实现了与 Internet 的 TCP/IP 连接,获得了 Internet 的全功能服务,并设立了中国最高域名(CN)服务器。继此之后,中国教育和科研网(CERNET)、中国科技网(CSTNET)、中国公用计算机互联网(CHINANET)、中国金桥信息网(CHINAGBN)等多个全国范围的计算机信息网络大项目相继启动,Internet 在我国得到了迅速的发展。

根据中国互联网络信息中心(CNNIC)2013 年 1 月 15 日发布的《中国互联网络发展状况统计报告》显示,到 2012 年 12 月底,中国网民规模达到 5.64 亿,手机网民达到 4.2 亿。

6.1.2　计算机网络的定义与分类

1. 计算机网络的定义

计算机网络最早用于计算机之间的数据相互通信,但随着计算机网络与各行各业的结合,计算机网络的目的越来越体现在"资源共享"上。因此现代计算机网络被定义为:以资源共享为主要目的而互相联接的自治计算机的集合。

上述定义很确切的反映出了现代计算机网络的三个重要特征:

(1)资源共享

计算机网络的主要目的,表现在硬件资源、软件资源和数据资源的共享,如打印机的共享,文献资料的共享。

（2）自治计算机

具有独立功能的计算机系统，计算机在脱离网络的情况下，能自主运行，处理任务。

（3）互联

两个或更多的计算机利用通信设备、线路和网络软件互相联接，实现计算机间数据交换。

2. 计算机网络的分类

计算机网络的分类有多种方法，不同的分类体现了计算机网络的不同特点。

（1）按地域和规模分类

局域网（LocalAreaNetwork，LAN）——在有限地理区域内构成的计算机网络。"局域"决定了它必然受到地理距离的限制，通常连接距离在 10 米到 10 千米之内。这种网络通常是一个单位或一个单位的某个部门所拥有。

城域网（MetropolitanAreaNetwork，MAN）——覆盖整个城市的计算机网络。城域网采用局域网相通的技术，因此可以认为城域网是局域网的扩展。

广域网（WideAreaNetwork，WAN）——作用范围最大，一般可以从几十千米至几万千米。一个国家或国际间建立的网络都是广域网，如中国教育和科研计算机网。

（2）按信息传输的方式分类

网络所使用的传输技术决定了网络的主要技术特点。在通信技术中，通信信道的类型有两类：广播通信信道与点对点通信信道。因此，相应的计算机网络被分为两类：

① 广播式网络。在广播式网络中，所有联网的计算机共享一个公共的通信信道，当一台计算机通过共享通信信道发送报文分组时，所有其他计算机都会"收听"到这个分组，并检查该分组中的目的地址和本结点地址是否一致。如果一致，则需要接收该分组并进一步处理；如果不一致，则丢弃该分组，置之不理。

② 点到点式网络。在点到点式网络中，每一条线路连接一对计算机，两台计算机之间如果没有直接的连接线路，们之间的数据传输需要中间结点的转发。两台计算机之间通常有多条路径，并且可能长度不一样。因此在点到点式网络中，分组的路由算法十分重要。

6.1.3　计算机网络的组成与功能

计算机网络的组成从逻辑上可分为资源子网和通信子网两大部分，如图 6.1 所示。资源子网主要负责全网的数据处理业务，向网络用户提供各种网络资源和网络服务的部分。资源子网的主体为网络资源设备，包括服务器、用户计算机、网络存储系统、网络打印机、网络终端等，其主要面向用户，为用户服务。通信子网是指网络中实现网络通信功能的设备及其软件的集合。通信子网主要包括集线器、交换机、中继器、路由器等通称为通信控制处理机的硬件设备及相关通信线路。它主要为数据传输提供服务。

从物理意义上划分，计算机网络又可分为硬件系统和软件系统。

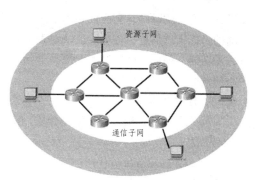

图 6.1　计算机网络的逻辑组成

175

1．计算机网络硬件

计算机网络硬件包括计算机硬件系统、各种终端设备、通信线路和通信设备，负责数据处理和数据转发，并为数据传输提供通道，是计算机网络中处理数据和传输数据的物质基础。硬件系统中设备的组成形式决定了计算机网络的类型。下面介绍几种常用的硬件设备。

（1）计算机系统

计算机系统的主要功能是完成数据处理任务，并为网络内的其他计算机提供共享资源。网络中的计算机按用途一般分为两类：服务器（Server）和工作站（WorkStation）。

服务器通常是一台速度快，存储量大的计算机，是网络资源的提供者。用于网络管理、运行应用程序、处理网络各工作站的信息请求。根据其作用不同又可分文件服务器、打印服务器、应用程序服务器、WWW 信息服务器、数据库服务器、E-mail 服务器等。

工作站也称客户机，进入网络中的由服务器进行管理并为之提供服务的任何计算机都属于工作站，其性能与价格一般低于服务器。

另外，计算机网络还连接其他类型的设备，如终端、打印机等，更好地实现资源共享。

（2）网络连接设备

网络连接设备主要功能是完成计算机之间的数据通信，包括数据的接收和发送。网络连接设备一般包括网络适配器、调制解调器、集线器、交换机等。

网络适配器——简称网卡。如图 6.2 所示，网卡是一种可以插到计算机主板扩展插槽中的电路板。其作用是将计算机与通信设备连接起来，实现计算机的数字信号和通信线路中能够传送的电信号之间的转换。

调制解调器（Modem）——俗称"猫"，是通过电话拨号接入 Internet 的硬件设备。由于计算机内部使用的是数字信号，而通过电话线路传输的信号是模拟信号，因此需要有一个中间翻译来负责数据转换，而 Modem 正是这个翻译，负责数据信号的转换。

中继器和集线器——计算机网络中的信息是通过各种通信线缆传输的，在传输过程中，信号会受到干扰，产生衰减。如果信号

图 6.2　网络适配器

衰减到一定程度，将不能识别，因此需要利用中继器和集线器来解决这个问题。它们负责信号的复制、调整和放大功能，以此来延长网络的长度。

交换机——交换机是针对集线器不足而产生的，它的工作原理与集线器有很大的不同。当信号发送到交换机的时候，交换机并不是简单地将信号放大并向整个网络发送，而是首先根据信号所需发送的目标结点信息，查看地址映射表，然后直接将信号发送给目标结点，不向整个网络广播，具备过滤功能。因此，交换机大大提高了网络的利用率，同时还允许多对结点同时通信，进一步提高网络的速度。

（3）传输介质

计算机通信的基础是各种传输介质，信号通过它们从一端传到另一端。传输介质可以分为有线、无线两大类。

典型的有线传输介质有：

① 双绞线（见图 6.3）：TwistedPair，简称 TP。由两条相互绝缘的导线按照一定的规格互相缠绕在一起而制成的一种通用配线。双绞线分为屏蔽双绞线（ShieldedTwistedPair，STP）与非屏蔽双

绞线（UnshieldedTwistedPair，UTP）。屏蔽双绞线在双绞线与外层绝缘封套之间有一个金属屏蔽层。屏蔽层可减少辐射，防止信息被窃听，还可阻止外部电磁干扰，屏蔽双绞线比同类的非屏蔽双绞线具有更高的传输速率，但成本也较非屏蔽双绞线高。

② 同轴电缆（图 6.4）：内外由相互绝缘的同轴心导体构成的电缆。内导体一般为金属线芯，外导体为金属管或金属网。电磁场封闭在内外导体之间，故辐射损耗小，受外界干扰影响小。常用于传送多路电话和电视，也可用于计算机网络的数据传输。

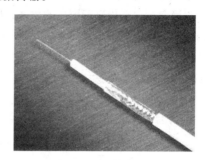

图 6.3 五类非屏蔽双绞线   图 6.4 同轴电缆

③ 光纤：光导纤维的简写，是一种利用光的全反射原理使光在玻璃或塑料制成的纤维中传导的介质。由于光在光导纤维的传导损耗比电在电线传导的损耗低得多，因此光纤适合用作长距离的信息传递。在光纤中传输的光不受外界的电磁干扰，因此光信号传输的质量也比较高。

典型的无线传输方式：

① 微波：通常指波长在 0.1 毫米至 1 米之间的电磁波，微波通信是指利用微波作为信号传输的介质来进行的通信。微波通信不需要固体介质，当两点间直线距离内无障碍时就可以使用微波传送。利用微波进行通信具有容量大、质量好并可传至很远的距离，因此是国家通信网的一种重要通信手段，也普遍适用于各种专用通信网。

② 红外线：红外线也是电磁波，波长范围为 0.70 μm ~ 1 mm。利用红外线来传输信号的通信方式，叫红外线通信。常见的红外通信是利用波长为 950 nm 近红外波段的红外线作为传递信息的介质，即通信信道。

③ 激光：激光是一种方向性极好的单色相干光。利用激光来传送信息，叫做激光通信。激光通信系统包括发送和接收两个部分。发送部分主要有激光器、光调制器和光学发射天线。接收部分主要包括光学接收天线、光学滤波器、光探测器。

④ 卫星通信：卫星通信简单地说就是地球上（包括地面和低层大气中）的无线电通信站间利用卫星作为中继而进行的通信。卫星通信系统由卫星和地球站两部分组成。

2. 计算机网络软件

在网络系统中，网络上的每个用户都可以共享系统中的各种资源。因此，系统必须对用户进行控制，否则，就会造成系统混乱或信息数据的破坏和丢失。为了协调系统资源，系统需要通过软件工具对网络资源进行全面的管理，并采取一系列的安全保密措施，防止用户对数据和信息不合理的访问而造成数据和信息的破坏与丢失。

通常，计算机网络软件包括以下几类：

（1）网络操作系统

网络操作系统在服务器上运行，是网络系统软件中的核心部分，用以实现系统资源共享、管理用户对不同资源访问的应用程序。常用的网络操作系统有 NovellNetWare、Windows、UNIX 和 Linux 等。

（2）网络协议

网络协议是网络设备之间进行互相通信的语言和规范，是实现正常通信的一些约定规则。通常，网络协议由网络系统决定。网络系统不同，网络协议也不同。常用的网络协议有 Internet 分组交换/顺序分组交换（IPX/SPX）、传输控制协议/网际协议（TCP/IP）等。

（3）网络管理及网络应用软件

网络管理软件是用来对网络资源进行管理和对网络进行维护的软件。网络应用软件是为网络用户提供服务并为网络用户提供实际应用的软件，如远程登录（如 Telnet）、电子邮件（如 Foxmail、Outlookexpress 等）、即时通信（腾讯 QQ、雅虎通）等。

6.1.4 计算机网络的拓扑结构

在计算机网络的设计中，为了使网络设计的问题简单化，人们为计算机网络引入了拓扑结构。拓扑学是几何学的一个分支，计算机网络拓扑结构主要指通信子网的拓扑构型，计算机网络的拓扑结构主要有：星型、环型、树型和总线型。

1. 星型［见图 6.5（a）］

在星型拓扑结构中，结点通过点对点的线路与中心结点连接，任何两个结点之间的通信都要通过中心结点。星型拓扑结构，结构简单，易于实现，便于管理，但中心结点是全网的核心，也是整个网络的瓶颈，中心结点故障，就会影响到全网运行，存在"单点失效"问题。

2. 环型［见图 6.5（b）］

在环型拓扑结构中，结点通过点对点通信线路连接成闭合的环路，环中的数据沿一个方向逐站传输。环型拓扑结构简单，数据传输延时确定，但环中的任一结点或是任一段线路出现故障都会影响到整个网络。

3. 树型［见图 6.5（c）］

在树型拓扑结构中，结点按层次进行连接，信息交换主要在上、下结点之间进行，相邻及同层结点之间一般无联系，树型拓扑结构主要用于信息的汇聚和分布式计算。

4. 总线型［见图 6.5（d）］

在总线型拓扑结构中，所有设备都直接与一条称为总线的传输介质相连，当一个结点利用总线发送数据时，其他结点都可以接收到发出的数据。总线型结构简单，成本低廉，但由于所有结点都共享唯一的总线，所以当结点数较多时，总线型网络的效率会变得很低，因此可扩展性较差。

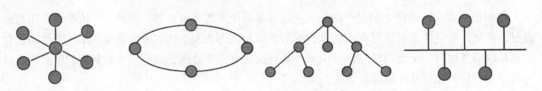

（a）星型拓扑结构   （b）环型拓扑结构   （c）树型拓扑结构   （d）总线型拓扑结构

图 6.5　常见的网络拓扑结构

6.2 Internet 技术

英语中"Inter"的含义是"交互的","net"是指"网络",Internet 是一个计算机交互网络,也称因特网或国际互联网。Internet 是一个全球性的巨大计算机网络体系,它把全球数百万个计算机网络,数亿台计算机主机连接起来,包含了无穷无尽的信息资源,向全世界提供信息服务。

从网络通信的角度来看,Internet 是一个以 TCP/IP 网络协议连接全球各个国家、各个地区、各个机构计算机网络的数据通信网。从信息资源的角度来看,Internet 是一个集各部门、各领域的各种信息资源为一体,供网上用户共享的信息资源网。

6.2.1 Internet 协议

TCP/IP 协议是连入 Internet 的网络和计算机必须遵守的协议。TCP 是传输控制协议(TransmissionControlProtocol)的英文缩写,IP 是网际协议(InternetProtocol)的英文缩写。TCP/IP 协议并非仅指 TCP 和 IP 两种协议,确切地说,TCP/IP 协议是一个协议簇,还包括 ARP、ICMP、IGMP、UDP 等协议。TCP 协议和 IP 协议是其中最重要的网络协议。

IP 协议是 Internet 的基础协议,目前在 Internet 上广泛使用的 IP 协议为第 4 版本,通常记为 IPv4。

1. IP 数据报

数据报是网络数据传送的一种形式,就是把要传送的数据分段打成"包(或分组)",再把打成的每个包作为一个"独立的数据报文"传送出去,也称"数据包"。由 IP 协议控制传输的数据单元称为 IP 数据报。

2. 下一代因特网

随着 Internet 在全球的迅猛发展,一方面,越来越多的组织和个人不断地加入到 Internet,使 Internet 上的主机数和网民人数大幅度的剧增;另一方面,基于 Internet 的应用不断地渗透、普及到人们工作、学习、生活、娱乐等各个方面。正是由于 Internet 的高速发展与繁荣,开创了一个信息化、网络化的新时代,与此同时,Internet 同时也面临着带宽短缺、IP 地址资源匮乏等严峻考验,研究人员已经开始研究和实施下一代因特网。

下一代因特网(NextGenerationInternet,NGI)指的是比现行的因特网具有更快的传输速率、更多的地址空间、更强大的功能,同时也更安全,能基本达到信息高速公路计划目标的新一代 Internet。

IPv6 是下一代因特网的重要技术。我们知道,目前所采用的 IP 地址系统是 IPv4,地址编码是 32 位,这意味着理论上全球最多可有($2^{32}-1$)个 IP 地址总数,也就是约有 43 亿个。这个数目相对来说是比较庞大的,但 Internet 的发展速度远远超出了当初 Internet 工程师们的预料,由于早期缺乏规划,造成了 IP 地址分配"贫富不均"的现象,造成 IP 地址资源近乎枯竭。

作为对 IPv4 问题的解决,一种新的 IP 地址定义应运而生,那就是下一代因特网所采用的地址协议——IPv6 协议。IPv6 中 IP 地址的长度为 128 位,即有 $2^{128}-1$ 个地址。这是一个浩瀚的地址空间,这已经远远超过了人们在遥远未来的需求。如果将基于 IPv4 协议的因特网称为第一代互联网,那么基于 IPv6 的因特网将为第二代互联网。

IPv6 是 InternetProtocolVersion6 的缩写,是 IETF(InternetEngineeringTaskForce 互联网工程任

务组）设计的用于替代现行 IPv4 的下一代 IP 协议。

6.2.2　IP 地址

在 Internet 中，为了识别网络中计算机的连接，需要采用 IP 地址来唯一标识 Internet 中的每一个连接。

目前 Internet 使用的是 IPv4（IP 协议第 4 版本）的 IP 地址，它是一个 32 位二进制数，形如 11000000 10101000 00000000 00000001，这个 32 位的二进制数逻辑上被分为两部分，前若干位（位数视其所属网络而定）称为网络号，用来标识一个网络，余下部分称为主机号，用来标识该 IP 地址的网络号所对应的网络中的某一主机的连接。为了方便表示和记忆，人们将 IP 地址的二进制数每 8 位转换成对应的十进制数（0 ~ 255）表示，并用点号分开，称为点分十进制（Dotted Decimal）地址，如上述的二进制 IP 地址所对应的点分十进制表示为：192.168.0.1。

1. IP 地址的分类

根据不同的取值范围，IP 地址通常被分为 5 种类型：A 类、B 类、C 类、D 类、E 类，其中 A 类、B 类和 C 类地址为基本的 IP 地址。

（1）A 类地址

二进制形式：

00000000000000000000000000000000 ~ 11111111111111111111111111111111

对应的点分十进制形式：

0.0.0.0 ~ 127.255.255.255

A 类 IP 地址的二进制形式中，其首位固定为 0。因此也可以认为首位 0 是 A 类地址的类别码。

A 类 IP 地址的逻辑层次格式如下：

0	网络号（7 位）	主机号（24 位）

A 类 IP 地址网络号长度为 7 位，网络号取值为全 0 和全 1（即十进制的 0 和 127）的网络被保留为特殊用途，故实际有 $2^7 - 2$ 即 126 个 A 类网络。A 类 IP 地址的主机号长度为 24 位，因此一个 A 类网络的主机地址数为 224 个，但主机号为全 0 和全 1 的两个地址被作为特殊用途，因此一个 A 类网络实际可用的 IP 地址数为 $2^{24} - 2$ 个。A 类网络的 IP 地址通常分配给拥有大量主机的大型网络，如一些大公司（如 IBM 公司）和 Internet 的主干网络。

（2）B 类地址

二进制形式：

10000000000000000000000000000000 ~ 10111111111111111111111111111111

对应的点分十进制形式：

128.0.0.0 ~ 191.255.255.255

从 B 类 IP 地址的二进制形式可见，其首两位固定为 10。因此首两位 10 便是 B 类地址的类别码。

B 类 IP 地址的逻辑层次格式如下：

10	网络号（14 位）	主机号（16 位）

B 类地址网络号长度为 14 位，与 A 类地址同理，网络号全 0 和全 1 的网络保留，所以实际有 $2^{14} - 2$（16 382）个 B 类网络；主机号长度为 16 位，每个 B 类网络的主机地址数为 $2^{16} - 2$（65 534，主机号全 0 和全 1 的作特殊用途）个。B 类地址通常分配给主机数量较多的一些国际性大公司与政府机构。

（3）C 类地址

二进制形式：

11000000000000000000000000000000 ~ 11011111111111111111111111111111

对应的点分十进制形式：

192.0.0.0 ~ 223.255.255.255

C 类 IP 地址的二进制形式中，其前三位固定为 110。因此前三位 110 是 C 类地址的类别码。

C 类 IP 地址的逻辑层次格式如下：

110	网络号（21 位）	主机号（8 位）

C 类地址网络号长度为 21 位，有 $2^{21} - 2$（约 200 多万）个 C 类网络；主机号长度为 8 位，每个 C 类网络的主机地址数最多为 $2^8 - 2$（254）个。C 类地址通常分配给主机数量较少的一些小公司与普通的研究机构，如校园网，当一个 C 类地址不够时，可以申请多个 C 类地址。

（4）D 类地址

D 类地址的前 4 位即类别码为"1110"，没有网络号。D 类地址没有标识网络，而是用于其他特殊用途，如多址广播（Multicasting）系统，目前的视频会议等应用都采用多址广播技术进行传输。

（5）E 类地址

E 类地址的前 4 位即类别码为"1111"，暂时保留以便于实验和将来使用。

2. 子网及子网掩码

一般来说，一个单位申请分配 IP 地址的最小单位是一个 C 类地址。一个 C 类地址可以容纳 254 台主机，如果某单位的主机数目很少就会造成 IP 地址的浪费。在实际应用中，需要对 IP 地址中的主机号进行再次划分，将其划分成子网号和主机号两个部分。

子网划分的重要依据就是子网掩码。子网掩码也是 32 位二进制数，其格式和 IP 地址相同。一个 IP 地址的网络号对应的部分用全"1"表示，主机号对应的部分用"0"表示，所得的值即是该 IP 地址所处网络对应的子网掩码。

3. 网关地址

网关（Gateway），顾名思义，网关就是一个网络连接到另一个网络的"关口"。在 Internet 中两个网络要实现相互通信，就必须通过网关。网关通常是由一台主机来担任，这台主机能够根据用户通信目的主机的 IP 地址，决定是否将用户发出的信息送出本地网络，同时，它还将外界发送给属于本地网络计算机的信息接收过来，负责发送给本地网络的目的主机。

6.2.3 域名系统

1. 域 名

Internet 中的每一台入网主机都拥有一个唯一的 IP 地址，用户直接使用 IP 地址就可以访问

Internet 上的任意一台主机。但是由于 IP 地址是一串数字，用户难以记忆，使用很不方便，为此，Internet 使用了一种便于记忆的域名系统（DomainNameSystem，DNS）。比如清华大学的网站服务器 IP 地址为 121.52.160.5，其所用的域名为 www.tsinghua.edu.cn。

Internet 的域名结构是树状层次结构，最高级别的域名称为顶级域名。顶级域名的划分方式有两种：一种是按机构性质划分，一般由三个字符组成，共分为 7 个域，见表 6.1。另一种是按地理模式划分，每个申请加入 Internet 的国家或地区都可以向网络信息中心（NetworkInformationCenter，NIC）注册一个顶级域名，一般由两个字符组成，见表 6.2。

表 6.1　按机构性质划分的顶级域名

顶级域名	组织	顶级域名	组织
com	商业组织	mil	军事部门
edu	教育机构	net	网络组织
gov	政府部门	org	其他组织
int	国际机构		

表 6.2　按地理模式划分的部分国家和地区的顶级域名

顶级域名	国家或地区	顶级域名	国家或地区
ar	阿根廷	us	美国
br	巴西	uk	英国
ca	加拿大	tr	土耳其
cn	中国	ru	俄罗斯
de	德国	sg	新加坡
fr	法国	jp	日本
il	以色列	kr	韩国
in	印度	mx	墨西哥
it	意大利	nz	新西兰

1990 年 11 月 28 日，中国正式注册登记了顶级域名 cn，由中国互联网信息中心 CNNIC 管理，二级域名的划分方式也有两种：一种是按机构性质划分，共分为 6 个域，见表 6.3；另一种是按行政区域划分，见表 6.4。

表 6.3　我国按机构性质划分的二级域名

二级域名	性质	二级域名	性质
ac	科研机构	gov	政府部门
com	企业	net	网络信息中心
edu	教育机构	org	非盈利组织

表 6.4　我国按行政区域划分的二级域名

二级域名	地区	二级域名	地区	二级域名	地区
bj	北京	ha	河南	jx	江西
tj	天津	ah	安徽	sc	四川
sh	上海	qh	青海	gz	贵州
cq	重庆	nx	宁夏	yn	云南

二级域名	地区	二级域名	地区	二级域名	地区
hl	黑龙江	gs	甘肃	gd	广东
ln	辽宁	xj	新疆	gx	广西
jl	吉林	xz	西藏	hi	海南
nm	内蒙古	js	江苏	tw	台湾
he	河北	zj	浙江	hk	香港
sn	陕西	fj	福建	mo	澳门
sx	山西	hb	湖北		
sd	山东	hn	湖南		

在域名系统下，一台主机的域名地址由主机名加上它所属各级域的域名共同组成，以主机名开头，顶级域名在最右边，各级域名从右向左排列，之间用点号隔开。例如 cn→edu→pku 域下的 www 主机的域名地址为 www.pku.edu.cn。因为域名地址的各部分都具有一定的意义，方便用户记忆，因此，用户通常使用域名地址来访问 Internet 上的主机。

2. 域名解析（DNS）

域名的使用为用户上网提供了极大的方便，但域名不能直接用于 TCP/IP 协议的路由选择，因为 TCP/IP 协议的路由选择是根据 IP 地址来实现。故当用户用域名访问网上资源时，安装在机器上的域名解析软件会先通过域名服务器自动进行域名解析。所谓域名解析，就是把 Internet 上主机的域名地址解析成其对应的 IP 地址，或者将主机的 IP 地址解析成域名地址的过程。这项工作由域名解析软件自动完成，但用户需要先设置好域名服务器的 IP 地址，域名解析服务（DNS）是 Internet 的一项核心服务。

6.2.4　IP 地址和域名（DNS）服务器地址的设置与查看

在 Windows 7 中，打开【控制面板】，在【控制面板】中打开【网络和共享中心】，在【网络和共享中心】窗口中右侧，单击【更改适配器设置】，然后会弹出【网络连接】窗口，右键单击【本地连接】并选择【属性】菜单，在打开的网络连接属性对话框中，选择 "Internet 协议版本 4（TCP/IP V4"，单击【属性】按钮，打开如图 6.6 所示的 "Internet 协议版本 4（TCP/IP V4）属性" 对话框，选择 "使用下面的 IP 地址"，在相应的位置输入本机的 IP 地址、本网段的子网掩码和默认网关地址；选择 "使用下面的 DNS 服务器地址"，分别输入首选 DNS 服务器和备用 DNS 服务器的 IP 地址，也可以只输入首选 DNS 服务器的 IP 地址，最后单击【确定】按钮即可。

图 6.6　设置 IP 地址对话框

图 6.7　查看本机地址详细信息

查看本机的 IP 地址和 DNS 服务器地址：在【网络连接】窗口中右键单击相应的 Internet 连接，选择【状态】菜单项，点击【状态】对话框中的【详细信息】按钮，即弹出如图 6.7 所示的对话框中，在对话框中可查看本机的 IP 地址、子网掩码、默认网关及所用的 DNS 服务器地址。

6.2.5 连接到 Internet

1. ISP

ISP 是 InternetServiceProvider 的缩写，即 Internet 服务提供商。如同用户安装一部电话要找电信公司一样，用户如果要接入 Internet，则需要 ISP 提供相关服务。通常，个人用户的计算机或集团用户的计算机网络先通过通信线路连接到 ISP 的主机，再通过 ISP 的连接通道接入 Internet。

ISP 的作用主要有两方面，一是为用户提供 Internet 接入服务，二是为用户提供各类信息服务，如电子邮件服务，代理发布信息服务等。

目前，国内经营主干网的一级 ISP 主要有中国电信（CHINANET）、中国移动（CMNET）、中国联通（UNINET）、中国网通（CNCCNET/宽带中国 CHINA169 网）、中国铁通（CRNET）以及中国教育网（CERNET）等。此外，还有许多利用一级 ISP 接入 Internet 的二级 ISP。用户可以根据 ISP 所提供的网络带宽、入网方式、服务项目、收费标准以及管理措施等选择适合自己的 ISP。

2. Internet 的接入方式

Internet 接入技术多种多样，不同类型的用户要根据自身的实际情况和具体要求，选用合适的接入方式。家庭用户、小规模用户接入 Internet 的方式与校园网、企业网、政府网等大规模用户接入 Internet 的方式完全不同。

大规模用户接入 Internet 可以租用专线方式，如 DDN 专线、帧中继（FR）专线、ATM 专线等方式接入 Internet，如图 6.8 所示。用户可以建立自己的邮件服务器、WEB 服务器、数据服务器等，还可以通过 Internet 实现局域网内部虚拟专用网（VPN，VirtualPrivateNetwork，也称虚拟私用网）业务等。

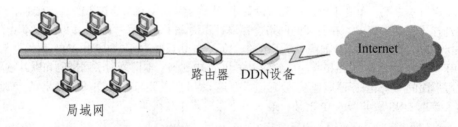

图 6.8 专线接入 Internet

家庭用户或者小规模用户接入 Internet，通常使用拨号上网、ADSL、局域网以及无线接入等方式。下面就常用的几种接入方式予以简单介绍。

（1）拨号上网（PSTN）

拨号上网是家庭用户早期接入 Internet 的主要方式。这种上网方式利用 PSTN（PublishedSwitchedTelephoneNetwork，公用电话交换网）技术，通过一台调制解调器（Modem）拨号，借助电话网络实现用户接入 Internet，如图 6.9 所示。拨号上网方式具有简单易行、经济实用的特点，只要家里有电脑，把电话线接入 Modem 就可以直接上网。

图 6.9　拨号接入 Internet

为什么要在计算机与电话线之间接入 Modem 呢？因为电话线路中传送的是模拟信号，而计算机内部处理的是数字信号，这就需要使用 Modem 进行模拟信号与数字信号的相互转换。Modem 是拨号上网的一个必备网络设备。

拨号上网方式理论上可利用的最高速率为 56 kb/s，这种速率远远不能够满足用户多媒体信息的传输需求，随着宽带技术的发展和普及，这种接入方式正逐渐被淘汰。

（2）ADSL

ADSL 是非对称数字用户专线（AsymmetricDigitalSubscriberLine）的简称，是一种能够通过普通电话线提供宽带数据业务的技术。ADSL 是 DSL（数字用户专线）家族中的一员，其他家族成员还包括 HDSL、SDSL、VDSL 和 RADSL 等，一般称之为 xDSL。它们主要的区别是在信号传输速度、传输距离、上下行速率对称性等方面存在不同。

ADSL 接入 Internet 的最大特点是在不需要改造信号传输线路、完全利用普通铜质电话线作为传输介质的基础上，配上专用的 ADSL 路由器或者 ADSLModem 即可实现数据的高速传输。ADSL 接入 Internet 如图 6.10 所示。

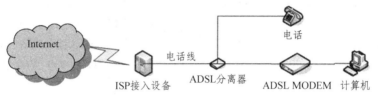

图 6.10　ADSL 接入 Internet

ADSL 系统为用户提供了非对称的传输速率。理论上在（3～5）km 范围的有效传输距离内，支持上行速率 640 Kb/s 到 1 Mb/s，下行速率达到（1～8）Mb/s，比普通 Modem 拨号上网要快 200 倍以上，完全可以满足多媒体应用的要求。这种非对称性和高速特征使 ADSL 成为网上高速冲浪、视频点播和远程局域网访问等需要高带宽应用的理想技术之一。

（3）局域网接入

局域网接入，俗称 LAN 接入，如图 6.11 所示。该方式主要是针对小区或集团用户提供的一种宽带网络接入方式，该接入方式首先需要在用户室内布置好网线和插头，各用户的计算机通过网线连接到楼层接入设备而形成一个个的局域网，各局域网再汇接到小区或集团的路由器后通过光纤或其他形式接入 ISP 以连接到互联网，与 ADSL 上网方式相比，LAN 接入可以提供更为高速和稳定的数据传输服务，且用户无须添置 MODEM 和分离器，准备一台带有网卡的普通电脑就可申请开通。

（4）无线接入

常见的无线接入方式（即无线上网）分为手机上网和无线局域网（WLAN）上网两种。手机上网技术以 GPRS、CDMA 为代表，即利用移动电话网络进行远程无线上网；无线局域网上网以 IEEE802.11b/g 技术为代表。

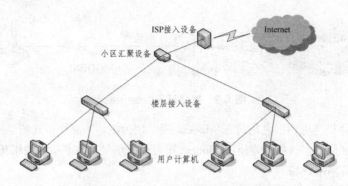

图 6.11　局域网接入 Internet

① 手机上网方式。

GPRS 接入：GPRS 是通用分组无线业务（GeneralPacketRadioService）的简称，GPRS 接入是通过 GSM 手机网络来实现的无线上网方式。具有覆盖面广、使用便捷的优点，缺点是速度慢（只能接近 56Kb/s 的速度）、不稳定，适合网络速度要求不高，但随时随地都有上网要求的用户。

CDMA 接入：CDMA 是码分多址访问（CodeDivisionMultipleAccess）的简称，被称为第 2.5 代移动通信技术，和 GPRS 接入相似，与计算机通过 CDMA 连接上网同样需要配备 CDMA 无线网卡和 UIM 手机卡。CDMA 无线上网最高速率可达 153.6Kb/s，传输速率依赖无线环境程度不大，CDMA 无线上网在速度和稳定性等方面优于 GPRS。

3G 无线接入：3G 是 3rdGeneration 的缩写，即第三代移动通信技术。相对第一代模拟制式手机（1G）和第二代 GSM、TDMA 等数字手机（2G）而言，第三代移动通信技术是指将无线通信与互联网等多媒体通信结合的新一代移动通信系统。它能够处理图像、音乐、视频流等多种媒体形式，提供包括网页浏览、电话会议、电子商务等多种信息服务。目前的 3G 标准有 WCDMA、CDMA2000 及中国提出的 TD-SCDMA 标准。

② 无线局域网接入方式（见图 6.12）。

无线局域网（Wireless LAN，简称 WLAN）接入，利用无线射频（Radio Frequency，RF）技术取代传统的双绞线连接所构成的局域网络。一般架设无线网络的基本配备就是一台无线网络接入点设备（AP，即 Access Point）和配备无线网卡的计算机。无线局域网的技术标准有 IEEE803.11a、IEEE802.11b、IEEE802.11g 和 IEEE802.11n，目前主流无线设备多数为支持 IEEE802.11b 和 IEEE802.11g 标准，可以提供 11 Mb/s 和 54 Mb/s 的数据传输速率，而最新的 IEEE802.11n 标准支持的数据传输速率高达 600 Mb/s。

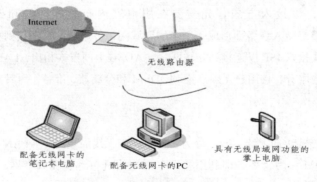

图 6.12　无线局域网接入示意图

6.3 Internet 应用

6.3.1 网页浏览

1. WWW 概述

WWW（WorldWideWeb）简称为 Web，中文常译为"万维网"或"环球网"。它是目前 Internet 上最方便、最受用户欢迎的信息服务形式。WWW 是以 Internet 为依托，以超文本标记语言 HTML（HypertextMarkupLanguage）与超文本传输协议 HTTP（HypertextTransferProtocol）为基础，向用户提供统一访问界面的 Internet 信息浏览系统。

2. Web 浏览器

Web 浏览器是 WWW 服务系统中的客户端程序，通常称为网页浏览器，浏览器按照 HTTP 协议将用户的请求发送到 Web 服务器，并且负责对返回的页面内容进行解释，最后显示在用户的显示器上。目前流行的浏览器软件是 Microsoft 公司的 Internet Explorer，简称 IE。下面以 IE10.0 为例，其界面如图 6.13 所示，简单介绍浏览器的基本功能及使用方法。

图 6.13　IE 10.0 界面

（1）浏览网页

启动 IE 之后，在 IE 地址栏中输入想要访问的网址，按回车键确认，就可以浏览该网站的网页。

（2）工具栏

IE 工具栏为用户提供了方便的网页浏览按钮，用户可以方便地进行如前进、后退、停止、刷新等操作。

（3）设置浏览器首页

如果用户经常访问某一网站，可将这一网站设置为浏览器的默认首页，这样，每次打开 IE 浏览器，就自动进入该网站，不需要每次都输入该网站的网址。在 IE 窗口中选择菜单【工具】->【Internet 选项】，即可得到如图 6.14 所示的"Internet 选项"对话框。

（4）收藏夹的使用

用户在 Internet 上找到感兴趣的网页，今后还想访问，可以将它们保存在收藏夹中。打开需要收藏的网站，然后单击菜单栏中的【收藏夹】菜单，选择【添加到收藏夹】命令，打开"添加收藏"对话框，选择默认的或者输入新的收藏夹标签名称，确定收藏的位置，再单击【添加】按钮即可将当前网站收藏。以后若想访问已收藏的站点，则点击【收藏】菜单下的项目即可。

（5）打印或保存网页

在打开的网页中可能有一些用户感兴趣的信息，希望能够保存下来以后使用。如果用户的计算机连接了打印机，先打开打印机电源，再单击工具栏中的【打印】按钮可以打印当前页面。

选择【文件】->【另存为】命令，可以把当前网页保存到指定位置。需要注意的是，选择"保存网页"对话框中网页的"保存类型"，如果希望保存网页上的全部内容，应选择"网页，全部"，IE 将在指定的文件夹保存该网页及图像等；

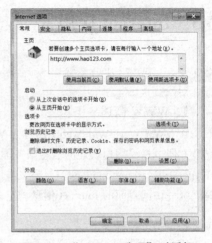

图 6.14 "Internet 选项"对话框

如果选择"网页，仅 HTML"，则 IE 只保存网页中的文本和布局信息，不保存图像信息；如果选择"文本文件"，则 IE 只保存网页中的文本信息。

（6）利用搜索引擎检索信息

搜索引擎检索可以在全 Internet 范围内搜索所需的新闻、网页、图片、MP3、视频等信息，是目前 Internet 上主要的信息检索方式。

搜索引擎代表性产品有谷歌（Google）、百度（Baidu）等。如图 6.15 所示为百度搜索网站的主页面。

图 6.15 百度搜索主页

6.3.2 电子邮件

电子邮件（E-mail）是通过 Internet 邮寄的信件，是目前 Internet 上使用最频繁的服务之一。

1. 电子邮件地址

传统的通过邮局发送信件，必须要写清楚收件人地址，通过 Internet 发送电子邮件，同样必须要明确知道对方的地址，这个地址称为电子邮件地址，也称为电子邮箱。电子邮件地址由三部分组成，其格式为：用户名@服务器名。第一部分"用户名"代表电子邮箱的用户名，对于特定的邮件服务器来说，这个用户名必须是唯一的；第二部分"@"字符是电子邮件地址特有的分隔符，读音与英文单词"at"相同，表示"在……"的意思；第三部分"服务器名"是电子邮箱所在的邮件服务器域名，用以标识其所在的位置。如用户向新浪（www.sina.com）申请了用户名为 ylujsj 的邮箱，则其电子邮件地址为 ylujsj@sina.com。

2. 申请电子邮箱

用户想通过 Internet 发送与接收电子邮件，必须先向提供电子邮件服务的网站申请一个属于自己的电子邮箱。Internet 上有许多提供电子邮件服务的网站，如新浪网、网易、搜狐、雅虎等。一般来说，通常提供两类邮箱：免费邮箱和收费邮箱。用户只要通过简单的注册，就可以获得一个免费邮箱。如果想获得高质量、更安全、容量更大的邮箱服务，可以选择收费邮箱。

免费邮箱的申请过程比较简单，提供免费邮箱的网站一般都有申请流程的提示，用户只须按提示操作即可申请到。读者可以到相关的网站去了解，这里不作详细介绍。

3. 利用电子邮件客户端软件收发电子邮件

收发电子邮件可以通过邮箱所在的网站提供的网页界面进行，也可以通过电子邮件客户端软件来收取和发送电子邮件，相对在网页上收发电子邮件而言，电子邮件客户端软件可以提供更强大的邮件管理功能。目前最常用的电子邮件客户端软件有微软的 Outlook Express 和国产软件 Foxmail。

第 7 章　多媒体技术基础及应用

多媒体技术出现于 20 世纪 80 年代初期，后来逐渐成为人们关注的焦点。多媒体技术把计算机技术、声像处理技术、通讯技术、出版技术等结合在一起，综合处理"图、文、声、像"等多种信息，使计算机进入到家庭、学校、艺术和社会的各个领域，使人们的生活和工作进入了一个绚丽多彩的世界。

本章主要介绍了多媒体的基本概念、多媒体计算机系统组成、多媒体信息处理的关键技术、多媒体技术与常见的文件格式及常用多媒体处理软件。

7.1　多媒体技术的概念

7.1.1　多媒体和多媒体技术的概念

1. 媒体及其类型

我们通常所说的"媒体"（Media）包括着两种含义：一是指信息的物理载体（即存储和传递信息的实体），如书本、挂图、磁盘、光盘、磁带以及相关的播放设备等；另一层含义是指信息的表现形式（或者说传播形式），如文字、声音、图像、动画等。

多媒体计算机中所说的媒体，是指后者，即计算机不仅能处理文字、数值之类的信息，而且还能处理声音、图形、电视图像等各种不同形式的信息。

国际电话电报咨询委员会 CCITT 把媒体分成 5 类：

① 感觉媒体（Perception Medium）：指直接作用于人的感觉器官，使人产生直接感觉的媒体。如引起听觉反应的声音、引起视觉反应的图像等。

② 表示媒体（representation Medium）：指传输感觉媒体的中介媒体，即用于数据交换的编码。如图像编码（JPEG、MPEG 等）、文本编码（ASCII 码、GB2312 等）和声音编码等。

③ 表现媒体（Presentation Medium）：指进行信息输入和输出的媒体。如键盘、鼠标、扫描仪、话筒、摄像机等为输入媒体；显示器、打印机、喇叭等为输出媒体。

④ 存储媒体（Storage Medium）：指用于存储表示媒体的物理介质。如硬盘、软盘、磁盘、光盘、ROM 及 RAM 等。

⑤ 传输媒体（Transmission Medium）：指传输表示媒体的物理介质。如电缆、光缆等。

五种媒体的核心是感觉媒体和表现媒体，即信息的存在形式和表现形式，在多媒体技术中，我们所说的媒体一般是指感觉媒体。

各种媒体的处理过程如图 7.1 所示。

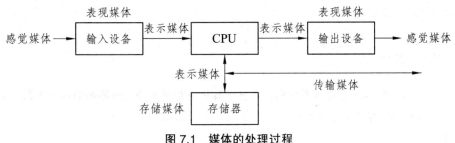

图 7.1 媒体的处理过程

2. 多媒体

多媒体是各种媒体的组合体。即将音频、视频、图像和计算机技术、通信技术集成到同一数字环境中，以协同表示更丰富和复杂的信息。多媒体的实质是将自然形式存在的各种媒介数字化利用计算机对其进行加工处理，以一种最友好的方式提供给用户使用。计算机能处理的多媒体信息从时效上可为静态媒体和动态媒体。静态媒体如文字、图形等，是没有时间维的媒体；动态媒体如声音、视频等，具有隐含的时间维的媒体。

3. 多媒体技术及其特点

多媒体技术可以理解为：一种以交互方式将文字、图形、图像、视频、动画和音频等媒体信息，经过计算机及其外部设备的获取、操作、编辑、存储等综合处理后，按一定的逻辑关系，以单独或者综合的形态表现出来的技术和方法。多媒体技术不是各种信息媒体的简单复合，它是一种把文本（Text）、图形（Graphics）、图像（Images）、动画（Animation）和声音（Sound）等形式的信息结合在一起，并通过计算机进行综合处理和控制，能支持完成一系列交互式操作的信息技术。

根据多媒体技术的定义，它有以下几个显著的特点：

（1）多样性

多样性是指能够综合处理多种媒体信息，包括文字、声音、图形、图像、动画、视频等。

（2）交互性

交互性是指人和计算机之间能够进行对话，以便进行人工干预控制，向用户提供了更加有效地控制和使用信息的手段。交互性是多媒体技术的关键特征。现在视频播放软件，除了能播放视频外，还提供了人工控制播放进程的菜单或命令按钮，如快进、快退、拖动进程条等。

（3）集成性

多媒体技术是综合的高新技术，它是微电子、计算机、通信等多个相关学科综合发展的产物。应用多媒体技术可以把多种媒体信息和多种媒体设备集成到一个系统中。集成性主要是指以计算机为中心，综合处理多种信息媒体的特性。它包括媒体信息的集成以及处理这些媒体的设备和软件的集成。

（4）实时性

所谓实时性，是指当用户给出操作命令时，相应的多媒体信息都能够得到实时控制。

（5）数字化

与传统的媒体不同，多媒体中的各种媒体信息都以数字形式存储于计算机中。

（6）压缩性

计算机在处理多媒体信号，特别是图像和音频视频信号时，要占用大量的空间，如果不将信息进行压缩的话，现在的计算机很难满足这样大的存储量，所以对多媒体信息进行实时的压缩和解压缩是十分必要的。信息时代的重要特征是信息的数字化，而将多媒体信息中的视频、音频信号数字化后的数据量非常庞大，给多媒体信息的存储、传输、处理带来了极大的压力。解决这一难题的有效方法就是数据压缩编码。

7.1.2 多媒体信息的类型

尽管多媒体信息的表现形式各不相同，但在计算机中都是采用二进制来表示和处理的，都是数字化的信息，只是不同媒体信息的具体表示方法及处理方法是不一样的。

（1）文本

文本是以文字和各种专用符号表达的信息形式，它是现实生活中使用得最多的一种信息存储和传递方式。用文本表达信息给人充分的想象空间，它主要用于对知识的描述性表示，如阐述概念、定义、原理和问题以及显示标题、菜单等内容。

（2）图形

图形（又称为矢量图）是指由点、线、面以及三维空间所表示的几何图。矢量图是以一组指令集合来表示的，这些命令用来描述构成一幅图所包含的直线、矩形、圆、圆弧、曲线等的形状、位置、颜色等各种属性和参数。在显示图形时，需要相应的软件读取和解释这些指令，将其转换为屏幕上所显示的颜色。因此，矢量图特点是文件的数据量比较小，易于对各个成分进行移动、缩放、旋转和变形等转换，且放大后不会失真。

（3）图像

图像（或位图，Bitmap）是由空间离散的像素点组合而成，也就是说，我们可以理解为有许许多多离散的图像点拼凑成一幅完整的画，这些点就被称为像素点。每个像素点可以表现为单色的或者彩色的，因此，在图像的颜色处理中，像素点的描述时又分为单色、灰度、彩色和真彩形，其中真彩形就是接近于自然色彩的描述形式。

图像是由扫描仪、摄像机等输入设备捕捉实际的画面产生的数字图像。图像文件的数据量比较大，且图像文件的大小和质量与图像分辨率有关。图像显示的清晰度还取决于图像分辨率和设备分辨率，其真实程度取决于像素的色彩深度。图像放大后会失真。

（4）音频

声音是人们用来传递信息、交流感情最方便、最熟悉的方式之一。在多媒体课件中，按其表达形式，可将声音分为讲解、音乐、效果三类。

（5）动画

动画是利用人的视觉暂留特性，快速播放一系列连续运动变化的图形图像，也包括画面的缩放、旋转、变换、淡入淡出等特殊效果。通过动画可以把抽象的内容形象化，使许多难以理解的教学内容变得生动有趣。合理使用动画可以达到事半功倍的效果。

（6）视频影像

视频影像具有时序性与丰富的信息内涵，常用于交代事物的发展过程。视频非常类似于我们熟知的电影和电视，有声有色，在多媒体中充当着重要的角色。

7.1.3 多媒体发展的关键技术

1. 数据压缩和编码技术

信息时代的重要特征是信息的数字化，而将多媒体信息中的视频、音频信号数字化后的数据量非常庞大，给多媒体信息的存储、传输、处理带来了极大的压力。解决这一难题的有效方法就是数据压缩编码。

2. 多媒体数据存储技术

数字化的多媒体信息虽然经过了压缩处理，但需要相当大的存储空间，解决这一问题的关键是数据存储技术。

目前常用的 CD-ROM 光盘容量为 650 MB 左右，DVD 光盘的单面单密度容量为 4.7 GB，其双面双密度容量可达 17 GB。

3. 多媒体专用芯片技术

数字多媒体信息的处理需要大量的计算。例如，图像的绘制、合并、特殊效果等处理需要大量的计算；音频、视频信息的压缩、解压缩和播放处理也都需要大量的计算，只有采用专用芯片才能取得满意的效果。

4. 多媒体数据库技术

和传统的数据管理相比，多媒体数据库包含着多种数据类型，数据关系更为复杂，需要一种更为有效的管理系统来对多媒体数据库进行管理。研究多媒体信息的特征、建立多媒体数据模型，能有效地组织和管理多媒体信息、检索和统计多媒体信息。

5. 多媒体网络与通信技术

多媒体通信要求能够综合地传输、交换各种信息类型，有较强的实时性、正确性。

6. 虚拟现实技术

利用计算机生成一种模拟环境，通过多种传感设备，使人能够沉浸在计算机生成的虚拟境界中，并能够通过语言、手势等自然的方式与之进行实时交互，创建了一种适人化的多维信息空间。

7.1.4 多媒体技术的应用领域

多媒体技术的应用领域十分广泛，它不仅覆盖了计算机的绝大部分应用领域，而且还拓宽了新的应用领域。目前多媒体技术的主要领域有：

1. 游戏与娱乐

游戏与娱乐是多媒体技术应用极为成功的一个领域。目前每年都有大量的游戏产品和其他娱乐产品问世，人们用计算机既能听音乐、看影视节目，又能参与游戏，与其中的角色联合或者对抗，从而使家庭文化生活进入到一个更加美妙的境地。

2. 教育与培训

多媒体技术为丰富多彩的教学方式又增添了一种新的手段，它可以将课文、图表、声音、动画和视频等组合在一起构成辅助教学产品。这种图、文、声、像并茂的产品将大大提高学生的学习兴趣和接受能力，并且可以方便地进行交互式的指导和因材施教。

用于军事、体育、医学和驾驶等各方面培训的多媒体计算机，不仅可以使受训者在生动直观、逼真的场景中完成训练过程，而且能够设置各种复杂环境，提高受训人员对困难和突发事件的应付能力，还能极大地节约成本。

3. 商　业

多媒体技术在商业领域的应用十分广泛，例如利用多媒体技术的商品广告、产品展示和商业演讲等会使人有一种身临其境的感觉。

4. 信　息

利用 CD-ROM 和 DVD 等大容量的存储空间，与多媒体声像功能结合，可以提供大量的信息产品。例如百科全书、地理系统、旅游指南等电子工具，还有电子出版物、多媒体电子邮件、多媒体会议等都是多媒体在信息领域中的应用。

5. 工程模拟

利用多媒体技术可以模拟机构的装配过程、建筑物的室内外效果等，这样借助于多媒体技术，人们就可以在计算机上观察到不存在或者不容易观察到的工程效果。

6. 服　务

多媒体计算机可以为家庭提供全方位的服务，例如家庭教师、家庭医生和家庭商场等。

多媒体正在迅速地以意想不到的方式进入生活的各个方面，正朝着智能化、网络化、立体化方向发展。

7.2　多媒体计算机系统

多媒体计算机系统不是单一的技术，而是多种信息技术的集成，是把多种技术综合应用到一个计算机系统中，实现信息输入、信息处理、信息输出等多种功能。

一个完整的多媒体计算机系统由多媒体计算机硬件和多媒体计算机软件两部分组成。

7.2.1　多媒体计算机的硬件

多媒体计算机的主要硬件除了常规的硬件如主机、软盘驱动器、硬盘驱动器、显示器、网卡之外，还要有音频信息处理硬件、视频信息处理硬件及光盘驱动器等部分。

1. 数码相机

数码相机（Digital Camera，DC）是一种与计算机配套使用的照相机，是将模拟图像输入转换为数字图像的设备，在外观和使用方法上与普通的全自动照相机很相似，但是两者之间最大的区别在于前者在存储器中储存图像数据，后者通过胶片曝光来保存图像。在这里主要介绍一下数码相机的工作原理和其特有的性能指标。

（1）数码相机的工作原理

数码相机的心脏是电荷耦合器件（CCD）。使用数字照相机时，只要对着被摄物体按动按钮，图像便会被分成红、绿、蓝三种光线，然后投影在电耦合器件上，CCD 把光线转换成电荷，其强度随被捕捉景像上反射的光线强度而改变，然后，CCD 把这些电荷送到模/数转换器，对光线数据编码，再储存到存储装置中。在软件支持下，可在屏幕上显示照片，还可进行放大、修饰处理。照片可用彩色喷墨打印机或彩色激光打印机输出，效果与保存性是光学相机所无法比拟的。

（2）数码相机主要性能指标

数码相机的性能指标可分两部分，一部分指标是数码相机特有的，而另一部分指标与传统相机的指标类似，如镜头形式、快门速度、光圈大小以及闪光灯工作模式等。下面简单介绍数码相机特有的性能指标。

① 分辨率。分辨率是数码相机最重要的性能指标。数码相机的工作原理虽然与扫描仪类似，但其分辨率的衡量标准却与扫描仪不同。扫描仪的分辨率标准与打印机类似，使用 DPI(Dot Per lnch，即每英寸点数）作为衡量标准，而数码相机的分辨率标准却与显示器类似，使用图像的绝对像素数加以衡量。这是由于数码照片大多数时候是在显示器上观察的。数码相机拍摄的图像的绝对像素数取决于相机内 CCD 芯片上光敏元件的数量，数量越多则分辨率越高，所拍图像的质量也就越高，当然相机的价格也会大致成正比地增加。

② 颜色深度。这一指标描述数码相机对色彩的分辨能力，它取决于"电子胶卷"的光电转换精度。目前几乎所有的数码相机的颜色深度都达到了 24 位，可以生成真彩色的图像。某些高档数码相机甚至达到了 36 位，因而这一指标目前不必考虑。

③ 存储能力及存储介质。在数码相机中感光与保存图像信息是由两个部件来完成的。虽然这两个部件都可反复使用，但在一个拍摄周期内，相机可保存的数据却是有限制的，它决定了在未下载信息之前相机可拍摄照片的数目。故数码相机内存的存储能力以及是否具有扩充功能，就成为重要的指标。

2. 数码摄像机

数码摄像机（Digital Video Recorder，DV）是将被摄物的光像转换成电视信号的设备，是电视节目和电视教材图像的最主要的信号源。

数码摄像机进行工作的基本原理简单地说就是光-电-数字信号的转变与传输。即通过感光元件将光信号转变成电流，再将模拟电信号转变成数字信号，由专门的芯片进行处理和过滤后得到的信息还原出来就是我们看到的动态画面了。

数码摄像机的感光元件能把光线转变成电荷，通过模数转换器芯片转换成数字信号，主要有两种：一种是广泛使用的 CCD（电荷耦合）元件；另一种是 CMOS（互补金属氧化物导体）器件。

3. 扫描仪

扫描仪是一种可将静态图像输入到计算机里的图像采集设备。扫描仪对于桌面排版系统、印刷制版系统都十分有用。如果配上文字识别（OCR）软件，用扫描仪可以快速方便地把各种文稿录入到计算机内，大大加速了计算机文字录入过程。

扫描仪的主要性能指标如下：

① 分辨率。分辨率是衡量扫描仪的关键指标之一。它表明了系统能够达到的最大输入分辨率，以每英寸扫描像素点数（DPI）表示。制造商常用"水平分辨率×垂直分辨率"的表达式作为扫描仪的标称。其中水平分辨率又被称为"光学分辨率"；垂直分辨率又被称为"机械分辨率"。光学分辨率是由扫描仪的传感器以及传感器中的单元数量决定的。机械分辨率是步进电机在平板上移动时所走的步数。光学分辨率越高，扫描仪解析图像细节的能力越强，扫描的图像越清晰。

② 色彩位数。色彩位数是影响扫描仪表现的另一个重要因素。色彩位数越高，所能得到的色彩动态范围越大，也就是说，对颜色的区分能够更加细腻。例如一般的扫描仪至少有 30 位色，也就是能表达 2 的 30 次方种颜色(大约 10 亿种颜色)，好一点的扫描仪拥有 36 位颜色，大约能表达 687 亿种颜色。

195

③ 灰度：指图像亮度层次范围。级数越多图像层次越丰富，目前扫描仪可达 256 级灰度。

④ 速度：在指定的分辨率和图像尺寸下的扫描时间。

⑤ 幅面：扫描仪支持的幅面大小，如 A4、A3、A1 和 A0。

7.2.2　多媒体计算机的软件

多媒体计算机的软件系统主要包括以下软件：

① 多媒体操作系统：用于支持多媒体的输入、输出及相应的软件接口。它具有实时任务调度、多媒体数据转换和同步控制、对多媒体设备的驱动和控制以及图形用户界面管理等功能。

② 多媒体创作工具软件：用于开发多媒体应用程序的应用工具软件。

③ 多媒体素材编辑软件：用于采集、整理和编辑各种媒体数据。

④ 多媒体应用软件：用于实现用户的应用程序及演示软件，它是直接面向用户或信息发送和接收的软件。

7.3　多媒体信息处理

在信息社会里，信息共享是人们的共同要求，这就需要对信息表示、存储、传输和处理等核心技术进行研究。早期的计算机系统采用模拟方式表示声音和图像信息，这种方式使用连续量的信号来表示媒体信息，虽然能够利用模拟设备把多媒体信息汇集在一个信息系统中，但存在着明显的缺点：① 易出故障，常产生噪音和信号丢失，且拷贝过程中噪音和误差逐步积累；② 模拟信号不适合数字计算机进行加工处理。

因此，现在的计算机中都是采用二进制来表示和处理的，都是数字化的信息，只是不同媒体信息的具体表示方法及处理方法是不一样的。

数字化处理多媒体信息的一般过程是：首先把音频和视频等媒体信号数字化，以二进制数据的形式存入到计算机存储器中，然后根据多媒体信息的各自特点进行相应的处理，最后以用户要求的形式表现出来。数字化处理的优点是能充分利用计算机的功能进行信息处理，但随之带来的一个显著问题是数字化后的音频、视频数据量很大，需要数据压缩技术来压缩数据以及大容量的存储器来存储数据。另一方面，音频、视频信号的输入和输出都需要实时效果，这也要求计算机提供高速处理能力来处理如此庞大的多媒体数据量，以满足多媒体处理的实时性要求。

7.3.1　声音信号

音频（Audio）也叫音频信号或声音，是人耳所感知的空气振动。声音信号通常用连续的随时间变化的波形来表示，是模拟信号。复杂的声波由许多具有不同振幅和频率的正弦波组成。

1. 音频的属性

（1）声音信号的基本参数频率和带宽

信号每秒钟变化的次数，单位是 Hz。频率高，则音调高，频率低，则音调低。人耳可感受的声音信号频率范围为 20 Hz 到 20 kHz。一般来说，频率范围（带宽）越宽，声音质量越高。

① CD 质量（Super Hi Fi）音频带宽为 10 ~ 20 000 Hz

② FM 无线电广播的带宽为 20 ~ 15 000 Hz

③ AM 无线电广播的带宽为 50 ~ 7 000 Hz

④ 数字电话话音带宽为 200 ~ 3 000 Hz

（2）周期

相邻声波波峰间的时间间隔。

（3）幅度

表示信号强弱的程度。幅度决定信号的音量。

（4）复合信号

音频信号由许多不同频率和幅度的信号组成。在声音中，最低频率为基音，其他频率为谐音，基音和谐音组合起来，决定了声音的音色。

2. 声音信息的数字化

音频数字化就是将模拟的声音波形数字化，以便计算机处理，包括采样、量化、编码三个步骤，如图 7.2 所示。

图 7.2　声音的数字化过程

（1）采样

以固定的时间间隔（采样周期）抽取模拟信号的幅度值。采样后得到的是离散的声音振幅样本序列，仍是模拟量。采样频率越高，声音的保真度越好，但采样获得的数据量也越大。在 MPC 中，采样频率标准定为 11.025 kHz、22.05 kHz 和 44.1 kHz 三种。图 7.3 所示为声音的采样。

（2）量化

把采样得到的信号幅度的样本值从模拟量转换成数字量。数字量的二进制位数是量化精度。在 MPC 中，量化精度标准定为 8 位和 16 位两种。

采样和量化过程称为模/数（A/D）转换。

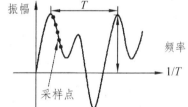

图 7.3　声音的采样

（3）编码

把数字化声音信息按一定数据格式表示，它的实现方法是靠各种不同的压缩方法将数据编码压缩。

3. 影响数字声音质量的主要因素

（1）采样频率

采样频率是指单位时间内的采样次数。采样频率越大，采样点之间的间隔就越小，数字化后得到的声音就越逼真，但相应的数据量就越大。

（2）量化位数（采样位数）

量化位数是模拟量转换成数字量之后的数据位数。量化位数表示的是声音的振幅，位数越多，音质越细腻，相应的数据量就越大。

（3）声道数

声道数是指处理的声音是单声道还是立体声。单声道在声音处理过程中只有单数据流，而立体声则需要左、右声道的两个数据流。显然，立体声的效果要好，但相应的数据量要比单声道的数据量多 1 倍。

声音数据量一般都被称为海量数据。这是因为对音质要求越高，数据量就越大。

每秒存储声音容量的公式为：

$$存储容量＝(量化位数 \times 采样频率 \times 声道数 \times 持续时间)/8（Byte）$$

例如，用 44.10 kHz 的采样频率，16 位的精度存储，则录制 3 s 的立体声节目，其 WAV 文件所需的存储量为：

$$（16 \times 44\,100 \times 2 \times 3）/8 = 529\,200（字节）$$

7.3.2 图 像

图像是由扫描仪等输入设备捕捉的真实场景画面数字化后以位图形式存储形成的。位图文件中存储的是构成图像的每个像素点的亮度、颜色。和声音一样，图像的生成也有一个采样、量化、编码的数字化过程。

矢量图是根据几何特性来绘制图形，矢量可以是一个点或一条线，矢量图只能靠软件生成，文件占用内在空间较小，因为这种类型的图像文件包含独立的分离图像，可以自由无限制的重新组合。它的特点是放大后图像不会失真，和分辨率无关，适用于图形设计、文字设计和一些标志设计、版式设计等。

图像主要有分辨率、颜色模型和颜色深度三个技术指标。

分辨率是衡量图像细节表现力的技术参数，是指图像采样矩阵的大小。分辨率分为显示分辨率、图像分辨率和输出分辨率三种。通常所说的图片大小即指其显示分辨率。

在不同的应用场合，可能需要不同的颜色表示方法，因此有多种颜色模型。

如图像用于显示器的显示，一般采用 RGB 颜色模型，由红（R ed）、绿（G reen）、蓝（B lue）组合而成。由于该模型的混合色是通过 R、G、B 三种颜色叠加组合而成的，所以，RGB 模型也称为加色模型。

如图像用于打印机的打印，一般采用 CMYK 颜色模型，由青色（Cyan）、洋红（Magenta）、黄（Yellow）、黑（Black）组合而成。CMYK 颜色模型以打印在纸上的油墨的光线吸收特性为基础。当白光照射到半透明油墨上时，色谱中的一部分被吸收，而另一部分被反射回眼睛。反射的光线就是我们所看见的物体颜色，这些颜色被称之为减色。所以，CMYK 模式是一种减色色彩模式。

颜色深度是指用来存储像素的颜色和亮度所用的二进制位数。颜色深度反映了构成图像的颜色的丰富性。

一幅没有经过压缩的数字图像的数据量大小可以按照下面的公式进行计算：

$$图像数据量大小 = 图像分辨率 \times 颜色深度/8（字节）$$

例如一幅 800×640 的真彩色图像，它保存在计算机中占用的存储空间大小为：

$$800 \times 640 \times 24/8 = 921600\text{B} \approx 1.46 \text{ MB}$$

7.3.3 视　频

视频是多媒体的重要组成部分。动态视频处理技术实现了图像/图形从静态到动态的过渡。视频和动画具有直观和生动的特点，其效果不是通过语言和文字的描述所能达到的，然而与其他信息相比，动态视频信息复杂、信息量大，对计算机要求高，其处理技术还在不断发展中。

1．基本知识

若干有联系的图像按一定的频率连续播放，便形成了动态的视频图像，一般称为视频（Video）。动态视频是由多幅图像画面序列构成的，每幅画面称为一帧（frame）。播放时每幅画面保持一个极短的时间，利用人眼的视觉暂留效应快速更换另一幅画面，连续不断，就产生了连续运动的感觉，电影、电视的动态效果也是利用这一原理实现的。例如我国的电视制式是每秒钟播放 25 帧画面。如果把音频信号加进去，就可实现视频、音频信号的同时播放。

视频图像信号的录入、传输和播放等许多方面继承于电视技术。当计算机对视频信号进行数字化时，就必须在规定的时间内（如 1/25 s 或 1/30 s）完成量化、压缩和存储等工作。

视频数字化过程同音频相似，在一定的时间内以一定的速度对单帧视频信号进行采样、量化、编码等过程。

在数字化后，如果视频信号不加以压缩，数据量的大小是帧乘以每幅图像的数据量。例如，要在计算机连续显示分辨率为 1 280×1 024 的 24 位真彩色高质量的电视图像，按每秒 30 帧计算，显示 1 min，则需要：

$$1\ 280\ （列）\times 1\ 024\ （行）\times 3\ （B）\times 30\ （帧/s）\times 60\ （s）=6.6\ GB$$

也就是说，需要十张 650 MB 的光盘才能放下这一分钟的电视图像，这就带来了图像数据的压缩问题，也成为多媒体技术中一个重要的研究课题。这可通过压缩、降低帧速、缩小画面尺寸等来降低数据量。

2．常见视频文件格式

（1）流媒体传输

在网络上传输音/视频（A/V）等多媒体信息，目前主要有下载和流式传输两种方式。如果采用下载方式下载一个 A/V 文件，常常要花数分钟甚至数小时时间。这主要是由于 A/V 文件一般都比较大，所需的存储容量也比较大，再加上网络带宽的限制，所以这种方法延迟很大。流式传输则把声音、影像或动画等媒体通过音/视频服务器向用户终端连续、实时地传送。采用这种方法时，用户不必等到整个文件全部下载完毕，而只需经几秒或几十秒的启动延时即可进行播放和观看，此时多媒体文件的剩余部分将在后台从服务器继续下载，实现了边观看/收听边下载。与下载方式相比，流式传输大大地缩短了启动延时。

（2）ASF 格式

ASF（Advanced Streaming Format）ASF 是由 Microsoft 公司推出的一种高级流媒体格式。音频、视频、图像以及控制命令脚本等多媒体信息通过这种格式，以网络数据包的形式传输，实现流式多媒体内容发布。

（3）RM 格式

RM 格式是 RealNetworks 公司开发的一种流媒体视频文件格式，包括 RA(Real Audio)、RM(Real Video) 和 RF（Real Flash）三类文件。RA 用来传输接近 CD 音质的音频数据；RM 主要用来在低速率的网络上实时传输活动视频影像，可以根据网络数据传输速率的不同而采用不同的压缩比率，在数据传输过程中边下载，边播放视频影像，从而实现影像数据的实时传送和播放；RF 则是 Real Networks 公司与 Macromedia 公司新近联合推出的一种高压缩比的动画格式。

（4）RMVB 格式

RMVB 格式是一种由 RM 视频格式升级延伸出的新视频格式，它的文件扩展名是 RMVB。它可以在图像质量和文件大小之间达到微妙的平衡。另外，相对于 DVDrip 格式，RMVB 有着明显的优势，一部大小为 700 MB 左右的 DVD 影片，如果将其转换成同样视听品质的 RMVB 格式，其大小最多也就 400 MB 左右。网上绝大多数视频点播都是采用这种格式。要想播放这种视频格式，可以使用 RealOne Player 10.0 或 RealOne Player 8.0 加 RealVideo 9.0 以上版本的解码器进行播放。

（5）MPG 格式

MPG（.Mpg）格式文件是按照 MPEG 标准压缩的全屏视频的标准文件。目前很多视频处理软件都支持这种格式的文件。

（6）DAT 格式

DAT（.Dat）格式文件是 VCD 专用的格式文件，文件结构与 MPG 文件格式基本相同。

（7）WMV（Windows Media Video）是微软公司推出的与 MP3 格式齐名的一种视频格式，是用于高清晰度映像的编解码器。

3. 视频信号的获取

在计算机中，使用视频采集卡配合视频处理软件，把从摄像机、录像机和电视机这些模拟信号源输入的模拟信号转换成数字视频信号。有的视频采集设备还能对转换后的数字视频信息直接进行压缩处理并转存起来，以便于对其做进一步的编辑和处理。

4. 模拟视频标准

模拟视频的标准也称为电视制式，目前世界上主要使用的模拟彩色电视制式有 PAL、NTSC 和 SECAM 三大制式。美国、加拿大、日本、韩国及东南亚地区等国采用是 NTSC 制式。德国、英国、西欧等国采用是 PAL 制式，我国也采用 PAL 制式。法国、俄罗斯等国采用的是 SECAM 制式。

（1）NTSC 制式（美国国家电视标准委员会，National Television Standards Committee）是 1952 年定义的彩色电视广播标准，称为正交平衡调幅制式。

NTSC 标准规定视频源的帧速率为每秒 29.97 帧（简化为 30 帧），即每秒钟需要发送 30 幅完整的图像，每个帧的总行数只有 525。为了避免出现严重的闪烁现象，采用隔行扫描法。将每一帧均分为两个场，每场的扫描行数为 262.5 行。一部分全是奇数行，另一部分则全是偶数行。显示的时候，先扫描奇数行，再扫描偶数行，就可以有效地改善图像显示的稳定性。所以其帧频为 30Hz，场扫描频率是 60Hz，标准分辨率为 720×480，画面的宽高比为 4：3 或 16：9。

（2）PAL 制式（逐行倒相，Phase Alternate Line）是 1962 年德国制定的彩色电视广播标准，也称为逐行倒相正交平衡调幅制。该彩色电视制式规定视频源的帧速率为每秒 25 帧，即每秒钟需要发送 25 幅完整的图像，每个帧的总行数为 625，也采用隔行扫描法，每一场的扫描行数为 312.5 行。所以其帧频为 25 Hz，场扫描频率是 50 Hz，标准分辨率为 720×576，画面的宽高比为 4：3。

（3）SECAM 制式（顺序传送彩色与存储，Sequentiel Couleur A Memoire），又称塞康制，1956 年由法国工程师亨利.弗朗斯于提出，并于 1967 年付之实用的兼容性彩色电视制式。该彩色电视制式规定视频源的帧速率为每秒 25 帧，每个帧的总行数为 625，也采用隔行扫描法，每一场的扫描行数为 312.5 行。所以其帧频为 25 Hz，场扫描频率是 50 Hz，标准分辨率为 720×576，画面的宽高比为 4：3。

5. 数字电视

数字电视就是指从演播室到发射、传输、接收的所有环节都是使用数字电视信号或对该系统所有的信号传播都是通过由 0、1 数字串所构成的数字流来传播的电视类型。由于数字电视具有能实现双向交互业务、抗干扰能力强、频率资源利用率高等优点。如今，在交互电视、远程教育、会议电视、电视商务、影视点播等应用中，数字电视提供了优质的电视图像和更多的视频服务。

目前，世界上主要使用数字地面广播电视标准有欧洲的 DVB-T 标准、美国的 ATSC 标准、日本的 ISDB-T 标准、中国的 DTMB 标准等，其中中国（包括中国香港和澳门）选择了 DTMB 作为数字电视的标准。

（1）ATSC（先进电视制式委员会，Advanced Television System Committee）是美国高清晰度数字电视联盟制订的包括数字式高清晰度电视（HDTV）在内的先进电视系统的技术标准。该委员会于 1995 年 9 月 15 日正式通过 ATSC 数字电视国家标准。ATSC 制信源编码采用 MPEG-2 视频压缩和 AC－3 音频压缩；图像格式：HDTV1920×1080（16：9）和 SDTV704×480（4：3）；信道编码采用 VSB 调制，提供了两种模式：地面广播模式（8VSB）和高数据率模式（16VSB）。

（2）DVB（数字视频广播，Digital Video Broadcasting）是包括 DVB 数字卫星和有线电视传输系统在内的电视广播系统的统一标准，该标准具有灵活可扩充和移动通信的优势。目前已经作为世界统一的标准被大多数国家接受，包括中国。

（3）ISDB（综合业务数字广播，Integrated Services Digital Broadcasting）是日本的 DIBEG（数字广播专家组，Digital Broadcasting Experts Group）制订的数字广播系统标准。它利用一种已经标准化的复用方案在一个普通的传输信道上发送各种不同种类的信号，同时已经复用的信号也可以通过各种不同的传输信道发送出去，ISDB 具有柔软性、扩展性、共通性等特点，可以灵活地集成和发送多节目的电视和其它数据业务。在日本，除了 Sky PerfecTV! 采用 DVB 以外，都采用了 ISDB。继日本之后，部分中美洲国家及多数南美洲国家（仅哥伦比亚及法属圭亚那采用 DVB-T）也采用 ISDB-T International（又称 SBTVD，Sistema Brasileiro de Televisão Digital）系统。

（4）DTMB（数字地球多媒体广播，Digital Terrestrial Multimedia Broadcast），又名 DMB-T/H（Digital Multimedia Broadcast-Terrestrial/Handheld），是我国所制订有关数字电视和流动数字广播的制式。该制式将会服务我国一半的电视观众，尤其郊区和农村用户。

7.3.4　动　画

在计算机信息技术发展日新月异的时代，人们对计算机动画已不再感到陌生，从好莱坞的动画电影到平常多媒体课件中的演示动画，大家已逐渐接受了这种直观生动的媒体形式。动画的优点不言而喻，直观、生动、趣味性强，而且不断展现出越来越多的功能和用途。另外，创作动画已经不再是专业人员或公司的专利，更多的普通电脑爱好者也加入到动画创作的行列，以完成自己神奇的动画梦。

动画和视频一样，也是利用人眼的视觉暂留现象，在单位时间内连续播放静态图形，从而产生动的感觉。与视频信息不同的是，动画是人为创作的，而视频往往是真实世界的再现。

从动画的表现形式上，动画分为二维动画、三维动画和变形动画。二维动画是指平面的动画表现形式，它运用传统动画的概念，通过平面上物体的运动或变形，来实现动画的过程，具有强烈的表现力和灵活的表现手段。平面动画创作软件常用的是广为人知的 Flash。

三维动画是指模拟三维立体场景中的动画效果，虽然它也是由一帧帧的画面组成，但它表现了一个完整的立体世界。通过计算机可以塑造一个三维的模型和场景，而不需要为了表现立体效果而单独设置每一帧画面。创作三维动画的软件有 3D max、Maya 等。

7.4 多媒体数据的压缩

1. 多媒体数据压缩的重要性

数字化后的多媒体数据量是非常庞大的，如果不进行数据压缩处理，计算机系统就无法对它进行存储和交换。特别是当多媒体信息需要在网络上传输时，巨大的数据量会占用宝贵的网络带宽，导致网络速度的骤降，极大地影响网络的应用。因此，在多媒体系统中必须采用数据压缩技术，它也是多媒体技术中一项十分关键的技术。

研究结果表明，选用合适的数据压缩技术，可以将原始文字数据量压缩到原来的 1/2 左右，语音数据量压缩到原来的 1/2 ~ 1/10，图像数据量压缩到原来的 1/2 ~ 1/60。

数据压缩，通俗地说，就是用最少的数码来表示信源所发出的信号，减少给定消息集合或数据采样集合的信号空间。

2. 常用多媒体数据压缩标准

在多媒体技术的发展过程中，制定和存在了多种多媒体数据压缩标准。随着多媒体技术的不断发展，有些标准已经不用了，有些标准正在广泛使用，而有些标准则还在不断完善之中。常用的压缩标准有：

（1）静止图像压缩编码标准 JPEG

JPEG（The Joint Photographic Experts Group）静止图像压缩编码标准适用于连续色调和多级灰度的静态图像。一般对单色和彩色图像的压缩比通常分别为 10：1 和 15：1。扩展名为.jpg 的图片文件采用的就是 JPEG 压缩标准。

（2）运动图像压缩编码标准 MPEG

该标准不仅适用于运动图像，也适用于音频信息，它包括了三部分：MPEG 视频、MPEG 音频、MPEG 系统（视频和音频的同步），MPEG 视频是 MPEG 标准的核心。MPEG 已指定了 MPEG-1、MPEG-2、MPEG-4 和 MPEG-7 四种。

（3）H.261

由 CCITT（国际电报电话咨询委员会）通过的用于音频视频服务的视频编码解码器（也称 Px64 标准），它使用两种类型的压缩：帧中的有损压缩（基于 DCT）和帧间无损压缩，并在此基础上使编码器采用带有运动估计的 DCT 和 DPCM 的混合方式。这种标准与 JPEG 及 MPEG 标准有明显的相似性，但关键区别在于它是为动态使用设计的，并提供高水平的交互控制。主要应用于实时视频通信领域，如电视会议。

（4）数字音频压缩标准 MP3

MP3 的全称是 Moving Picture Experts Group, Audio Layer Ⅲ，它是一种音频压缩的国际技术标准，所使用的技术是在 VCD（MPEG-1）的音频压缩技术上发展出的第三代。

MP3 的突出优点是：压缩比高、音质较好、制作简单、交流方便。

7.5 常见的多媒体文件格式

常见的多媒体文件格式见表7.1。

表 7.1 常见的多媒体文件格式

媒体信息	常见文件格式
文本	.TXT，.DOC，.RTF，.WPS
音频	.WAV，.MID，.MP3，.RA
图形	.DXF，.CDR，.EPS
图像	.BMP，.JPG，.GIF，.TIFF
视频	.MPG，.VOB，.RM，.DAT，.MOV，.AVI，.ASF，.RMVB
动画	.SWF，.GIF

7.6 多媒体创作工具

7.6.1 Windows 7 的"录音机"软件使用

录音机是用来录制声音，并将其作为音频文件保存在计算机上的程序。

1. 开启 Windows7 中的录音机

打开"开始"菜单，选择"所有程序\附件\录音机"项，打开 Windows7 中的录音机程序，也可以在"开始"菜单的"搜索程序和文件"中输入"录音机"，回车，也能找到录音机程序，打开后如图 7.4 所示。

图 7.4 录音机窗口

2. 开始录音

点击录音机程序界面中的开始录音按钮，然后对着麦克风讲话，录音程序即开始录制。

3. 保 存

声音录制好后，点击录音机程序界面的停止录制按钮，程序弹出另存为对话框，设置好保存的位置和文件名后，点击保存按钮就录制完成了。

7.6.2 windows7 的画图程序及其使用

"画图"是 Windows 7 中的一项功能，可用于在空白绘图区域或在现有图片上创建绘图。

1. 开启 Windows 7 中的画图程序

打开"开始"菜单,选择"所有程序\附件\画图"项,打开 Windows 7 中的画图程序,也可以在"开始"菜单的"搜索程序和文件"中输入"画图",回车,也能找到画图程序,打开后如图 7.5 所示。

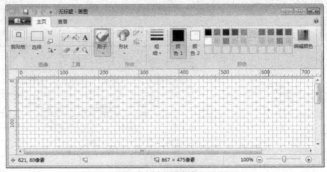

图 7.5　画图窗口

2. 画图常用工具介绍

窗口最上边还有两个标签:主页和查看。查看标签里可以放大和缩小画布视图;在窗口中,上边是工具栏,里面包含有菜单按钮和许多画图工具,像铅笔、线条、颜色等。

（1）剪贴板的使用

与 Windows 其他程序一样,可以对已经选择的内容进行复制、剪贴;将剪贴板的内容粘贴到当前图像中。

（2）图像工具

图像工具可以对图像进行裁剪、调整大小、旋转等操作,还可以点击选择按钮对图像区域进行选择,点击选择按钮后,会弹出相应的菜单,如图 7.6 所示,在弹出的菜单中选择所需操作后即可进行相应的选择操作。

（3）工具

"铅笔":工具箱中选中铅笔,然后在画布上拖动鼠标,就可以画出线条了,还可以在颜色板上选择其他颜色画图,鼠标左键选择的是前景色,右键选择的是背景色,在画图的时候,左键拖动画出的就是前景色,右键画的是背景色。画错了可以选择橡皮工具进行擦除。

图 7.6　选择工具菜单

"用颜料填充":就是把一个封闭区域内都填上颜色。

"文本":在画面上拖动出写字的范围,就可以输入文字了,而且还可以选择字体和字号。

"颜色选取器":它可以取出你单击点的颜色,这样可以画出与原图完全相同的颜色。

"放大镜":在图像任意的地方单击,可以把该区域放大,再进行精细修改。

（4）刷子

选择刷子工具,它不像铅笔只有一种粗细,而是可以选择笔尖的大小和形状,在这里单击任意一种笔尖,画出的线条就和原来不一样了。

（5）形状

形状工具中有直线、曲线、椭圆形等不同形状的画图工具,选择好形状后,旁边的轮廓和填充按键就可以使用了,可以选择不同的轮廓和填充效果,还可以选择颜色和粗细。

第 8 章　创建多媒体演示文稿

PowerPoint 2010 是微软公司推出的集成办公软件——Microsoft Office 2010 的一个功能子模块。利用它我们能够制作出集文字、图形、图像、声音以及视频剪辑等多种媒体元素于一体的演示文稿，制作出生动有趣的屏幕演示、投影幻灯片、学术论文展示、课件，还可以为演示文稿添加多媒体效果，并在 Internet 上进行发布。

8.1　PowerPoint 2010 概述

PowerPoint 2010 作为多媒体演示文稿制作软件，在多媒体播放演示、产品展示、演讲、工作汇报、教学培训等领域应用广泛。它不仅具有强大的幻灯片制作、支持多媒体、支持网络发布等功能，同时具有人机界面友好、操作便捷、制作高效等众多优点，易学易用。

8.1.1　PowerPoint 2010 的特点

1. 为演示文稿带来更多活力和视觉冲击

通过使用新增和改进的图像编辑和艺术过滤器，如颜色饱和度和色温、亮度和对比度、虚化、画笔和水印，将用户的图像变成引人注目的、鲜亮的图像。

2. 与他人同步工作

可以同时与不同位置的其他人合作同一个演示文稿。

3. 添加个性化视频体验

在 PowerPoint 2010 中直接嵌入和编辑视频文件。方便的书签和剪裁视频仅显示相关节。使用视频触发器，可以插入文本和标题以引起访问群体的注意。

4. 实时显示

通过发送 URL 即时广播，PowerPoint 2010 演示文稿以便人们可以在 Web 上查看您的演示文稿。

5. 在其他位置从其他设备上访问演示文稿

将演示文稿发布到 Web，从计算机或智能手机联机访问、查看和编辑。使用 PowerPoint 2010，您可以按照计划在多个位置和设备完成这些操作。

6. 使用美妙绝伦的图形创建高质量的演示文稿

使用数十个新增的 SmartArt 布局可以创建多种类型的图表，例如组织系统图、列表和图片图表。将文字转换为令人印象深刻的可以更好的说明用户的想法的直观内容。

7. 用新的幻灯片切换和动画吸引访问群体

PowerPoint 2010 提供了全新的动态切换，如动作路径和看起来与在 TV 上看到的图形相似的动画效果。轻松访问、发现、应用、修改和替换演示文稿。

8. 更高效地组织和打印幻灯片

通过使用新功能的幻灯片轻松组织和导航，这些新功能可帮助用户将一个演示文稿分为逻辑节或与他人合作时为特定作者分配幻灯片。

9. 更快完成任务

PowerPoint 2010 简化了访问功能的方式。新增的 Microsoft Office Backstage 视图替换了传统的文件菜单，只需几次点击即可保存、共享、打印和发布演示文稿。

10. 跨越沟通障碍

PowerPoint 2010 可帮助用户在不同的语言间进行通信，翻译字词或短语，为屏幕提示、帮助内容和显示设置各自的语言。

8.1.2 PowerPoint 2010 的启动与退出

1. 启动 PowerPoint 2010

方法一：选择【开始】→【所有程序】→【Microsoft Office】→【Microsoft PowerPoint 2010】命令，启动 PowerPoint 2010 程序。

方法二：如果桌面上设置了 PowerPoint 快捷方式图标，直接双击图标，即可启动。

方法三：选择任意一个 PowerPoint 文档，双击该文档后系统自动启动与之关联的 PowerPoint 2010 应用程序，并同时打开此文档。

2. 退出 PowerPoint 2010

在完成演示文稿的制作及保存后，要退出 PowerPoint 2010，释放所占用的系统资源。退出的方法有下面几种：

① 选择窗口【文件】选项卡中的[退出]命令。

② 单击窗口右上角的关闭按钮"✕"。

③ 双击窗口左上角的控制菜单按钮 P。

④ 按下<Alt> + <F4>组合键。

8.1.3 PowerPoint 2010 的窗口组成

PowerPoint 2010 的窗口组成如图 8.1 所示。

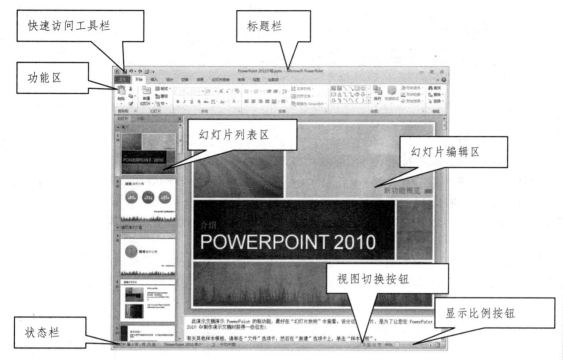

图 8.1 PowerPoint 2010 程序窗口的组成

（1）幻灯片编辑区

可以在编辑区中输入文本、插入表格和图形等，其中最主要的制作场所是幻灯片视图，可以在这里制作用于展示的幻灯片中的各种元素。

（2）幻灯片列表区

在 PowerPoint 2010 窗口的左侧有两个选项卡，选择选项卡时，在该列表区中将列出当前演示文稿的所有幻灯片缩略图，单击某张幻灯片，在幻灯片编辑区中将放大显示，并可对其进行编辑处理，从而呈现演示文稿的总体效果。选择选项卡时，该窗口列出了当前演示文稿的文本大纲，在大纲选项卡中编辑文本时有助于编辑演示文稿的内容和移动项目符号点或幻灯片。

（3）功能区

Microsoft PowerPoint 2010 将 PowerPoint 2003 及更早版本中的菜单和工具栏替换为功能区。

（4）视图切换按钮

能够以不同的视图方式显示演示文稿的内容，使得演示文稿更易于浏览、便于编辑。在 PowerPoint 2010 窗口左下角有 4 个视图切换按钮，分别为普通视图、幻灯片浏览视图、阅读视图、幻灯片放映。通过单击不同的视图切换按钮，可在 PowerPoint 2010 的多种视图之间进行切换。

8.1.4 PowerPoint 2010 的窗口视图界面

PowerPoint 2010 能够以不同的视图方式来显示演示文稿的内容，使演示文稿易于浏览、便于编辑。选择"视图"选项卡，如图 8.2 所示。

8.2　PowerPoint 2010 视图选项卡

1. 普通视图

普通视图是 PowerPoint 2010 默认的视图方式，普通视图是主要的编辑视图，可用于撰写和设计演示文稿。该视图有三个工作区域：左侧为可在幻灯片缩略图（"幻灯片"选项卡）和幻灯片文本大纲（"大纲"选项卡）之间切换的选项卡；右侧为幻灯片窗格，以大视图显示当前幻灯片；底部为备注窗格。该视图将幻灯片、大纲和备注页视图集成到一个视图中，既可以输入、编辑和排版文本，也可以输入备注信息，如图 8.3 所示。

选择大纲选项卡，在幻灯片文本大纲窗格中可以单击鼠标右键，在弹出的"快捷菜单"中选择相应的菜单项来控制演示文稿的结构，如改变标题和文本的级别、改变标题的顺序等。如图 8.4 所示。

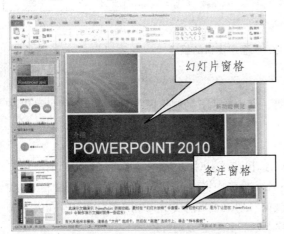

图 8.3　幻灯片普通视图–幻灯片界面图

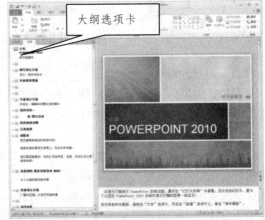

8.4　幻灯片普通视图–大纲界面

2. 幻灯片浏览视图

在幻灯片浏览视图中，用户可方便地在屏幕上同时看到演示文稿中的所有幻灯片，这些幻灯片以缩略图的形式显示。可以看到整个演示文稿的外观。另外，还可以添加、移动或删除幻灯片等，可以使用"幻灯片浏览"工具栏中的按钮来设置幻灯片的放映时间、选择幻灯片的动画切换方式等，如图 8.5 所示。

3. 备注页视图

在备注页视图中，可以输入演讲者的备注。其中，幻灯片的下方带有备注页方框，可以通过单击该方框来输入备注文字，如图 8.6 所示。

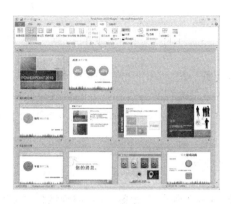

图 8.5　幻灯片浏览视图

图 8.6　备注页视图

4. 幻灯片阅读视图

幻灯片阅读视图是一种特殊查看模式，使在屏幕上阅读扫描文档更为方便。在激活后，阅读视图将显示当前文档并隐藏大多数不重要的屏幕元素。如图 8.7 所示。

5. 母版视图

母版视图包括幻灯片母版视图、讲义母版视图和备注母版视图。它是存储有关演示文稿的信息的主要幻灯片，其中包括背景、颜色、字体、效果、占位符大小和位置。如图 8.8 所示。

图 8.7　幻灯片阅读视图

图 8.8　幻灯片母版视图

8.1.5　PowerPoint 2010 幻灯片放映视图

幻灯片放映视图是预览幻灯片演示的最佳视图模式，它以全屏的方式让制作者检查幻灯片的流程和动画效果。如图 8.9 所示。

从幻灯片窗口底部的任务栏 中或选择"幻灯片放映"选项卡片中的 ，可以进行幻灯片放映视图。若要退出幻灯片放映视图，请按 Esc。

图 8.9　幻灯片放映视图

8.2　演示文稿的建立

制作一个演示文稿的过程是：方案选定→素材准备→初步制作→修饰加工→预演播放。其中，前两步要求制作者根据演示文稿表现的主题和内容来决定表现的方式和需要的素材。而第三步"初步制作"则是 PowerPiont 2010 的使用问题。下面我们来学习创建新的演示文稿最常用的三种方法。

8.2.1　利用设计模板和主题创建演示文稿

使用 PowerPiont 2010 提供的设计模板，可以为演示文稿提供完整、专业的外观设计，内容则自主制作，达到快速制作专业演示文稿的目的。

PowerPiont 2010 提供的设计模板的内容很广，包含版式、主题颜色、主题字体、主题效果、背景样式，甚至可以包含内容。PowerPoint 2010 带有内置模板，存放在 Microsoft Office 目录下的一个专门存放演示文稿模板的子目录 Templates 中，模板是以*.potx 为扩展名的文件。PowerPiont 2010 的设计模板还可以登陆 Office.com 网站上网下载添加，以满足用户更多需求，用户也可自行设计模板格式，将其他保存为模板文件。

1. 使用样本模板

利用样本模板建立演示文稿的步骤如下：

① 在功能区中选择"文件"选项卡中的"新建"选项，在打开的如图 8.10 所示的 Backstage 视图中，其中"样本模板"图标中包含的都是模板文件。

② 单击"样本模板"，在如图 8.11 所示的 Backstage 视图中，选中所需的一个模板，单击"创建"或直接双击所需的一个模板，该模板就被应用到新的演示文稿中，如图 8.12 所示。

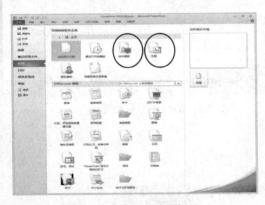

图 8.10　使用设计模板图

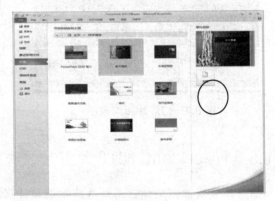

8.11　使用样本模板

2. 使用 Office.com 模板

利用 Office.com 模板建立演示文稿的步骤如下：

① 在功能区中选择"文件"选项卡中的"新建"选项，显示如图 8.10 所示。

② 单击某个类别可看到其包含的模板，选择所需模板，然后单击"创建"或"下载"以打开一个使用该模板的新 PowerPoint 演示文稿。如图 8.13 所示。

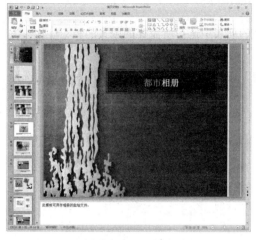

图 8.12　用样本模板创建演示文稿

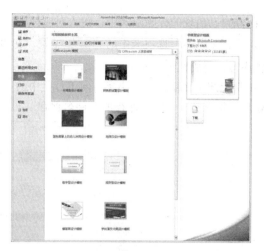

图 8.13　使用 Office.com 模板

3. 使用主题

利用主题建立演示文稿的步骤如下：

① 在功能区中选择"文件"选项卡中的"新建"选项，显示如图 8.10 所示的 Backstage 视图。其中"主题"图标中包含的都是主题文件。

② 单击"主题"，显示如图 8.14 所示的 Backstage 视图，选中所需的一个主题，单击"创建"或直接双击所需的一个主题，该主题就被应用到新的演示文稿中，如图 8.15 所示。

图 8.14　使用主题

图 8.15　使用主题创建演示文稿

8.2.2　建立空白演示文稿

创建空白演示文稿可让用户能够按照自己的思路和实际需求，从一个空白文稿开始，建立新的演示文稿。以下是创建空白演示文稿的步骤：

① 功能区中选择"文件"选项卡中的"新建"选项，显示如图 8.10 所示的 Backstage 视图。选择"空白演示文稿"，单击"创建"或直接双击"空白演示文稿"，新建一个默认版式的演示文稿，如图 8.16 所示。

② 单击"开始"选项卡中的" ▦ 版式 ▾ "按键，在提供的多种版式中选择需要的版式。

③ 在幻灯片中输入文本，插入各种对象。然后建立新的幻灯片，再选择新的版式。

④ 在自动出现的标题版式中，输入对应标题。

⑤ 点击"开始"选项卡中的" "按键，在出现的列表中选择所需要的版式的新幻灯片，键入所需内容，完成相应设置。

⑥ 保存演示文稿：点击快速访问工具栏中的" "按键，在弹出的"另存为"对话框中选择保存位置和保存类型，输入保存的文件名保存。

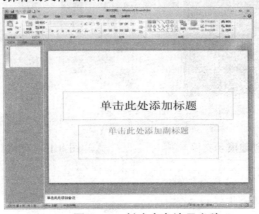

图 8.16　创建空白演示文稿

演示文稿可以保存的文件类型很多，在"另存为"对话框中的"保存类型"下拉列表框中有 26 种可保存的文件类型，可以根据需要选择需要的文件类型来保存文件。

8.2.3　PowerPoint 2010 的文件类型

PowerPoint 2010 可以打开和保存多种不同的文件类型，如：演示文稿、Web 页、演示文稿模板、演示文稿放映、大纲格式、图形格式、PDF 格式等。

（1）演示文稿文件（*.pptx）

用户编辑和制作的演示文稿需要将其保存起来，所有在演示文稿窗口中完成的文件都保存为演示文稿文件（*.pptx），这是系统默认的保存类型。

（2）Web 页格式（*.html）

Web 页格式是为了在网络上播放演示文稿而设置的，这种文件的保存类型与网页保存的类型格式相同，这样就可以脱离 PowerPoint 2010 系统，在 Internet 浏览器上直接浏览演示文稿。

（3）演示文稿模板文件（*.potx）

PowerPoint 2010 提供数十种经过专家细心设计的演示文稿模板，包括：颜色、背景、主题、大纲结构等内容，供用户使用。此外，用户也可以把自己制作的比较独特的演示文稿，保存为设计模板，以便将来制作相同风格的其他演示文稿。

（4）大纲 RTF 文件（*.rtf）

将幻灯片大纲中的主体文字内容转换为 RTF 格式（Rich Text Format），保存为大纲类型，以便在其他的文字编辑应用程序中（如 Word）打开并编辑演示文稿。

（5）Window 图元文档（*.wmf）

将幻灯片保存为图片文件 WMF（Windows Meta File）格式。日后可以在其他能处理图形的应用程序（如画笔等）中打开并编辑其内容。

（6）演示文稿放映（*.ppsx）

将演示文稿保存成固定以幻灯片放映方式打开的 PPS 文件格式（PowerPoint 播放文档），保存为这种格式可以脱离 PowerPoint 2010 系统，在任意计算机中播放演示文稿。

（7）其他类型文件

还可以使用 PDF 格式及其他图形文件，如：可交换图形格式（*.gif）、文件可交换格式（*.jpeg）、可移植网络图形格式（*.png）等，这些文件类型是为了增加 PowerPoint 系统对图形格式的兼容性而设置的。

8.3 幻灯片的编辑与设置

幻灯片的文本或图形对象有多少个，是如何布局的，这就是幻灯片版式。幻灯片版式包含要在幻灯片上显示的全部内容的格式设置、位置和占位符。占位符是版式中的容器，可容纳如文本、表格、图表、SmartArt 图形、影片、声音、图片及剪贴画等内容。而版式也包含幻灯片的主题，如图 8.17 所示。PowerPoint 中包含 9 种内置幻灯片版式，见图 8.18 所示。

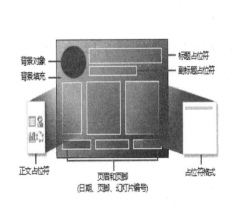

图 8.17　PowerPoint 幻灯片中可以包含的所有版式元素　　　图 8.18　幻灯片版式

8.3.1　幻灯片版式的设置

幻灯片版式的选择方法如下：

① 打开演示文稿后，在"普通"视图中，单击要应用版式的幻灯片。

② 在"开始"选项卡上的"幻灯片"组中，单击" 版式 "，然后选择所需的版式。如图 8.19 所示。

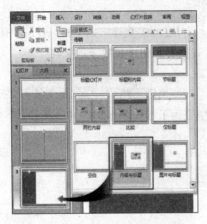 

图 8.19　设置幻灯片版式　　　　　**图 8.20 幻灯片大纲快捷菜单**

8.3.2　在幻灯片中输入文字和设置段落层次

1. 在版式占位符中输入文字

确定了幻灯片版式后，可在由版式确定的占位符中输入文字。用鼠标单击占位符，在相应的占位符中输入文本文字，并设置文字格式和对齐方式等（参见 Word 文字编辑）。

2. 设置段落层次

幻灯片主体文本中的段落是有层次的，PowerPoint 的每个段落可以有多个层次，每个层次有不同的项目符号，字型大小也不相同，这样使得内容有更强的层次感。

8.3.3　插入文本框

如果想在幻灯片没有占位符的位置输入文本，可以使用插入文本框的方式来实现，如图 8.21 所示，具体操作如下。

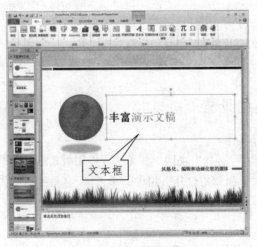

图 8.21　文本框的插入

① 执行"插入→文本框→水平（垂直）"命令，然后在幻灯片中拖拉出一个文本框来。

② 将相应的字符输入到文本框中。

③ 设置好字体、字号和字符颜色等。

④ 调整好文本框的大小，并将其定位在幻灯片的合适位置上即可。

8.3.4 幻灯片文字的格式设置

（1）设置文字字体

若要为图表元素中的文本设置格式，可以使用常规文本格式选项，或者应用艺术字格式。

① 单击包含要设置格式的文本的图表元素。

② 右键单击该文本或选择要设置格式的文本，然后在"开始"选项卡上的"字体"组中（见图 8.22），单击要使用的格式按钮。

③如需进行其他设置，单击" "，在弹出的对话框（见图 8.23）中进行相应设置。

图 8.22 字体格式设置　　　　　　　　**图 8.23 字体格式设置对话框**

（2）设置文字段落格式

若要为图表元素中的段落设置格式，可以使用段落格式选项，或者应用艺术字格式。

① 单击包含要设置格式的文本的图表元素。

② 右键单击该文本或选择要设置格式的文本，然后在"开始"选项卡上的"段落"组中（见图 8.24），单击要使用的格式按钮。

③ 如需进行其他设置，单击" "，在弹出的对话框（见图 8.25）中进行相应设置。

图 8.24 段落格式设置　　　　　　　　**图 8.25 段落格式设置对话框**

8.3.5　项目符号和编号的添加

文字表现力除了与自身形式有关外，还和其所在的段落有关。通过对段落的安排，除了可以使文字更加清晰外，还可以突出重点。有时为一个段落加上项目符号可以起到醒目的作用。选择"开始"选项卡上的"段落"组中"⋮⋮ ▾ ⋮≡ ▾"即可设置。

8.3.6　页眉和页脚的添加

在幻灯片上可以插入页眉与页脚，这样可以让它更有特征一点。方法是：
执行选择"插入"选项卡上的"文本"组中→"页眉与页脚"→"幻灯片"。

8.3.7　幻灯片的其他操作

① 插入新幻灯片：在"文件"选项卡的"幻灯片"组中单击"新建幻灯片"。选择合适的幻灯片版式，然后输入具体内容。

② 选定幻灯片：在普通视图的幻灯片或大纲窗格中或在幻灯片浏览视图中，单击幻灯片缩略图进行操作，单击某张幻灯片的图标即可选择一张幻灯片。选择多张幻灯片时，要按住 Shift 键或 Ctrl 键，再单击另外幻灯片图标。

③ 删除幻灯片：选择要删除的幻灯片。单击"编辑"菜单中的"删除幻灯片"，或按 delete 键。如果要删除多张幻灯片，请切换到幻灯片浏览视图。按下 Ctrl 键并单击各张幻灯片，然后单击"删除幻灯片"。

④ 复制和移动幻灯片：操作方法与 Windows 的文件的复制和移动相同。

8.4　幻灯片主题的使用与修饰

8.4.1　幻灯片设计主题的使用

设计主题是一组统一的设计元素，使用颜色、字体和图形设置文档的外观等。使用预先设计的主题，可以轻松快捷地更改演示文稿的整体外观。

（1）应用设计主题
可以在创建演示文稿时应用设计主题，也可以在编辑演示文稿时应用设计主题，其具体步骤如下：
① 在"设计"选项卡的"主题"组中选择所需的主题（见图 8.26）。

图 8.26　应用设计模板

② 执行下列操作之一：

● 若要对所有幻灯片（和幻灯片母版）应用设计主题，请单击所需主题。

● 若要将主题应用于单个幻灯片或多个选中的幻灯片，请选择"幻灯片"选项卡上的缩略图；右键单击所需主题，在弹出的快捷菜单中单击"应用于选定幻灯片"。

● 若要将新主题应用于当前使用其他模板的一组幻灯片，请在"幻灯片"选项卡上选择一个幻灯片；在任务窗格中，指向模板并单击箭头，再单击"应用于母版"。

（2）创建自己的设计模板

PowerPoint 2010 的模板文件与普通演示文稿并无多大差别，通常我们创建新的模板也是通过将演示文稿另存为模板得到的。

① 在演示文稿里删除新模板中不需要的任何文本、幻灯片或设计元素。

② 在"文件"菜单上，单击"另存为"。

③ 在"文件名"框中，键入模板的名称。

④ 在"保存类型"框中，单击"演示文稿设计模板"。

⑤ 单击"保存"。

8.4.2 幻灯片主题颜色的使用

主题颜色是文件中使用的颜色的集合。主题颜色、主题字体和主题效果三者构成一个主题。主题颜色是一组可用于演示文稿的预设颜色，由 12 种颜色来表示幻灯片上的不同对象，例如文字、背景、填充等。用户可以通过选择配色方案将各种颜色协调地配置在幻灯片之中，如图 8.27 所示。用户也可以定义自己的主题颜色，如图 8.28 所示。

图 8.27　幻灯片主题颜色

图 8.28　新建主题颜色

8.4.3 设置幻灯片背景

在制作演示文稿时，我们可以为幻灯片选择单一颜色的背景，也可以使用过渡背景、纹理、图案或选择计算机中的图片作为幻灯片背景，但是每张幻灯片只能使用一种背景。

在内置主题中，背景样式库的首行总是使用纯色填充。要访问背景样式库，请在"设计"选项卡上的"背景"组中，单击"背景样式"（见图 8.29）。用户也可以设置背景格式（见图 8.30）。

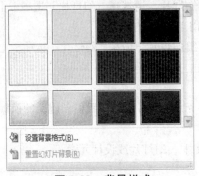

图 8.29　背景样式

图 8.30　设置背景格式

8.5　在幻灯片中插入素材对象

8.5.1　图像的插入

在 PowerPoint 2010 的幻灯片中可以插入多种不同格式的图像，如剪贴画、图片文件，还可以从剪贴板中粘贴图像，也可以屏幕截图等。

1. 剪贴画的插入

有两种方式可以建立带有剪贴画的幻灯片，一种是利用含有剪贴画的版式的幻灯片来创建，另一种是在不含有剪贴画版式的幻灯片中创建。

方法一：常用的是利用幻灯片版式建立带有剪贴画的幻灯片。在演示文稿当前幻灯片位置后插入一张新的幻灯片，选择含有剪贴画占位符的任何版式应用到新幻灯片，如图 8.31 所示。然后单击剪贴画预留区，在幻灯片窗体右侧显示出"剪贴画"任务窗格，如图 8.32 所示，单击要选择的剪贴画，它就插入到剪贴画预留区中。

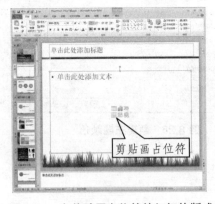

图 8.31　有剪贴画占位符的幻灯片版式

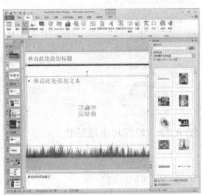

图 8.32　"选择图片"对话框

方法二：直接在幻灯片中插入剪贴画。先选择要插入剪贴画的幻灯片，在"插入"选项卡的"图像"组中单击"剪贴画"，在幻灯片窗体右侧显示出"剪贴画"任务窗格，如图 8.32 所示，搜索出按指定要求的剪贴画，在显示的图片缩略图中，单击要插入的图片将其加入到当前幻灯片上。

2. 图片文件的插入

选择要插入图片的幻灯片，再选择【插入】选项卡→【图像】分组→【图片】选项，弹出"插入图片"对话框，如图 8.33 所示。在左侧的文件夹窗口中选定图片文件所在的文件夹，找到需要插入的图片，单击选中它，点【插入】按钮。

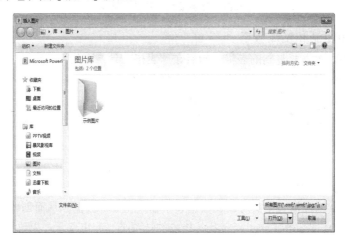

图 8.33　"插入图片"对话框

8.5.2　表格和图表的插入

1. 表格的插入

幻灯片中，表格的插入方法有两种：一是在插入新幻灯片后，在幻灯片版式中选择含有表格占位符的版式，应用到新的幻灯片，然后单击幻灯片中表格占位符标识，就可以制作表格；二是直接在已有的幻灯片中加入表格，可以创建具有很少格式的简单表格，也可以创建格式比较复杂的表格。还可以包含演示文稿内配色方案中的填充和边框颜色。

创建 PowerPoint 表格的方法是：

在"插入"选项卡的"表格"分组中，单击"表格"。在"插入表格"对话框中（见图 8.34），执行下列操作之一：

● 单击并移动指针以选择所需的行数和列数，然后释放鼠标按钮。

● 单击"插入表格"，然后在"列数"和"行数"列表中输入数字。

在向演示文稿中添加表格后，可以使用 PowerPoint 中的"表格工具"选项卡中的"设计"选项卡（见图 8.35）与"布局"选项卡（见图 8.36）中来设置表格的格式、样式或者对表格做其他类型的更改。

图 8.34　插入表格

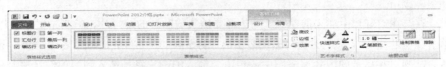

图 8.35　表格工具–设计选项卡

图 8.36　表格工具–布局选项卡

2. 从 Word 中复制和粘贴表格

① 在 Word 中，单击要复制的表格，然后在"表格工具"下的"布局"选项卡上，单击"表格"组中"选择"旁边的箭头，然后单击"选择表格"。

② 在"开始"选项卡上的"剪贴板"组中，单击"复制"。

③ 在您的 PowerPoint 演示文稿中，选择要将表格复制到的幻灯片，然后在"开始"选项卡上单击"粘贴"。

3. 图表的插入

在 PowerPoint 2010 中创建一个新图表时，Microsoft Excel 自动打开，图表显示在幻灯片中，其相关数据显示在 Excel 的数据表中。可以在数据表中输入自己的数据，从而创建自己的图表。

当使用图表时，Microsoft Excel 程序及其相应的选项卡一起出现（如果已经插入 Excel 图表，Excel 菜单和按钮会和 PowerPoint 菜单一起出现），因此可修改图表。例如，可以将图表类型由饼图改为柱形图、放大文本或添加新颜色。

创建和编辑图表：在"插入"选项卡中的"插图"分组中的"图表"。

① 若要替换示例数据，可单击 Excel 数据表上的单元格，然后键入所需信息。

② 若要返回幻灯片，可单击 Windows 任务栏中的 PowerPoint 标签。

③ 图表创建后如果需要进行编辑，则可以通过"图表工具"选项卡上的"设计"选项卡、"布局"选项卡和"格式"选项卡中的选项或在图表相应的区域双击鼠标激活图表设置对话框来进行编辑操作。

8.5.3　形状的插入

可以在文件中添加一个形状，或者合并多个形状以生成一个绘图或一个更为复杂的形状。可用的形状包括：线条、基本几何形状、箭头、公式形状、流程图形状、星、旗帜和标注。

具体操作方法如下：

1. 在"开始"选项卡上的"绘图"组中，单击"形状"。如图 8.37 所示。

图 8.37　形状选项

2. 单击所需形状，接着单击幻灯片中的任意位置，然后拖动以放置形状。

提示：要创建规范的正方形或圆形（或限制其他形状的尺寸），请在拖动的同时按住 Shift。

3. 添加完所有需要的形状后，按 Esc。

8.5.4 艺术字的插入

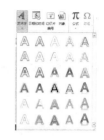

图 8.38 艺术字样式

操作步骤：在"插入"选择卡上的"文本"分组中，单击"艺术字"，然后单击所需的艺术字（见图 8.38），在艺术字的文本框中输入文字即可。如果需要对插入的艺术字进行编辑，则可以通过"绘图工具"选项卡上的"格式"选项卡中的选项来进行修饰。如图 8.39 所示。

图 8.39 编辑艺术字选择卡

8.5.5 音频的插入

1. 音频的插入

PowerPoint 2010 可以插入剪辑库中的声音，也可以插入文件中的声音，方法如下：

① 选中需要添加音频的幻灯片。

② 在"插入"选择卡上的"媒体"组中，单击"音频"下的箭头。

③ 执行以下任一操作：

● 单击"文件中的音频"，找到包含该音频的文件的文件夹，然后双击要添加的文件；

● 单击"剪贴画音频"，查找中所需的音频剪辑，剪贴画任务窗格单击该音频的文件旁边的箭头，然后单击"插入"；

● 单击"录制音频"，通过弹出的"录音"对话框录制音频。

如果需要对插入的音频进行预览，则可以点击" 🔊 "下方的控件进行播放/暂停（见图 8.40）。如果需要对插入的音频进行设置，通过"音频工具"选项卡上的"格式"选项卡和"播放"选项卡中的选项来进行设置。如图 8.41 所示。

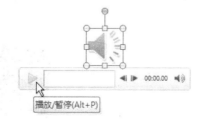

图 8.40 音频预览控件

图 8.41　音频工具选项卡

2. 设置音频剪辑的播放选项

① 在幻灯片上,选择音频剪辑图标 。

② 在"音频工具"下,在"播放"选项卡上的"音频选项"组中,执行下列操作之一:

- 若要在放映该幻灯片时自动开始播放音频剪辑,请在"开始"列表中单击"自动"。
- 若要通过在幻灯片上单击音频剪辑来手动播放,请在"开始"列表中单击"单击时"。
- 若要在演示文稿中单击切换到下一张幻灯片时播放音频剪辑,请在"开始"列表中单击"跨幻灯片播放"。
- 要连续播放音频剪辑直至您停止播放,请选中"循环播放,直到停止"复选框。

3. 隐藏音频剪辑图标

① 单击音频剪辑图标 。

② 在"音频工具"下的"播放"选项卡上,在"音频选项"组中,选中"放映时隐藏"复选框。

8.5.6　视频、动画的插入

用户可以使用 Microsoft PowerPoint 2010 将来自文件的视频直接嵌入到演示文稿中。另外,与使用早期版本的 PowerPoint 一样,用户也可以嵌入来自剪贴画库的.gif 动画文件。

PowerPoint 2010 可以嵌入来自文件的视频、来自网站的视频以及剪贴画库的动态 GIF,方法如下:

① 选中需要添加视频的幻灯片。

② 选择"插入"选择卡上的"媒体"组中,单击"视频"下的箭头。

③ 执行以下任一操作:

- 单击"文件中的视频",在"插入视频"对话框中,找到并单击要嵌入的视频,然后单击"插入"。如果需要从演示文稿 Microsoft PowerPoint 2010 链接外部视频文件或电影文件,在"插入"按钮上,单击向下键,然后单击"链接到文件"。如图 8.42 所示。
- 单击"来自网站的视频",弹出"从网站插入视频"的对话框,将从视频网站复制的嵌入代码粘贴到对话框的文本框中,然后单击"插入"。
- 单击"剪贴画视频",可嵌入来自剪贴画库的动态 GIF 文件。

如果需要对嵌入的视频进行预览,则可以点击视频下方的控件进行播放/暂停(见图 8.43)。如果需要对嵌入的视频进行设置,通过"视频工具"选项卡上的"格式"选项卡和"播放"选项卡中的选项来进行设置。如图 8.44 所示。

图 8.42　从演示文稿链接到视频文件

图 8.43　视频预览控件

图 8.44　视频工具选项卡

8.5.7　超级链接的插入

超级链接是实现从一个演示文稿或文件快速跳转到其他演示文稿或文件的捷径，通过它可以在自己的计算机上、网络上乃至因特网和万维网上进行快速切换。可以从文本或对象（如图片、图形、形状或艺术字）创建超链接。链接和动作设置使幻灯片的放映更具交互性成为可能。

1. 链接到同一演示文稿中的幻灯片

具体操作方法如下：

① 在"普通"视图中，选择要用作超链接的文本或对象。

② 在"插入"选项卡上的"链接"组中，单击"超链接"。

③ 在弹出的"插入超链接"的对话框中，如图 8.46 所示。

④ 请执行下列操作之一：

● 链接到当前演示文稿中的幻灯片：在"请选择文档中的位置"下，单击要用作超链接目标的幻灯片，然后单击"确定"。

● 链接到当前演示文稿中的自定义放映：在"请选择文档中的位置"下，单击要用作超链接目标的自定义放映。选中"显示并返回"复选框，然后单击"确定"。

2. 链接到不同演示文稿中的幻灯片

① 在"普通"视图中，选择要用作超链接的文本或对象。

② 在"插入"选项卡上的"链接"组中，单击"超链接"。

③ 在弹出的"插入超链接"的对话框中，如图 8.45 所示。

④ 找到包含要链接到的幻灯片的演示文稿。如图 8.46 所示。

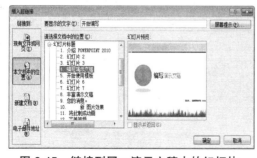

图 8.45　链接到同一演示文稿中的幻灯片

图 8.46　链接到不同演示文稿中的幻灯片

⑤ 单击"书签"，然后单击要链接到的幻灯片的标题，然后单击"确定"。

3. 链接到电子邮件地址

① 在"普通"视图中，选择要用作超链接的文本或对象。

② 在"插入"选项卡上的"链接"组中，单击"超链接"。

③ 在"链接到"下单击"电子邮件地址"，如图 8.47 所示。

④ 在"电子邮件地址"框中，键入要链接到的电子邮件地址，单击电子邮件地址。

⑤ 在"主题"框中，键入电子邮件的主题，然后单击"确定"。

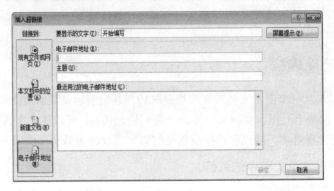

图 8.47　链接到电子邮件地址

4. 链接到 Web 上的页面或文件

① 在"普通"视图中，选择要用作超链接的文本或对象。

② 在"插入"选项卡上的"链接"组中，单击"超链接"。

③ 在"链接到"下单击"现有文件或网页"，然后单击"　浏览 Web"。如图 8.47 所示。

④ 找到并选择要链接到的页面或文件，然后单击"确定"。

5. 链接到新文件

① 在"普通"视图中，选择要用作超链接的文本或对象。

② 在"插入"选项卡上的"链接"组中，单击"超链接"。

③ 在"链接到"下，单击"新建文档"。如图 8.48 所示。

④ 在"新建文档名称"框中，键入要创建并链接到的文件的名称。如果要在另一位置创建文档，请在"完整路径"下单击"更改"，浏览到要创建文件的位置，然后单击"确定"。

⑤ 在"何时编辑"下，单击相应选项以确定是现在更改文件还是稍后更改文件。

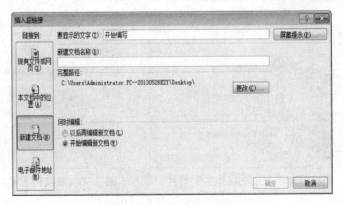

图 8.48　链接到新文件

8.6 幻灯片的放映与打包

8.6.1 设置幻灯片的切换效果

1. 向幻灯片添加切换效果

向幻灯片添加切换效果，具体操作如下：

② 选择要向其应用切换效果的幻灯片的幻灯片缩略图。

② 在"切换"选项卡的"切换到此幻灯片"组中，单击要应用于该幻灯片的幻灯片切换效果。若要查看更多切换效果，请单击"▼其他"按钮，如图 8.49 所示。

图 8.49 幻灯片切换方式设置选项卡

2. 设置切换效果的计时

① 若要设置上一张幻灯片与当前幻灯片之间的切换效果的持续时间，请执行下列操作：
在"切换"选项卡上"计时"组中的"持续时间"框中，键入或选择所需的速度，如图 8.50 所示。

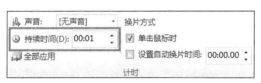

图 8.50 设置幻灯片切换效果的计时

② 若要指定当前幻灯片在多长时间后切换到下一张幻灯片，请采用下列步骤之一：

● 若要在单击鼠标时换幻灯片，请在"切换"选项卡的"计时"组中，选择"单击鼠标时"复选框。

● 若要在经过指定时间后切换幻灯片，请在"切换"选项卡的"计时"组中，选择"设置自动换片时间"并其后的文本框中键入所需的秒数。

3. 向幻灯片切换效果添加声音

在"切换"选项卡的"计时"组中，单击"声音"旁的箭头（见图 8.51），然后执行下列操作之一：

● 若要添加列表中的声音，请选择所需的声音。

● 若要添加列表中没有的声音，请选择"其他声音"，找到要添加的声音文件，然后单击"确定"。

图 8.51 设置幻灯片切换效果的音效

8.6.2 设置幻灯片的动画效果

动画可使 Microsoft PowerPoint 2010 演示文稿更具动态效果，并有助于提高信息的生动性。幻灯片中的标题、副标题、文本或图片等对象都可以设置动画效果，在放映时以不同的动作出现在屏幕上，从而增加了幻灯片的动画效果。

1. 应用动画方案

要向文本或对象添加动画，请执行以下操作：

② 选择要制成动画的文本或对象。

② 在"动画"选项卡的"动画"组中，从动画库中选择一个动画效果。单击"更多"箭头查看更多选项。若要查看更多动画效果，请单击"▼其他"按钮，如图 8.52 所示。

③ 若要更改所选文本的动画方式，请单击"效果选项"，然后单击要具有动画效果的对象。

④ 若要指定效果计时，请在"动画"选项卡上使用"计时"组中的命令。

图 8.52 动画设置选项卡

2. 对动画文本和对象应用声音效果

通过应用声音效果，可以额外强调动画文本或对象。

要对动画文本或对象添加声音，具体操作如下：

① 在"动画"选项卡的"高级动画"组中，单击"动画窗格"。动画窗格在工作区窗格的一侧打开，显示应用到幻灯片中文本或对象的动画效果的顺序、类型和持续时间。

② 找到要向其添加声音的效果，单击向下箭头，然后单击"效果选项"。如图 8.53 所示。

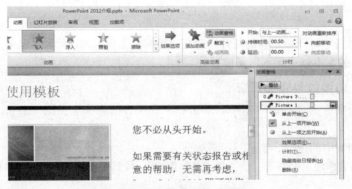

图 8.53 动画声音效果设置

③ 点击"效果选项"，在弹出的对话框的"效果"选项卡中的"增强"功能下面的"声音"框中，单击箭头以打开列表（见图 8.54），然后执行下列操作之一：

● 单击列表中的一个声音，然后单击"确定"。

● 要从文件添加声音，请单击列表中的"其他声音"、找到要使用的文件，然后单击"打开"。

图 8.54 动画声音效果选项对话框

① 对要向其添加声音效果的每个文本项目符号重复此步骤。

② 要预览应用到幻灯片的所有动画和声音，请在"动画窗格"中单击"播放"。

3. 设置动画效果的开始时间

① 在幻灯片上，单击包含要为其设置开始计时的动画效果的文本或对象。

② 在"动画"选项卡上的"计时"组中（见图 8.55），执行以下操作之一：

● 若要在单击幻灯片时开始动画效果，请选择"单击时"。

● 若要在列表中的上一个效果开始时开始该动画效果（即，一次单击执行多个动画效果），请选择"与上一动画同时"。

● 若要在列表中的上一个效果完成播放后立即开始动画效果（即，无需再次单击便可开始下一个动画效果），请选择"上一动画之后"。

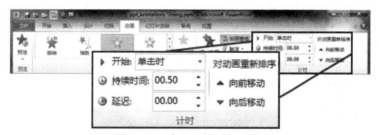

图 8.55 动画开始时间设置

5. 延迟开始动画效果

① 在幻灯片上，单击包含要为其设置延迟或其他计时选项的动画效果的文本或对象。

② 在"动画"选项卡上的"计时"组中，执行下列一项或多项操作：

● 要在一个动画效果结束和新动画效果开始之间创建延迟，在"延迟"框中输入一个数字。

● 若要指定动画效果的时间长度，在"持续时间"框中输入数字。

6. 重复或快退动画效果

若要使动画效果或效果序列重复或返回到其初始位置，请在"动画"选项卡上的"动画"组中，单击"显示其他效果选项"启动器⬚，在弹出的"出现"对话框中，单击"计时"选项卡（见图 8.56），然后执行下列一项或多项操作：

● 要重复播放某个动画效果，请在"重复"列表中选择相应的选项。

227

● 若要使某个动画效果在播完后自动返回到其最初的外观和位置，请选中"播完后快退"复选框。例如，在"飞出"退出效果播完后，该项目将重新显示在它在幻灯片上的最初位置上。

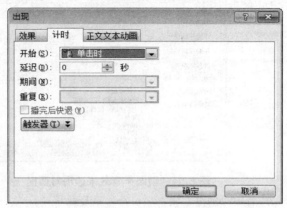

图 8.56 重复或快退动画设置

7. 对动画效果重新排序

幻灯片上的动画对象显示一个数字，用来指示对象的动画播放顺序。如果有两个或多个动画效果，则您可以通过执行下列操作之一更改每个动画效果的播放顺序：

● 在幻灯片上，单击某个动画，然后在"动画"选项卡上"计时"组中的"对动画重新排序"下，单击"向前移动"或"向后移动"。如图 8.52 所示。

● 在"动画"选项卡上的"高级动画"组中，单击"动画窗格"。通过在列表中向上或向下拖动对象来更改顺序。

8.6.3 动作按钮的设置

动作按钮是指可以添加到演示文稿中的内置按钮形状（位于形状库中），可以分配单击鼠标或鼠标移过时动作按钮将执行的动作。提供动作按钮是为了通过演示文稿进行演示时，可以通过单击鼠标或鼠标移过动作按钮来执行以下操作：

● 转到下一幻灯片、上一幻灯片、第一张幻灯片、最后一张幻灯片、最近观看的幻灯片、特定幻灯片编号、其他 Microsoft Office PowerPoint 演示文稿或网页。

● 运行程序

● 运行宏（宏：可用于自动执行任务的一项或一组操作。可用 Visual Basic for Applications 编程语言录制宏）。

● 播放音频剪辑

可以在形状库中找到的内置动作按钮形状示例包括右箭头和左箭头，以及通俗易懂的用于转到下一张、上一张、第一张和最后一张幻灯片和用于播放视频或音频等的符号。如图 8.57 所示。

图 8.57 动作按钮

添加动作按钮并分配动作，具体操作如下：

① 在"插入"选项卡上的"插图"组中，单击"形状"，然后在"动作按钮"下，单击要添加的按钮形状。

② 单击幻灯片上的一个位置，然后通过拖动为该按钮绘制形状，此时系统自动弹出"动作设置"对话框。如图 8.58 所示。

③ 在"动作设置"对话框中（见图 8.59），执行下列操作之一：

● 若要选择在幻灯片放映视图中单击动作按钮时该按钮的行为，请单击"单击鼠标"选项卡。

● 若要选择在幻灯片放映视图中指针移过动作按钮时该按钮的行为，请单击"鼠标移过"选项卡。

图 8.58 添加动作按钮

图 8.59 动作设置对话框

④ 若要选择单击或指针移过动作按钮时将发生的动作，请执行下列操作之一：

● 若要使用形状，但不指定相应动作，请单击"无"。

● 若要创建超链接，请单击"超链接到"，然后选择超链接动作的目标对象。

8.6.4 幻灯片的放映

1. 幻灯片的常用放映方式

演示文稿制作完成使用时，有几种放映方法：

方法一：单击演示文稿窗口右下角按钮；

方法二：在"幻灯片放映"选择卡上的"开始放映幻灯片"组中，单击"从头开始"或"从当前幻灯片开始"，如图 8.60 所示。

方法三：将演示文稿保存为"幻灯片放映"（*.ppsx）类型，以后直接双击演示文稿文件即可放映。放映效果如图 8.61 所示。可按"Esc"键结束放映。

图 8.60 幻灯片放映选项卡

图 8.61　幻灯片放映

2. 幻灯片的自定义放映

用户可以根据自己的需要选择幻灯片的放映顺序，而不必修改幻灯片，具体操作如下：

① 在"幻灯片放映"选择卡上的"开始放映幻灯片"组中，单击"自定义幻灯片"。

② 在下拉列表中单击"自定义幻灯片"，弹出"自定义放映"对话框（见图 8.62）。

③ 在对话框中单击"新建"，弹出"定义自定义放映"对话框（见图 8.63）。

④ 在对话框中的"在演示文稿中的幻灯片"中，按照需要放映的顺序，选择相应的幻灯片并单击"添加"按键，逐一添加到"在自定义放映中的幻灯片"中。

⑤ 对已经添加到"在自定义放映中的幻灯片"中的幻灯片，可以单击"删除"按键将幻灯片从自定义放映列表中移除，可以单击"⬇"和"⬆"改变其顺序。

⑥ 在"幻灯片放映名称"的文本框中输入名称，单击"确定"按键，返回"自定义放映"对话框。

⑦ 新创建的自定义放映方式出现在"自定义放映"的列表中，可以选中相应的放映方式名称，单击"放映"。如图 8.64 所示。

图 8.62　自定义放映对话框

图 8.63　定义自定义放映对话框

图 8.64　已创建的自定义放映方式

8.6.5 幻灯片的放映设置

演示文稿制作完成后，有的由演讲者播放，有的让观众自行播放，这需要通过设置幻灯片放映方式进行控制。

1. 基本设置

在"幻灯片放映"选择卡上的"设置"组中，单击"设置幻灯片放映"，弹出设置放映方式对话框。如图 8.65 所示。

在对话框中可以完成以下设置：

① 在"放映类型"选项区中，各单选按钮的含义如下：

● "演讲者放映方式"单选按钮：演讲者放映方式是最常用的放映方式，在放映过程中以全屏显示幻灯片。

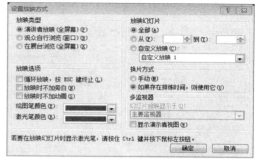

图 8.65　定义自定义放映对话框

● "观众自行浏览"单选按钮：可以在标准窗口中放映幻灯片。

"在展台浏览"单选按钮：在展台浏览是 3 种放映类型中最简单的方式，这种方式将自动全屏放映幻灯片，并且循环放映演示文稿，如果要停止放映，只能按【Esc】键来终止。

② 在"放映选项"选项区中，可以通过选择各选项决定。

③ 在"放映幻灯片"选项区中，可以通过选择各选项决定。

④ 在"换片方式"选项区中，可以通过选择各选项决定。

2. 放映指针选项

幻灯片播放时，屏幕左下角有指针选项，正常时默认为箭头，鼠标单击一下会转到下一个幻灯片；也可以通过点指针选项，再选取毡尖笔或圆珠笔。

① 鼠标右击屏幕的空白处，会弹出一个下拉菜单，将鼠标移到"指针选项"处，在旁边立即弹出"指针选项"菜单，如图 8.66 所示。该步骤也可以这样操作：鼠标单击屏幕左下角的"笔形"按钮，如图 8.67 所示。

② 鼠标点击"毡尖笔"选项。这时菜单消失，屏幕上的光标箭头变成一个色点，移动鼠标色点跟着移动，按下鼠标左键并移动鼠标，便在屏幕上画出红色线条。

图 8.66　放映指针选项

图 8.67　放映控制按钮

8.6.6 将演示文稿保存并发送

通过选择"文件"选择卡中的"保存并发送"，用户可以采用多种格式保存并发送演示文稿。如图 8.68 所示。

打包：在"文件"选择卡中，单击"保存并发送"，在右侧窗体中单击"将演示文稿打包成 CD"，单击"打包成 CD"按键，显示"打包在 CD"的 Backstage 视图，如图 8.69 所示。

图 8.68 保存并发送界面

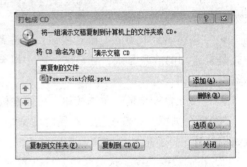

图 8.69 打包成 CD 对话框

第9章　信息获取与发布技术

9.1　信息概述

人类社会第一次信息革命——语言的形成，至今已经经历了六次信息技术革命，其中离我们最近的第六次信息革命是以电子计算机网络技术为主导，建立在多媒体技术基础上的更高阶段上的信息革命，把我们带入了信息社会，开始了信息时代，在这个时代里信息量，信息的传播和处理速度，以及应用信息的程度等都以几何级数的方式在增长。

9.1.1　信息的定义和主要特征

1. 什么是信息

信息在客观上是反映某一客观事物的现实情况。信息在主观上是可接受可利用的，并指导我们的行动。广义地说，信息就是一种已经被加工为特定形式的数据。如果要给信息下个比较科学的定义，信息就是客观存在的一切事物通过物质载体所发出的情报、指令、数据、信号中所包含的一切可传递和可交换的知识内容。它是世界上一切事物的状态和特征的反映。

在数据处理及信息系统中经常要使用的两个相关但又不同的名词：数据和信息。较严格的说，数据是记录下来可以被鉴别的符号，它可以因载体不同以图形、图像、声音、文字等不同的形式存在。而信息是对数据的解释。只有解释后的数据才含有适用信息，或称其为信息，没有经过解释的数据，不管如何处理（如排序），仍只能称为数据或资料。信息强调含义，数据强调载体；信息强调实际效用，数据强调客观事实。

2. 信息的特征

客观世界的三大要素是物质、能力和信息。信息普遍存在，它对人类的生存和发展至关重要。我们要了解信息，就应该了解信息的特征。

可获取性：自然界的信息，一直是客观存在的。人类可以通过运用各种手段来感知信息，接受信息，进而获取信息。比如，我们每天看书学习，从而获取信息。

可传输性：信息具有通过各种介质传输的特征。信息把地球上的每一个人都联系在一起，信息使每个人与社会息息相关。全球化的信息高速公路必将把人类带入信息时代。

可存储性：随着人类社会向前发展，科学技术的进步，信息的存储方式也不断进步。纸的发明，使文字信息能够记录下来；印刷术的发明，使文字信息的大量复制成为现实，磁记录的发明，可用磁带录音、录像、记录数据；激光盘的发明扩大了信息存储的容量。

可处理性：信息处理是指对信息的排序、归并、存储、检索、制表、计算，以及模拟、预测等操作。计算机的出现，揭开了当代信息处理技术的新篇章。

可扩散性：信息可以通过各种渠道迅速扩散开来。信息越扩散，我们拥有的信息也就越多。

可共享性：同一网页的信息，大家可以共享。这与物品不一样，一个苹果两个人分享，各得其半；如四个人分享，每个人得四分之一；人数再增加，每个人分享得更少。

可替代性：从某些情况和不同程度上说，信息可以取代资本，并且发展和延伸物质资源。利用信息，可以减少劳动力和资本的消耗，信息可以替代物质财富。

可压缩性：我们能够对信息进行集中、综合和概括，以便处理。

9.1.2 信息获取

社会的高度信息化，使得信息量越来越大，信息传播越来越便捷，面对纷繁复杂的信息，高效地获取有用的信息来支撑自己的学习和工作，是新世纪大学生必须具备的信息素养之一。信息社会的一个重要特征便是信息的数化、网络化，从网络上快速高效地获取信息越来越成为人们学习、工作和娱乐必备技能之一。信息资源的来源大致有：资源光盘、因特网、图书资料、影视资源及声音资源等。在这里，我们主要讨论网络信息资源的获取。

网络信息资源的获取途径有以下几种。

与图书馆相似，网络中的信息如汪洋大海，其中的大多数也许并不是你所需要的甚至还会有不少糟粕和垃圾，尽管如此，它还是大多数人应该向往的地方。如何在因特网上以最快的速度获得最多的、最有价值的信息，是用户最为关心的问题。

1. 搜索引擎

1994 年 4 月，Web 上的第一个搜索引擎——WebCrawler 问世，时至今日，Internet 上有记录可查的搜索引擎数量已达到了 3000 个左右，其中既有大型综合性搜索引擎，也有针对特定领域的专业性搜索引擎，它们已成为人们检索网络信息资源必不可少的工具。目前较为优秀的中文搜索引擎有：百度、网易、搜狐、雅虎中文（简）、新浪搜索等。而知名度较高的国外搜索引擎则有：AltaVista、Google、Infoseek、GoTo、LookSmart、Excite、Yahoo、Lycos、MSN Search、HotBotd 等。

2. 虚拟图书馆

虽然当前引擎的种类繁多，但是由于各引擎使用的自动搜索和标引技术尚不够智能，检索结果常会含有大量的冗余和噪音，这些严重影响了对网络信息资源的利用。所以，由某一专业领域机构精心选择和提供的该领域网络信息资源就有了更大的参考价值。由专业机构搜索的网络信息一般反映为虚拟图书馆。最著名的虚拟图书馆是 The WWW VirtualLibrary（http://www.vlib.org），它是 Web 上最古老的一个综合性学科资源目录导航服务，提供的学科资源包括了人文与社会科学、工程技术、自然科学等几乎所有领域。

3. 网络信息资源数据库

搜索引擎和虚拟图书馆是两种获得网络信息资源的重要途径，前者主要考虑健全率，后者主要考虑见准率。而网络信息资源数据库则兼顾了健全率和见准率两方面的因素，能够向用户提供相对全面和准确的网络资源。目前，国内很多高校都引进了 SCI，IEEE/IEE，Kluwer Online，Cambridge Scientific Abstract Contents Connect 等国外数据库。

9.1.3 信息发布

自从因特网诞生之后，通过网络发布各种信息，已经对人们的工作和生活产生了巨大的影响。广义地说，通过电视、广播、网络、书刊、报纸、传单、宣传画等手段，向社会推介产品、技术、人才等信息，都属于信息发布的范畴。通过信息发布，让人们了解本公司、本企业的技术、产品，乃至向企事业单位推介自己（如大学毕业生就业意愿等），已经成了很多人工作和生活的一部分，甚至形成了完整的网络文化，造就了巨大的市场空间。

互联网上信息发布的常见方式有以下几种。

① 在因特网上发布自己的网页：将自己需要发布的有关信息做成网页发布到互联网上，让别人可以方便地看到自己的信息（如观点、成果等）。

② 论坛公告板（BBS）：网页上有很多论坛、公告板，人们可以将信息在上面发布，将自己的需求表达出来

③ 新闻组服务：新闻组就像是一个可以离线浏览的 BBS，它是个人向新闻服务器粘贴邮件的集合地。我们可以通过新闻组浏览软件将新闻组里的帖子（邮件）全部下载到本地电脑中来阅读，也可以自由地在新闻组上服务器上粘贴消息。使用新闻组既可以节省大量上网时间，又可以阅读到大量资料，可谓一举多得。

④ 网络技术论坛：利用网络技术论坛可以发布有关学术方面的信息

⑤ 网络调查：搞研究需要调查和分析，以修正一些设想和计划中的不足，可以采用网站发布和调查问卷的办法，通过问卷让更多的人认识他们的研究项目和提供更多的建设性意见。

⑥ QQ、MSN、网络会议：利用 QQ、MSN、网络会议等工具软件，可以实现一对一、一对多或多对多的在线交流，这种方式是目前网络上非常流行的信息发布与交流方式。

⑦ 电子邮件：电子邮件是一种非常方便的、非实时性的联系方式，也是信息社会中一种新型的通信方式，能够快捷有效地进行信息的发布。

⑧ 博客：特指一种特别的网络个人出版形式，内容按照时间顺序排列，并且不断更新。

⑨ 微博：微博客（MicroBlog）的简称，是一个基于用户关系的信息分享、传播以及获取平台，用户可以通过 WEB、WAP 以及各种客户端组建个人社区，以 140 字左右的文字更新信息，并实现即时分享。

9.2　网络信息资源概述

网络信息资源是指一切投入到互联网络的电子化信息资源的统称。作为知识经济时代的产物，网络信息资源也称虚拟信息资源，它是以数字化形式记录的，以多媒体形式表达的，存储在网络计算机磁介质，光介质以及各类通讯介质上的，并通过计算机网络通讯方式进行传递信息内容的集合。简言之，网络信息资源就是通过计算机网络可以利用的各种信息资源的总和。

目前网络信息资源以因特网信息资源为主，同时也包括其他没有连入因特网的信息资源。网络信息资源极其丰富，包罗万象，其内容涉及农业、生物、化学、数学、天文学、航天、气象、地理、计算机、医疗和保险、历史、法律、音乐和电影等几乎所有专业领域，是知识、信息的巨大集合，是人类的资源宝库。

9.2.1 网络信息资源的特点

网络信息资源是一种新型数字化资源，与传统文献相比有较大的差别。网络信息资源具有如下特点。

1. 存储数字化

信息资源由纸张上的文字变为磁性介质上的电磁信号或者光介质上的光信息，是信息的存储和传递，查询更加方便，而且所存储的信息密度高，容量大，可以无损耗地被重复使用。以数字化形式存在的信息，既可以在计算机内高速处理，又可以通过信息网络进行远距离传送。

2. 表现形式多样化

传统信息资源主要是以文字和数字形式表现出来的信息。而网络信息资源则可以是文本，图像，音频，视频，软件，数据库等多种形式存在的，涉及领域从经济、科研、教育、艺术到具体的行业和个体，包含的文献类型从电子报刊、电子工具书、商业信息、新闻报道、书目数据库、文献信息索引到统计数据、图表、电子地图等。

3. 以网络为传播媒介

传统的信息存储载体为纸张，磁带，磁盘，而在网络时代，信息的存在是以网络为载体，以虚拟化的姿势状态展示的，人们得到的是网络上的信息，而不必过问信息是存储在磁盘上还是磁带上的。这体现了网络资源的社会性和共享性。

4. 数量巨大，增长迅速

CNNIC 一年两次发布的《中国互联网络发展状况统计报告》，全面反映和分析了中国互联网络发展状况，以其权威性著称。从本次报告中可以看出，截至 2002 年 12 月，我国上网计算机数量为 2083 万台；CN 下注册的域名数量达到 17.9 万个；网站数量达到了 37.1 万个；国际出口带宽总量为 9380M。

5. 传播方式的动态性

网络环境下，信息的传递和反馈快速灵敏，具有动态性和实时性等特点。信息在网络中的流动性非常迅速，电子流取代了纸张和邮政的物流，加上无线电和卫星通讯技术的充分运用，上传到网上的任何信息资源，都只需要短短的数秒钟就能传递到世界各地的每一个角落。

6. 信息源复杂

网络共享性与开放性使得人人都可以在互联网上取和存放信息,由于没有质量控制和管理机制,这些信息没有经过严格编辑和整理，良莠不齐，各种不良和无用的信息大量充斥在网络上，形成了一个纷繁复杂的信息世界，给用户选择，利用网络信息带来了障碍。

9.2.2 数字图书馆与网络数据库

现在随着网络技术的不断发展和电子文献资源的日益增多,图书馆已经迈入了数字图书馆时代。

（1）数字图书馆可获取的读者服务主要有：书刊借阅、书刊荐购、办证须知、科技查新、文献传递、查收查引、教学与培训、投稿指南、毕业论文指导、参考咨询。数字图书馆电子资源主要有：版权公告、中文数据库、外文数据库、电子图书、试用数据库、特色数据库、学科导航、免费资源、数字平台、电子资源与信息服务调查表等。

（2）数字图书馆数据库具有知识分类导航功能：设有包括全文检索在内的众多检索入口，用户可以通过某个检索入口进行初级检索，也可以运用布尔算符等灵活组织检索提问式进行高级检索；具有引文连接功能，除了可以构建成相关的知识网络外，还可用于个人、机构、论文、期刊等方面的计量与评价；全文信息完全的数字化。数据库内的每篇论文都获得清晰的电子出版授权。

目前国内较大型的学术期刊网络数据库主要有清华同方期刊数据库、万方学术期刊数据库、北京书生电子图书、维普全文期刊数据库，外文数据库有 springerLink 数据库、美国计算机学会 ACM 数据库、ASCE（美国土木工程师协会）电子期刊数据库。

9.2.3　基于搜索引擎的网络信息资源检索

搜索引擎(search engine)是一个系统，能从大量信息中找到所需的信息，提供给用户。互联网出现到现今，信息量可以说成幂指数的增长，大量信息就像 Google 的原本含义一样"1 的后面跟着 100 个 0"，这个数比宇宙所有的基本粒子的数量总和还要大。在这浩如烟海的信息怎么才能找到自己需要的信息呢？搜索引擎就像一只神奇的手，从杂乱的信息中抽出一条清晰的检索路径。

搜索引擎是指根据一定的策略、运用特定的计算机程序从互联网上搜集信息，在对信息进行组织和处理后，为用户提供检索服务，将用户检索相关的信息展示给用户的系统。搜索引擎包括全文索引、目录索引、元搜索引擎等。百度和谷歌是搜索引擎的代表。它们都是通过从互联网上提取的各个网站的信息（以网页文字为主）而建立的数据库中，检索与用户查询条件匹配的相关记录，然后按一定的排列顺序将结果返回给用户，因此他们是真正的搜索引擎。当用户以关键词查找信息时，搜索引擎会在数据库中进行搜寻，如果找到与用户要求内容相符的网站，便采用特殊的算法，通常根据网页中关键词的匹配程度，出现的位置/频次，链接质量等计算出各网页的相关度及排名等级，然后根据关联度高低，按顺序将这些网页链接返回给用户。

9.3　网页制作基本概念

英国科学家蒂姆·伯纳斯·李（Tim Berners-Lee）于上个世纪九十年代初发明了万维网（World Wide Web，简称 WWW），这种倾向于一种浏览网页的功能让信息的发布与获取开辟了广阔空间，万维网科技的迅速发展，深深改变了人类的生活面貌。如今，公司企业、部门机构、国家政府都会选择在互联网上建立信息发布的平台。个人也能借助万维网技术发布和传播自己感兴趣的信息。人们很多时候的"上网"就是通过计算机访问网络获得万维网信息服务的一种行为。在运行整个万维网的技术体系中，网页制作是必不可少的基础技术。

9.3.1　网页、站点与网站

1. 网　页

网页(Webpage)，是网站中展示信息的最基本单位，能呈现文本字符、图形图像、影音动画等多媒体信息。它通常是 HTML 格式的文件（扩展名为.html 或.htm），此外还有运用动态脚本语言的网页文件（文件扩展名为.asp 或.aspx 或.php 或.jsp 等）。

2. 站　点

站点（Site）是一个存储区，它存储了一个网站包含的所有文件。一般网站还没发布到互联网之前，最好建立一个站点以方便整体设计（见图 9.1）。网页设计软件 Dreamweaver 的使用也是以站点为基础的，它可以为每一个要处理的网站建立一个本地站点，这样能充分利用软件对于网站文件的便捷管理。

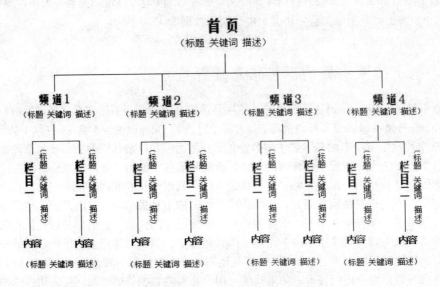

图 9.1　站点基本页面结构

3. 网　站

网站（Website）是互联网上一块固定的面向全世界发布消息的平台，是万维网服务的基本单位，由域名(也就是网站地址)和网站空间（提供万维网服务的 Web 服务器存储目录）构成，通常包括首页（homepage）和其他具有超链接文件的页面。站点发布后也就称为网站了。

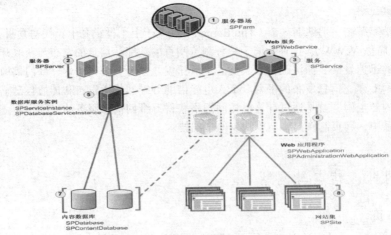

图 9.2　服务器与网站体系结构

9.3.2 HTML 语言与可视化网页设计工具

1. HTML 语言

HTML 语言即 Hypertext Markup Language，译为超文本标记语言，它通过标记符号来标记要显示的网页中的各个部分，是用于描述网页文档的一种标记语言。网页的本质就是 HTML，通过标记语言所定义的元素（如：文字、图像、声音、视频、动画等），以及结合使用其他的 Web 技术（如：脚本语言、CGI、组件等），可以创造出功能强大的网页。因而，HTML 是 Web 编程的基础，也就是说万维网是建立在超文本基础之上的。HTML 中还包含了所谓"超级链接"点，所谓超级链接就是一种 URL 指针，通过激活（点击）它，可使浏览器方便地切换到相关的网页。这也是 HTML 获得广泛应用的最重要的原因之一。

标准的 HTML 文件都具有一个基本的整体结构，即 HTML 文件的开头与结尾标志和 HTML 的头部与实体 2 大部分，有 3 个双标记符用于页面整体结构的确认。所谓双标记符是由开始标记符和结束标记符组成，标记符包括符号<和>以及特定单词或字母组成。比如：开始标记符<html>说明该文件是用 HTML 来描述的，它是文件的开头。而结束标记符</html>则表示该文件的结尾，它们是 HTML 文件的始标记和尾标记。一个网页文件的基本结构代码如图 9.3 所示：

```
<html><!--标记网页开始 -->
<head><!--标记头部开始，头部中包含的标记是页面的标题、序言、说明等内容，
它本身不作为内容来显示，但影响网页显示的效果。 -->
<meta http-equiv="Content-Type" content="text/html; charset=gb2312" />
<title>网页标题</title>
</head><!--标记头部的结束 -->
<body><!--标记页面正文开始 -->
<p>hello WWW</p><!--一组段落元素，会在浏览器显示区域内出现。 -->
</body><!--标记页面正文结束 -->
</html><!--标记网页结束 -->
```

图 9.3　网页基本结构代码图

2. 可视化网页设计工具

HTML 其实是字符代码，它需要浏览器的解释，HTML 的编辑器大体可以分为两种：

① 基本编辑软件，使用 WINDOWS 自带的记事本或写字板都可以编写，当然，用 EditPlus 或 UltraEdit 等高级文本编辑器更好。在存盘时请使用.htm 或.html 作为扩展名，这样浏览器就可以解析执行了。

② 所见即所得软件，使用最广泛的编辑器，通过界面按钮、菜单等配合就能快速做出网页，有的还提供了模版选择，这类软件主要有 Frontpage、Dreamweaver 等。

9.4　Dreamweaver 制作网页

Dreamweaver 是著名网站开发软件，它与同系列的 Flash、Fireworks 软件合称为网页设计三剑客。软件最早是由 Macromedia 公司所开发，而后 Macromedia 被 Adobe 收购，目前新的版本是 Dreamweaver CC（版本号：13，2013 年 7 月发布）。在新版本中，它更好的支持 HTML5/CSS3 语言

规范，提高了与 JQuery（一种 JavaScript 语言框架）的开发配合度，兼顾了 PC、平板电脑、智能手机等多应用平台下网站显示的可靠性设计。在学习和使用时，最好选择新版本，这样能更好的符合 Web 标准设计规范和切合实际应用。接下来就以比较常见的 Dreamweaver CS5 版本来学习如何使用和进行设计。

9.4.1　Dreamweaver CS5 的工作界面

在首次启动 Dreamweaver CS5 时会出现一个"工作区设置"对话框，在对话框左侧是 Dreamweaver CS5 的设计视图，右侧是 Dreamweaver CS5 的代码视图。Dreamweaver CS5 设计视图布局提供了一个将全部元素置于一个窗口中的集成布局。初学者建议选择设计视图布局。

新建或打开一个 HTML 文档，进入 Dreamweaver CS5 的标准工作界面。Dreamweaver CS5 的经典工作界面包括：文档标题栏、菜单栏、插入面板组、文档工具栏、文档窗口、状态栏、属性面板和浮动面板组等，如图 9.4 所示。

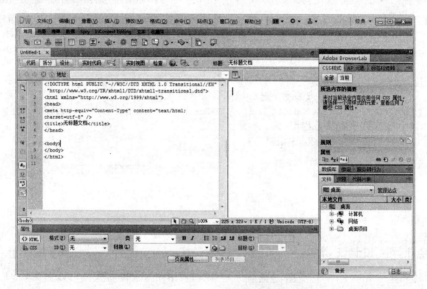

图 9.4　DreamweaverCS5 程序窗口的组成

（1）文档标题栏

启动 Dreamweaver CS5 新建或打开一个文档后，标题栏会显示该文档的文件名称，如图 9.4 中的 Untitled-1。

（2）菜单栏

Dreamweaver CS5 的菜单共有 10 个，即文件、编辑、查看、插入、修改、格式、命令、站点、窗口和帮助。

文件：用来管理文件。例如新建，打开，保存，另存为，导入，输出打印等。

编辑：用来编辑文本。例如剪切，复制，粘贴，查找，替换和参数设置等。

查看：用来切换视图模式以及显示、隐藏标尺、网格线等辅助视图功能。

插入：用来插入各种元素，例如图片、多媒体组件，表格、框架及超级链接等。

修改：具有对页面元素修改的功能，例如在表格中插入表格，拆分、合并单元格，对齐对象等。

格式：用来对文本操作，例如设置文本格式等。

命令：所有的附加命令项

站点：用来创建和管理站点

窗口：用来显示和隐藏控制面板以及切换文档窗口

帮助：联机帮助功能。例如按下 F1 键，就会打开电子帮助文本

（3）插入栏面板

插入栏面板集成了所有可以在网页应用的对象包括"插入"菜单中的选项。插入面板组其实就是图像化了的插入指令，通过一个个的按钮，可以很容易的加入图像、声音、多媒体动画、表格、图层、框架、表单、Flash 和 ActiveX 等网页元素。

（4）文档工具栏

"文档"工具栏包含各种按钮，它们提供各种"文档"窗口视图（如"设计"视图和"代码"视图）的选项、各种查看选项和一些常用操作（如在浏览器中预览）。

（5）文档窗口

当我们打开或创建一个项目，进入文档窗口，可以在文档区域中进行输入文字、插入表格和编辑图片等操作。

（6）状态栏

"文档"窗口底部的状态栏提供与你正创建的文档有关的其它信息。标签选择器显示环绕当前选定内容的标签的层次结构。单击该层次结构中的任何标签以选择该标签及其全部内容。单击<body>可以选择文档的整个正文。

（7）属性栏面板

属性栏面板并不是将所有的属性加载在面板上，而是根据我们选择的对象来动态显示对象的属性，属性面板的状态完全是随当前在文档中选择的对象来确定的。

（8）浮动面板

其他面板可以统称为浮动面板，这些面板都浮动于编辑窗口之外（右侧）。在初次使用DreamweaverCS5 的时候，这些面板根据功能被分成了若干组。在窗口菜单中，选择不同的命令可以打开基本面板组、设计面板组、代码面板组、应用程序面板组、资源面板组和其它面板组。

9.4.2 通过站点管理器创建站点

要制作一个能够被大家浏览的网站，首先需要在本地磁盘上制作这个网站，然后把这个网站传到互联网的 Web 服务器上。放置在本地磁盘上的网站被称为本地站点，位于互联网 Web 服务器里的网站被称为远程站点。Dreamweaver CS5 提供了对本地站点和远程站点强大的管理功能。

（1）规划站点结构

网站是多个网页的集合，其包括一个首页和若干个分页，这种集合不是简单的集合。为了达到最佳效果，在创建任何 Web 站点页面之前，要对站点的结构进行设计和规划。决定要创建多少页，每页上显示什么内容，页面布局的外观以及各页是如何互相连接起来的。

（2）创建站点

在 Dreamweaver CS5 中可以有效地建立并管理多个站点。搭建站点可以利用向导完成，也

可以利用高级设定来完成。步骤如下：

① 选择菜单栏—>站点—>管理站点，出现"管理站点"对话框。点击"新建"按钮，选择弹出菜单中的"站点"项。在"站点名称"文本框中；输入一个站点名字以在 Dreamweaver CS5 中标识该站点，比如 Website。在"本地站点文件夹中"设置站点位置，如 D:\website\。

② 如需要本地和 Web 空间的站点进行即时更新同步，可以点击"服务器"项，在右侧点击"+"进行配置。

（3）搭建站点结构

站点是文件与文件夹的集合，下面我们根据前面对 Website 网站的设计，来新建 Website 站点要设置的文件夹和文件。

新建文件夹：在文件面板的站点根目录下单击鼠标右键，从弹出菜单中选择"新建文件夹"项，然后给文件夹命名。这里我们创建新建 3 个文件夹，分别命名为：css、images 和 news。

创建页面：在文件面板的站点根目录下单击鼠标右键，从弹出菜单中选择"新建文件"项，然后给文件命名。首先要添加首页，首页一般命名为 index.html。

图 9.5　站点文件结构

其他资源，如图像、声音、flash 等文件可通过 Windows 文件操作的方式存放到站点相应的文件夹中，如图 9.5 所示。

（4）文件与文件夹的管理

对建立的文件和文件夹，可以进行移动、复制、重命名和删除等基本的管理操作。单击鼠标左键选中需要管理的文件或文件夹，然后单击鼠标右键，再弹出菜单中选"编辑"项，即可进行相关操作。Dreamweaver 会根据文件和文件夹的变化，提示更新，此时要选择更新。

9.4.3　网页属性与网页布局设计

如果在站点文件面板中双击某个网页文件（如 index.html），则该文件会被调到文档窗口中进行编辑。

（1）网页属性

① 设置页面的头内容

头内容即 HTML 标签<head></head>之间的内容，这部分内容在浏览器中是不可见的，但是却携带着网页的重要信息。

鼠标左键单击插入工具栏最左边按钮旁的下拉小三角，在弹出菜单中选择"HTML"项，出现"文件头"按钮，点开下拉菜单，就可以进行头内容的设置了。如关键字、描述文字等，还可以实现一些非常重要的功能，如刷新功能。

② 设置页面属性

点击文档窗口中的空白区域或点击<body>标签则会切换显示网页的属性，在"属性栏"中的"页面属性"按钮，可打开"页面属性"的对话框，如图 9.6 所示。

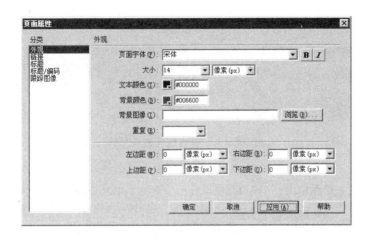

图 9.6　页面属性对话框

设置外观，"外观"是设置页面的一些基本属性。我们可以定义页面中的默认文本字体、文本字号、文本颜色、背景颜色和背景图像等。我们设置页面的所有边距为 0。

其他的分类可以利用其本身默认的属性，暂时不用设置。如以后需要重新设置时还可以再次打开页面属性对话框进行设置。

（2）网页布局设计

网页布局大致分成两种方法：表格布局和块标签/CSS 布局。

表格布局即在网页中插入表格，然后在单元格内放置内容，这种方法可以利用表格行、列拆分与合并，高度、宽度可调整等特性，控制内容显示到指定位置。不过这是一种过时的方法，不符合 Web 标准设计的规范，仅在一些操作测试时会用到。

① 插入表格

在文档窗口中，将光标放在需要创建表格的位置，单击"常用"快捷栏中的表格按钮弹出的"表格"对话框，指定表格的属性后，在文档窗口中插入设置的表格，如图 9.7 所示。

图 9.7　插入表格对话框

② 选择单元格对象

对于表格、行、列、单元格属性的设置是以选择这些对象为前提的。操作方法与 Word 中对表格的选择类似。

③ 设置表格属性

选中一个表格后，可以通过属性面板更改表格属性，如图9.8所示。

图9.8 表格属性面板

④ 单元格属性

把光标移动到某个单元格内，可用单元格属性面板对这个单元格的属性进行设置，如图9.9所示。

图9.9 单元格属性面板

⑤ 表格的行和列

选中要编辑行或列的单元格，单击鼠标右键，在弹出菜单中可选择"插入行"、"插入列"、"插入行或列"、"删除行"、"删除列"等选项。

⑥ 拆分与合并单元格

拆分单元格时，将光标放在待拆分的单元格内，单击属性面板上的"拆分"按钮，在弹出对话框中，按需要设置即可。合并单元格时，选中要合并的单元格，单击属性面板中的"合并"按钮即可，如图9.10所示。

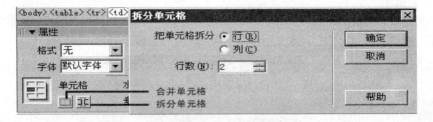

图9.10 拆分单元格对话框

块标签/CSS布局即利用HTML标签的语义（如：<h1></h1>内放置标题文字，<p></p>内放置段落文字）来组织网页内容的结构，再利用CSS（Cascading Style Sheet，层叠样式表）语言来定义标签的外观。这是目前普遍采用的方法，体现了"结构、表现相分离"的设计思想，更能使网页结构清晰明了，容易被搜索引擎发掘与分析，网站的整体性设计和维护也更方便。

9.4.4 在网页中插入与编辑文本

1. 插入文本

要向 Dreamweaver 文档添加文本，可以直接在 Dreamweaver 的文档窗口中键入文本，也可以利用复制或剪切来粘贴文本块，还可以从 Word 文档导入文本，不过最好使用纯文本形式。

2. 编辑文本格式

网页的文本一般分为段落和标题两种格式。在文档编辑窗口中选中一段文本，在属性面板"格式"后的下拉列表框中选择"段落"把选中的文本设置成段落格式。"标题 1"到"标题 6"分别表示各级标题，应用于网页的标题部分。对应的字体由大到小，同时文字全部加粗。

在字体选择中，如果需要使用除预设字体以外的，可选字体选项中的"编辑字体列表"项进行设置，如图 9.11 所示。

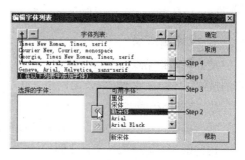

图 9.11　图像属性面板

9.4.5　在网页中插入图片和超链接

1. 插入图像

在制作网页时，先构想好网页布局，在图像处理软件中将需要插入的图片进行处理，然后存放在站点目录下对应的文件夹里，注意命名要求。网页支持使用的图像格式主要有 GIF、JPEG 和 PNG，使用时可根据特点选择，既满足显示效果要求，体积又尽可能小。

插入图像时，将光标放置在文档窗口需要插入图像的位置，然后鼠标单击常用插入栏的"图像"按钮。弹出的"选择图像源文件"对话框，选择文件夹中的图像文件，单击"确定"按钮再设置替换文字对话框（当图像失效时，原图像显示位置就会呈现文字内容），就能把图像插入到了网页中。设置图像属性，选中图像后，在属性面板中显示出了图像的属性，如图 9.12 所示。

图 9.12　图像属性面板

在属性面板的左上角，显示当前图像的缩略图，同时显示图像的大小。在缩略图右侧有一个文本框，在其中可以输入图像标记的名称。

图像的大小是可以改变的，一般不推荐直接调整，如果电脑安装了 Fireworks 软件，单击属性面板的"编辑"旁边的　，即可启动 Fireworks 对图像进行缩放等处理。当图像的大小改变时，属性栏中"宽"和"高"的数值会以粗体显示，并在旁边出现一个弧形箭头，单击它可以恢复图像的原始大小。

"水平边距"和"垂直边距"文本框用来设置图像左右和上下与其他页面元素的距离。

"边框"文本框用来设置图像边框的宽度，默认的边框宽度为 0。

"替代"文本框用来设置图像的替代文本，可以输入一段文字，当图像无法显示时，将显示这段文字。

单击属性面板中的对齐按钮，可以分别将图像设置成浏览器居左对齐、居中对齐、居右对齐。

在属性面板中，"对齐"下拉列表框设置图像与文本的相互对齐方式，共有 10 个选项。通过它我们可以将文字对齐到图像的上端、下端、左边和右边等，从而可以灵活实现文字与图片的混排效果。

网页中还能插入其他图像元素，如"图像占位符"、"鼠标经过图像"、"导航条"等项目。

2. 设置超链接

超链接是指站点内不同网页之间、站点与 Web 之间的链接关系，它可以使站点内的网页成为有机的整体，还能够使不同站点之间建立联系。超链接由两部分组成：超链接载体和超链接目标。

① 超链接类型

如果按超链接目标分类，可以将超级链接分为以下几种类型：

内部链接：同一网站文档之间的链接。

外部链接：不同网站文档之间的链接。

锚点链接：同一网页或不同网页中指定位置的链接。

E-mail 链接：发送电子邮件的链接。

② 超链接路径

绝对路径：为文件提供完全的路径，包括适用的协议，例如 http、ftp，rtsp 等。如：http://210.36.247.125/或 http://baike.baidu.com/view/743.htm。

相对路径：相对路径最适合网站的内部超链接。如果超链接到同一目录下，则只需要输入要超链接文件的名称。要超链接到下一级目录中的文件，只需要输入目录名，然后输入"/"，再输入文件名。如超链接到上一级目录中的文件，则先输入"../"再输入目录名，文件名。

根路径：是指从站点根文件夹到超链接文档经由的路径，以斜杠开头，例如，/news/news1.htm 就是站点根文件夹下的 news 子文件夹中的一个文件（news1.htm）的根路径。

③ 设置文本超链接载体操作。

在文档窗口中，选择作为超链接载体的文本，此时属性面板则呈现该文本的属性。如果是超链接到绝对路径，则只需把路径地址输入或粘贴到面板上的"链接"文本框内。若是相对路径或根路径，可以点击面板上"链接"文本框右边的"浏览文件"按钮，在弹出的"选择文件"对话框内找到对应的超链接目标文件，再设置"相对于"选项为"文档"（相对路径）或"站点根目录"（根路径），见图 9.13 所示。

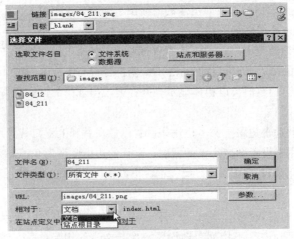

图 9.13　链接项与选择文件对话框

9.4.6　站点测试与上传

1. 站点测试

基本测试：包括图像、音频、视频等内容的显示或运行情况，超链接的正确性，导航的方便和正确，CSS 应用的统一性、浏览器的兼容性。简单的方法是把站点拷贝到其他计算机上浏览，查看是否正常。

如果是已经发布的网站，还可以进行如下测试：

性能测试：

① 连接速度测试，了解低网速和不同接入商情况下访问网站的情况；

② 负载测试，即能允许多少个用户同时在线，可以通过相应的软件在一台客户机上模拟多个用户来测试负载；

③ 压力测试，测试系统的限制和故障恢复能力。

安全性测试：

① 对网站的安全性（服务器安全，脚本安全），可能有的漏洞测试，攻击性测试，错误性测试；

② 对服务器应用程序、数据、服务器、网络、防火墙等进行测试。

网站优化测试：看网站是否经过搜索引擎优化了，被搜索网站收录和排名情况。

2. 站点上传

站点上传主要是通过 FTP（File Transfer Protocol，文件传输协议）服务，将站点文件传送保存至网站服务器指定位置上。可使用 Dreamweaver CS5 站的功能或者 FTP 软件辅助完成。

（1）Dreamweaver CS5 上传功能操作

点击菜单栏—站点—管理站点，出现"管理站点"对话框。选择需要上传的站点，点击"编辑"，出现"站点设置"对话框，点击"服务器"项，再点击右侧的"+"进行配置，如 9.14 所示界面，设置好 FTP 帐号（Web 空间服务商提供）并测试连接。设置好后保存生效。

图 9.14　FTP 帐号设置

上传时，在文件面板内操作，可上传整个站点或更新单个文件，步骤如图 9.15 所示。

247

第 9 章　信息获取与发布技术

图 9.15　上传站点文件(夹)

（2）Leapftp 上传功能操作

使用 FTP 软件上传，可以充分利用此类软件的功能，如多任务、断点续传、多线程传输模式和文件比较等。Leapftp 软件上传基本操作步骤如图 9.16 所示。

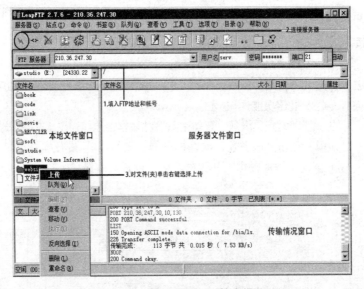

图 9.16　Leapftp 基本操作

第10章 信息安全和计算机防护技术

10.1 计算机信息安全知识

随着各种计算机应用系统在各行各业的普及，各种安全事件时有发生；加上计算机病毒的广泛传播，使计算机信息安全逐渐引起人们的高度关注。所谓信息安全是指对信息的保密性、信息的完整性、信息的可用性的保护。信息安全并不只是一个纯粹的技术问题，不能仅仅依赖于大量的人力、物力和财力，在计算机网络系统的周边用信息安全产品建造信息安全的"长城"，以此来应对发生的各种安全威胁和攻击。信息安全更侧重于管理，信息安全保护工作，七分在于管理，三分在于技术支撑和保障。信息安全包括的范畴大到国家军事政治等机密安全，小到如防范商业企业机密泄露、防范青少年对不良信息的浏览、个人信息的泄露等。

计算机信息安全是指计算机及计算机网络的硬件、软件及数据受到保护，不受偶然的或者恶意的破坏、更改和泄露，系统能连续可靠正常地运行，信息服务不中断。计算机信息安全是一门涉及计算机科学、网络技术、通信技术、密码技术、信息安全技术、应用数学、数论、信息论等多种学科的综合性学科。

10.1.1 计算机信息安全的重要性

信息是社会发展的重要战略资源，国际上围绕信息的获取、使用和控制的斗争愈演愈烈，信息安全成为维护国家安全和社会稳定的一个焦点，各国都给以极大的关注和投入，优先发展信息安全产业。我国大量建设的各种信息化系统已逐步成为国家关键基础设施，其中电信、电子商务、金融业务等许多网络已与国际接轨，如果没有良好的信息安全屏障和保护，将全方位地危及我国的政治、军事、经济、文化、社会生活的各个方面，使国家处于信息战和高度经济金融风险的威胁之中。因此，计算机信息安全的重要性已经被提到我国重要的战略地位。

计算机信息安全应包括三个方面的主要因素：即保密性（对重要内容的加密和解密）、完整性（防止非授权修改）和可靠性（防止非授权存取）。计算机信息安全之所以重要是因为信息系统本身固有的脆弱性和安全措施的局限性。

信息安全领域主要可能面临以下五大方面的威胁。

1. 计算机木马病毒数量直线上升

2012 年，某杀毒软件的安全中心共截获新增恶意程序样本 13.7 亿个（以 MD5 计算），较 2011 年增加 29.7%；360 安全软件拦截恶意程序攻击 415.8 亿次，较 2011 年增加了 76.1%。2011 年的新增恶意程序样本数较 2010 年增加了约 5 亿个，增幅高达 89.3%，而 2012 年的新增恶意程序样本数较 2011 年仅增加了 3.1 亿个，增幅缩小到 29.2%。无论从增长的绝对值还是涨幅来看，恶意程序样本数的增速都在明显放缓。但是木马病毒也逐渐出现一些新的技术特点和传播方式,最典型的是利用合法程序组装加载木马(安全行业说法称之为"白加灰"),此外,网盘等文件分享服务也被木马病毒利用作为新兴的传播渠道,危害性有增无减。

2. 数据窃取情况严重

随着企业及个人数据累计量的增加,数据丢失所造成的损失已经无法估量,机密性、完整性和可用性均可能随意受到威胁。

计算机黑客可以采取更为简单的方法来窃取数据。高级黑客可以通过非法访问电信的服务器,尤其是通过那些提供无线和因特网接入的电信服务器来得到私密信息。

基于数据共享的"云"技术,一方面可以减轻个人计算机的计算工作量和数据存储空间,另一方面却容易被犯罪分子利用,利用云技术将病毒在网络上传播,并恶意利用 Web 2.0 的技术和发展。黑客一旦进入服务器的操作系统,只需要几秒钟就可以在操作系统中建立后门,从而允许他在任何时候都能够访问云端的个人系统,做更多的间谍工作,实现数据窃取或者实施更坏的行为。这种趋势将从 2009 年开始确立,并最终取代更加传统的恶意软件发布载体。

因为与"云"之间的双向信任,大量的个人用户防线将在不设防的情况下任人摆布。针对企业的数据管理而言,对于外来的威胁有时可以把握,但对内部发起的蓄意盗取是无法控制的。

3. 移动威胁增大

移动设备仅仅做到通过用户名和密码进行身份认证是不够的,必须能够对接入端的威胁进行识别,对用户的网络访问行为进行管理和监控,但我们还不能保证每个设备都能及时被监管到,因为这与个人隐私保护是矛盾的。

随着 3G 技术的普遍使用,智能手机病毒将对企业网络和个人信息构成威胁。从今天的网络发展趋势看,未来有可能任何一个电子产品都能会接入网络,而网络无处不在的事实说明了攻击也无处不在。

另外,不论硬件、操作系统、网络接入设备、应用系统都会存在漏洞,利用移动设备的存储空间,恶意代码的生存空间和潜伏期都将无法预料。针对用于摄像头、数码相框和其他消费类电子产品的优盘和闪存设备的攻击将日益增长。

4. 垃圾邮件"死灰复燃"

在图片垃圾邮件盛行之前,纯文本垃圾邮件的关键字通常会使用错误的拼写,以躲避反垃圾邮件技术的检查,但很快被一些产品的智能重组技术所拦截。直至 2009 年,垃圾邮件发送者从未决定放弃垃圾邮件之战。最近的赛门铁克垃圾邮件数量统计表明,垃圾邮件已经悄然恢复到此前垃圾邮件盛行时 80%的平均水平。在经历了一段时间势均力敌的较量后,狡猾的垃圾邮件发送者通常会改变他们的垃圾邮件发送方法,以便绕开反垃圾邮件技术的测试。

5. 威胁的集成化

现在病毒就和毒品一样,有专门的非法人士进行销售。当部分出于不良目的的开发人员购买了病毒的源代码,稍加修改,就可以得到危害更大的新的病毒,然后可以继续出售牟利,也可以把病毒和网络广告结合起来,从网络广告商那里得到利润,这样就形成了一个大的产业链。以"贩毒"产业链来说,病毒团伙按功能模块进行外包生产或采购技术先进的病毒功能模块,使得病毒的各方面功能都越来越"专业",病毒技术得以持续提高和发展,对网民的危害越来越大,清除病毒也越来越难。

虽然杀毒软件同时也得到迅速的发展，但是情况并不像我们想象的那样乐观，迄今为止，仍然有相当一部分人认为：黑客、病毒、系统加固等已经涵盖了计算机安全的一切威胁，似乎信息安全工作就是完全在与黑客及病毒打交道，安全解决方案就是部署反病毒软件、防火墙、入侵检测系统。因此如何提高计算机信息安全保护是任重而道远的。

10.1.2 计算机信息安全技术

网络安全问题日益凸现。针对网络安全的主要威胁因素，下面从计算机系统安全和计算机数据安全这两方面来介绍几种常用的网络信息安全技术。

1. 计算机系统安全

计算机系统安全包括物理安全和网络安全。

（1）物理安全技术

为保证信息网络系统的物理安全，还要防止系统信息在空间的扩散，通常是通过在物理上采取一定的防护措施来减少或干扰信息的空间扩散。为了保证网络的正常运行，在物理安全方面主要可以采取如下几个方面的防护安全措施：① 产品保障方面。主要指产品采购、运输、安装等方面的安全措施。② 运行安全方面。网络中的设备，特别是安全类产品在使用过程中，必须能够从生成厂家或供货单位得到迅速的技术支持服务。对一些关键设备和系统应设置备份系统。③ 防电磁辐射方面。所有重要涉密的设备都需安装防电磁辐射产品，如辐射干扰机。④ 安全防护方面。主要是防盗、防火等，还包括网络系统所有网络设备、计算机、安全设备的安全防护。

（2）网络安全技术

① 防火墙。防火墙是一类防范措施的总称，它使内网与Internet之间或其他外网互相隔离，通过限制网络互访来保护内部网络。设置防火墙目的是在内部网络与外部网络之间设立唯一的通道，简化网络的管理。简单的防火墙可以只用路由器实现，复杂的可以用主机甚至一个子网来实现。比如，最简单的防火墙就是在个人电脑中安装一个防火墙软件，比如360防火墙、瑞星防火墙、金山防火墙等。

目前，市场上防火墙产品很多，一些厂商还把防火墙技术嵌入硬件产品中，即在硬件产品中采取功能更加先进的安全防范机制，防火墙技术作为一种简单实用的网络信息安全技术将得到进一步迅速发展。但是防火墙也并非人们想象的那样牢不可破，在过去的统计中曾遭受过黑客入侵的网络用户有1/3是有防火墙保护的，也就是说要保证网络信息的安全还必须有其他一系列措施，例如对数据进行加密处理。值得注意的是防火墙只能抵御来自外部网络的侵扰，对内部网络的安全却无能为力。要保证内部网络的安全，还需通过对内部网络的有效控制和管理来实现。

② 虚拟网络VPN。VPN是虚拟专用网络（VirtualPrivateNetwork）的英文缩写，"虚拟"的概念是相对传统私用网络搭建方式而言的，简单的说就是利用公用网，如INTERNET，来搭建企业的私人专用网络。需要时VPN可以从公用网中借用并独占一部分带宽为私用网所用；当VPN通讯结束后，这部分带宽又还给公用网。VPN不需要建立远程拨号连接，而是通过服务提供商提供的公用网来实现异地连接和访问，简单说来VPN就是将与互联网的连接变成内部网络看待的技术。

目前VPN主要应用于以下情况：① 已经通过专线连接实现广域网的企业。由于企业业务拓宽，现有带宽已不能满足业务的需要，因此需要经济可靠的升级方案。② 企业的内部网络用户和分机构的地理分布范围广、距离远，需要扩展企业网实现远程访问和局域网互联，比如跨国企业、跨地区企业等。③ 分支机构、远程用户、合作伙伴多的企业，需要组建企业专用网。④ 关键业务多，对通信线路保密和可靠性要求高的用户，如银行、证券公司、保险公司等。⑤ 已有各种远程专线连接，需要增加网络连接备份的单位。

因此 VPN 可以实现网络安全，可以通过用户验证、加密和隧道技术等保证通过公用网络传输私有数据的安全性。随着用户的商业服务不断发展，企业的虚拟专用网解决方案可以使用户将精力集中到自己的业务上，而不是网络上。

2. 计算机信息系统的数据安全

（1）信息保密技术

信息的保密性是信息安全性的一个重要方面。保密的目的是防止敌人破译机密信息，加密是实现信息的保密性的一个重要手段。所谓加密，就是使用数学方法来重新组织数据，使得除了合法的接收者之外，任何其他人都不能恢复原先的"消息"或读懂变化后的"消息"。加密前的信息称为"明文"；加密后的信息称为"密文"。将密文变为明文的过程称为解密。

加密技术可使一些主要数据存储在一台不安全的计算机上，或可以在一个不安全的信道上传送。只有持有合法密钥的一方才能获得"明文"。

在对明文进行加密时所采用的一组规则称为加密算法。类似的，对密文进行解密时所采用的一组规则称为解密算法。加密和解密算法的操作通常都是在一组密钥控制下进行的，分别称为加密密钥和解密密钥。

（2）数字签名技术

签名主要起到认证、核准和生效的作用。政治、军事、外交等活动中签署文件，商业上签订契约和合同，以及日常生活中从银行取款等事务的签字，传统上都采用手写签名或印签。随着信息技术的发展，人们希望通过数字通信网络进行迅速的、远距离的贸易合同的签名，数字或电子签名就应运而生。

数字签名是一种信息认证技术。信息认证的目的有两个：一是验证信息的发送者是真正的发送者，还是冒充的；二是验证信息的完整性，即验证信息在传送或存储过程中是否被篡改、重传或延迟等。认证是防止敌人对系统进行主动攻击的一种重要技术。

数字签名是签署以电子形式存储消息的一种方法，基于公钥密码体制和私钥密码体制都可以活动数字签名，特别是共钥密码体制的诞生为数字签名的研究和应用开辟了一条广阔的道路。

（3）身份识别技术

通信和数据系统的安全性常常取决于能否正确识别通信用户或终端的身份。身份识别技术使识别者能够向对方证明自己的真正身份，确保识别者的合法权益。

在传统方式下，自然人和法人的确立、申报、登记、注册，国家的户籍管理，身份证制度，单位机构的证件和图章等，这些都是社会责任制的体现和社会管理的需要。有了这些传统的识别信息，人们面对法律，才能进行行为的社会公证、审计和仲裁。

随着社会的信息化，不少学者试图采用电子化生物唯一识别信息，如指纹、掌纹、声纹等，来进行身份识别。但是，由于代价高、存储空间大，而且准确性较低，不适合计算机读取和判别等种种原因，电子化生物唯一识别只能作为辅助措施应用。而使用密码技术，特别是公钥密码技术，能够设计出安全性高的识别协议。

10.1.3　计算机信息安全法规

随着全球信息化和信息技术的不断发展，信息化应用的不断推进，信息安全显得越来越重要，信息安全形势也日趋严峻，主要体现在：一方面，信息安全事件发生的频率大规模增加，另一方面，信息安全事件造成的损失越来越大。另外，信息安全问题日趋多样化，客户需要解决的信息安全问题不断增多，解决这些问题所需要的信息安全手段不断增加。确保计算机信息系统和网络的安全，特别是国家重要基础设施信息系统的安全，已成为信息化建设过程中必须解决的重大问题。正是在这样的背景下，信息安全问题被提到了空前的高度。国家也从战略层次对信息安全的建设提出了指导性的要求。

为尽快制订适应和保障我国信息化发展的计算机信息系统安全总体策略，全面提高安全水平，规范安全管理，国务院、公安部、邮电部等有关单位从 1994 年起制定发布了一系列信息系统安全方面的法规，这些法规是指导我们进行信息安全工作的依据。

部分法规的名称和发布的时间如下：

1994 年 2 月发布《中华人民共和国计算机信息系统安全保护条例》

1996 年 4 月发布《中国公用计算机互联网国际联网管理办法》

1996 年 2 月发布《中华人民共和国计算机信息网络国际联网管理暂行规定》

1997 年 12 月发布《中华人民共和国计算机信息网络国际联网管理暂行规定实施

2000 年 1 月发布《计算机信息系统国际联网保密管理规定》

2000 年 10 月发布《互联网电子公告服务管理规定》

10.2　计算机病毒及其防治

2010 年，全球互联网产业规模继续壮大，并呈现出一些新的发展特点，比如全球网民数量持续增长、发展中国家网民增速更快、互联网内容规模空前提高、更多网络服务将基于云计算等。国际互联网数据统计机构 InternetWorldStats 此前公布的数据显示，目前全球网民总数为 17 亿（全球人口总量为 67 亿）。可以肯定的是，到 2020 年之前，全球网民数量将一直呈增长之势。美国国家科学基金会（NSF）预计，到 2020 年时，全球网民总数有望增至 50 亿。计算机的安全也从传统的计算机病毒通过磁盘或 U 盘的传播发展到主要通过网络传播。危害计算机系统安全的因素（如计算机病毒）和行为（计算机犯罪）也日益严重。

10.2.1　计算机病毒的定义和特点

1. 什么是计算机病毒

病毒一词来源于生物学，它指能够进入动物体内并给动物体带来疾病的一种微生物。计算机病毒（ComputerVirus）类似于生物学中的病毒，只不过它是一组特殊的程序。计算机病毒在《中华人民共和国计算机信息系统安全保护条例》中被明确定义为：编制或者在计算机程序中插入的破坏计算机功能或者破坏数据，影响计算机使用并且能够自我复制的一组计算机指令或者程序代码。而在通用资料中被定义为：利用计算机软件与硬件的缺陷，由被感染机内部发出的破坏计算机数据并影响计算机正常工作的一组指令集或程序代码。简单地说，计算机病毒是人为特制的能自我复制并破坏计算机功能的程序。

计算机病毒起源于美国，但在中国计算机病毒也处在一个疯狂的发展过程中。众所周知，计算机病毒的危害相当大。尤其是当人们越来越多地依赖网络进行工作和学习时，比如在不经意间浏览了某个网站或者安装了某个软件后发现自己的电脑出现了问题，如浏览器自动跳出乱七八糟的广告，电脑的运行速度变慢，某些软件不能运行或经常出错，常常死机等状况。这时你应该意识到你的电脑中毒了。

计算机病毒现在越来越猖獗，有些网页上就挂着病毒，浏览该网页就导致电脑可能中毒。有些网站提供的下载资源中也带有病毒，有些软件在安装的时候带有广告软件或插件，这些使得用户的计算机感染病毒往往就在不经意之间。短短的几十年，计算机病毒从单机到网络、从执行文件到电子邮件，破坏性越来越大，传播速度也越来越快，破坏范围也越来越广，编写病毒的技术也越来越高。

2. 计算机木马

特洛伊木马（以下简称木马），英文叫做"Trojanhorse"。古希腊传说中，特洛伊王子帕里斯访问希腊，诱走了王后海伦，希腊人因此远征特洛伊。围攻9年后，到第10年，希腊将领奥德修斯献了一计，就是把一批勇士埋伏在一匹巨大的木马腹内，放在城外后，佯作退兵。特洛伊人以为敌兵已退，就把木马作为战利品搬入城中。到了夜间，埋伏在木马中的勇士跳出来，打开了城门，希腊将士一拥而入攻下了城池。后来，人们在写文章时就常用"特洛伊木马"这一典故，用来比喻在敌方营垒里埋下伏兵里应外合的活动。

在计算机领域中，木马是一类恶意程序，属于计算机病毒的一个变种。木马是有隐藏性的、自发性的可被用来进行恶意行为的程序，多不会直接对电脑产生危害，而是以控制和窃取用户计算机上的信息为主，比如窃取用户的银行账号密码、QQ等聊天类软件的账号密码等。

3. 恶意插件

插件是指会随着IE浏览器的启动自动执行的程序。因为插件程序由不同的发行商发行，其技术水平也良莠不齐，插件程序很可能与其他运行中的程序发生冲突，从而导致诸如各种页面错误，运行时间错误等现象，阻塞正常浏览。有些插件程序能够帮助用户更方便浏览因特网或调用上网辅助功能，也有部分程序被人称为广告软件（Adware）或间谍软件（Spyware），这类插件属于恶意插件。恶意插件程序监视用户的上网行为，并把所记录的数据报告给插件程序的创建者，以达到投放广告、盗取游戏或银行账号密码等非法目的。

4. 计算机病毒的特点

计算机病毒是一段可以直接或间接运行的程序体。它主要由三个模块组成：病毒安装模块，提供潜伏机制；病毒传染模块，提供再生机制；病毒激发模块，提供激发机制。

其特点主要表现在如下五个方面：

（1）传染性

计算机病毒的主要特征，是衡量一种程序是否为病毒的首要条件。计算机病毒不但本身具有破坏性，更有害的是具有传染性。一旦病毒被复制或产生变种，其传播速度之快令人难以预防。传染性是病毒的基本特征，在生物界，病毒通过传染从一个生物体扩散到另一个生物体。在适当的条件下，它可得到大量繁殖，并使被感染的生物体表现出病症甚至死亡。同样，计算机病毒也会通过各种渠道从已被感染的计算机扩散到未被感染的计算机，在某些情况下造成被感染的计算机工作失常甚至瘫痪。与生物病毒不同的是，计算机病毒是一段人为编制的计算机程序代码，这段程序代码一旦进入计算机并得以执行，它就会搜寻其他符合其传染条件的程序或存储介质，确定目标后再将自身代码插入其中，达到自我繁殖的目的。只要一台计算机染毒，如不及时处理，那么病毒会从这台计算机迅速扩散，其中的大量文件（一般是可执行文件）会被感染。而被感染的文件又成了新的传染源，再与其他机器进行数据交换或通过网络接触时，病毒会继续传染。正常的计算机程序一般是不会将自身的代码强行连接到其他程序之上的，而病毒却能使自身的代码强行传染到一切符合其传染条件的未受到传染的程序之上。计算机病毒可通过各种可能的渠道，如软盘、计算机网络去传染其他的计算机。当在一台计算机上发现了病毒时，往往曾在这台计算机上用过的移动硬盘已感染了病毒，而与这台计算机联网的其他计算机也可能感染了该病毒。是否具有传染性是判别一个程序是否为计算机病毒的最重要条件。病毒程序通过修改磁盘扇区信息或文件内容并把自身嵌入其中的方法达到病毒的传染和扩散，被嵌入的程序叫做宿主程序。

（2）隐蔽性

计算机病毒具有很强的隐蔽性，有的可以通过杀毒软件检查出来，有的根本就查不出来，有的时隐时现、变化无常，这类病毒处理起来通常很困难。

（3）潜伏性

病毒像定时炸弹一样，让它什么时间发作是预先设计好的。比如黑色星期五病毒，不到预定时间根本觉察不到，等到条件具备的时候一下就爆发了，对系统进行破坏。一个编制精巧的计算机病毒程序，进入系统之后一般不会马上发作，可以在几周或者几个月内甚至几年内隐藏在合法文件中，对其他系统进行传染而不被人发现，潜伏性愈好，它在系统中的存在时间就会愈长，病毒的传染范围就会愈大。潜伏性的第一种表现是指，病毒程序不用专用检测程序是检查不出来的，因此病毒可以静静地躲在磁盘或磁带里呆上几天，甚至几年，一旦时机成熟，得到运行机会，就四处繁殖、扩散，继续为害。潜伏性的第二种表现是指，计算机病毒的内部往往有一种触发机制，不满足触发条件时，计算机病毒除了传染外不做破坏。触发条件一旦得到满足，有的在屏幕上显示信息、图形或特殊标识，有的则执行破坏系统的操作，如格式化磁盘、删除磁盘文件、对数据文件加密、封锁键盘以及使系统死锁等。

（4）可激发性

病毒因某个事件或数值的出现，诱使病毒实施感染或进行攻击的特性称为可触发性。为了隐蔽自己，病毒必须潜伏，少做动作。如果完全不动，一直潜伏的话，病毒既不能感染也不能进行破坏，便失去了杀伤力。病毒既要隐蔽又要维持杀伤力，它必须具有可触发性。病毒的触发机制就是用来控制感染和破坏动作的频率。病毒具有预定的触发条件，这些条件可能是时间、日期、文件类型或某些特定数据等。病毒运行时，触发机制检查预定条件是否满足，如果满足，启动感染或破坏动作，使病毒进行感染或攻击；如果不满足，使病毒继续潜伏。

（5）破坏性

计算机病毒的破坏性也叫做表现性。它是构成病毒的第二个重要条件，也是病毒设计者的最终目的。计算机中毒后，可能会导致正常的程序无法运行，把计算机内的文件删除或受到不同程度的损坏。通常表现为：增加未知文件、删系统文件或用户文件、修改用户文件、拷贝和移动用户文件。

5. 计算机病毒表现症状

计算机受到病毒感染后，会表现出不同的症状，下边把一些常见的现象列出来：

（1）计算机不能正常启动

加电后计算机根本不能启动，或者可以启动，但所需要的时间比原来的启动时间变长了。有时会突然出现黑屏或蓝屏现象。

（2）运行速度降低

如果发现在运行某个程序时，读取数据的时间比原来长，存文件或调文件的时间都增加了，那就可能是由于病毒造成的。

（3）磁盘空间迅速变小

由于病毒程序要进驻内存，而且又能繁殖，因此使内存空间变小甚至变为"0"，用户什么有用的信息也进不去。

（4）文件内容和长度有所改变

一个文件存入磁盘后，本来它的长度和内容都不会改变，可是由于病毒的干扰，文件长度可能改变，文件内容也可能出现乱码。有时文件内容无法显示或显示后又消失了。

（5）经常出现"死机"现象

正常的操作是不会造成死机现象的，即使是初学者，命令输入不对也不会死机。如果计算机经常死机，那可能是由于系统被病毒感染了。

（6）外部设备工作异常

因为外部设备受系统的控制，如果计算机中有病毒，外部设备在工作时可能会出现一些异常情况，出现一些用理论或经验说不清楚的现象。

10.2.2 计算机病毒的发展趋势

1. 操作系统漏洞层出不穷

利用操作系统漏洞仍然是黑客入侵的主要方式。在微软发现操作系统的漏洞和提供安全补丁下载之前，这两者之间在时间上有一段空白期，所以黑客可以利用这段时间，大规模地入侵计算机用户的操作系统，从中获取大量有价值的信息。正是由于操作系统漏洞的巨大威力以及可以从中获取大量的经济利益，因此黑客必然会不断挖掘系统和软件中的漏洞，尤其是像 Windows 7 操作系统等可能存在的漏洞。

2. 网页挂马、钓鱼网站将继续增加

网页挂马已经成为木马、病毒传播的主要途径之一。由于各种系统漏洞和软件漏洞的存在，因此通过挂马进行入侵的数量会继续增加。黑客在入侵网站系统以后，通过篡改网站网页或数据库的内容，就可以植入各种各样的下载脚本代码。用户只要浏览被植入木马的网站，如果系统存在漏洞就会遭遇木马入侵，从而造成个人信息和网络财富的损失。

3. 木马捆绑东山再起

随着网络用户对网页挂马认识的提高，造成通过网页挂马入侵的可能性有所降低。但是与此相反的是，通过传统的文件捆绑进行入侵的事件则呈明显上升的趋势。黑客通过将木马病毒捆绑到图片、FLASH 动画、文本文件等文件，然后再配以迷惑性的文件图标，这样用户稍不注意就可能上当受骗。而且现在最新版本的捆绑软件，不仅可以完成木马病毒的捆绑，有的还可以增加文件属性等虚假信息，增加了用户识别的难度。

4. 无线攻击快速增加

随着 3G 时代的来到，智能手机、上网本、无线路由器等无线接入设备开始成为黑客攻击的全新目标。现在网络中已经出现大量无线破解的技术，轻则可以让攻击者免费蹭网，重则可以通过 ARP 攻击植入木马窃取信息。除此以外，利用手机短信或者移动飞信，进行诈骗的事件也会越来越多。

10.2.3 计算机病毒的分类

计算机病毒从不同的角度有不同的分类，下面分别从各种不同的角度介绍计算机病毒的分类。

1. 按病毒危害性划分

（1）良性病毒

良性病毒是指那些只是为了表现自身，并不彻底破坏系统和数据，但会大量占用 CPU 时间，增加系统开销，降低系统工作效率的计算机病毒。这种病毒多数是恶作剧者的产物，他们的目的不是破坏系统和数据，而是让使用染有病毒的计算机用户通过显示器或扬声器看到或听到病毒设计者的编程技术。

（2）恶性病毒

恶性病毒是指那些一旦发作后，就会破坏系统或数据，造成计算机系统瘫痪的计算机病毒。这类病毒主要为了窃取用户账号密码、破坏用户操作系统、删除用户重要文件等。这种病毒危害性极大，有些病毒发作后可以给用户造成不可挽回的损失。

2. 按入侵系统的途径划分

（1）源码型病毒

源码型病毒主要表现在攻击高级语言编写的程序，病毒在高级语言编写的程序编译之前插入到源程序中，经编译成功后成为合法程序的一部分。

（2）入侵病毒

入侵病毒只攻击某些特定程序的部分模块或堆栈区，病毒寄生在特定程序的模块中，针对性强，一般情况下也难以被发现。

（3）操作系统病毒

操作系统病毒并不是操作系统自带的，而是以它会用自己的程序加入操作系统或者取代部分操作系统工作，具有很强的破坏力，会导致整个系统瘫痪而得名。例如：自我注入到被感染计算机系统的 "iexplore.exe" 和 "winlogon.exe" 进程中加载运行，隐藏自我，防止被查杀；修改注册表，强行篡改 IE 浏览器默认首页；自我注册为系统服务，实现木马开机自动运行；在被感染计算机的后台窃取用户私密信息，并将窃取到的用户资料发送到黑客指定的远程服务器站点上；定时弹出广告窗口，干扰用户的正常操作，等等。这类病毒一般是窃取一定利益为主，破坏为辅。

（4）外壳型病毒

外壳型病毒常附着在主程序的首尾，在文件执行时先执行此病毒程序，从而不断的复制，使计算机工作效率降低，最终导致计算机死机。

3. 按传染方式划分

（1）引导型病毒

引导型病毒寄生在主引导区、引导区，病毒利用操作系统的引导模块放在某个固定的位置，并

257

且控制权的转交方式是以物理位置为依据，而不是以操作系统引导区的内容为依据，因而病毒占据该物理位置即可获得控制权，而将真正的引导区内容搬家转移，待病毒程序执行后，将控制权交给真正的引导区内容，使得这个带病毒的系统看似正常运转，实际上病毒已隐藏在系统中并伺机传染和发作。

（2）文件型病毒

文件型病毒与引导区型病毒工作的方式是完全不同的。在各种计算机病毒中，文件型病毒占的数目最大，传播得广，采用的技巧也多。文件型病毒是对源文件进行修改，使其成为新的文件。文件型病毒分两类：一种是将病毒加在 com 前部，一种是加在文件尾部。文件型病毒传染的对象主要是.com 和.exe 文件。

（3）复合型病毒

同时具备了"引导型"和"文件型"病毒的某些特点，它们既可以感染磁盘的引导扇区文件，也可以感染某些可执行文件，如果没有对这类病毒进行全面清除，则残留病毒可自我恢复，还会造成引导扇区文件和可执行文件的感染，所以这类病毒查杀难度较大。

4. 按特有的算法划分

（1）蠕虫病毒

蠕虫病毒是一种常见的计算机病毒，它利用网络进行复制和传播，网络的发展使得蠕虫病毒可以在几个小时内蔓延全球。大量存在漏洞的服务器成为蠕虫传播的良好途径。与一般病毒不同，蠕虫病毒不需要将其自身附着到宿主程序，它是一种独立智能程序，而且蠕虫的主动攻击性和突然爆发性会使得人们手足无策。蠕虫病毒的传染目标是互联网内的所有计算机、局域网下的共享文件夹、电子邮件 E-mail、网络中的恶意网页等。

（2）伴随型病毒

伴随型病毒并不改变可执行文件（后缀名为.exe）本身，而是另外生成一个具有同样的名字后缀名为.com 的新文件。例如：文件 XCOPY.EXE 感染了伴随型病毒后，就会生成一个新的文件 XCOPY.COM。病毒把自身写入 COM 文件，不改变原来的 EXE 文件，当在 DOS 中输入 Xcopy 的命令的时候，系统会先执行 XCOPY.COM 文件，此时就先执行病毒了。

（3）宏病毒

宏病毒是一种寄存在文档或模板宏上的计算机病毒。文档一旦感染宏病毒，其中的宏就会被执行，宏病毒被激活，病毒就转移到计算机上并驻留在 Normal 模板上。从此以后，所有自动保存的文档都会"感染"宏病毒，而且如果其他用户打开了感染病毒的文档，宏病毒又会转移到他的计算机上。

如果某个文档中包含了宏病毒，称此文档感染了宏病毒；如果 Word 系统中的模板包含了宏病毒，称 Word 系统感染了宏病毒。

（4）寄生型病毒

寄生型病毒指病毒码是附加在主程序上或寄生在磁盘引导扇区中，一旦程序被执行，病毒就被激活。

（5）练习型病毒

练习型病毒是指病毒自身包含错误，不能进行很好的传播，例如一些病毒在调试阶段，还没彻底实现所有的功能，但是也可能有机会进行大规模传播。

（6）变型病毒

变形病毒是指能用变化自身代码和形状来对抗反病毒手段的病毒。例如部分变型病毒首先具备普通病毒所具有的基本特性，同时变型病毒每感染一个目标后，其自身代码与前一被感染目标中的病毒代码几乎没有三个连续的字节是相同的。

10.2.4　计算机病毒的防治

计算机病毒主要是通过拷贝、传送、运行程序等方式进行传播，网络尤其是互联网的发展加快了病毒的传播速度。病毒的防治包括检测、消除和恢复等环节。病毒的防治从传统的依靠检测病毒特征代码来判定，发展到行为判别机制，也就是根据程序的行为进行有无病毒的判断。

计算机没有感染病毒以前，需要注意执行以下的安全措施：

◎ 安装最新的杀毒软件，并定期升级软件的病毒库。

◎ 严禁安装和运行来路不明的程序。

◎ 盗版光盘常常带有病毒，避免将盗版光盘里面的程序装入计算机系统。

◎ 注意修复系统安全漏洞，以免计算机病毒乘虚而入。

◎ 尽量不要使用软盘或 U 盘引导系统。

◎ 对于系统盘要进行写保护，特别是启动盘不要装入用户程序或数据。

◎ 对重要软件和数据要采取加密措施，运行时再解密。

◎ 对重要程序和数据要备份，以便系统破坏时，能及时复制。

◎ 尽量避免在公用电脑使用 U 盘，以免交叉感染病毒。

◎ 安装新的程序之前必须进行病毒检查，以防不测。

◎ 不要轻易登陆浏览小型的非法网站。

◎ 不要轻易在网上不知名网站下载文件，不要随意打开不明广告邮件，特别是附件。

◎ 对计算机网络应采取更加严密的安全防范措施。

如果发现计算机运行异常，以下现象也可以帮助检测计算机是操作系统发生软件冲突、文件损坏还是可能感染了病毒：

◎ 电脑运行比平常迟钝。

◎ 程序载入时间比平常久。

◎ 磁盘读写时间异常的长。

◎ 出现异常的错误信息。

◎ 硬盘的指示灯异常。

◎ 可执行程序大小被改变。

◎ 内存中出现不明的常驻程序。

万一发现计算机感染了病毒，可以采取以下一些措施：

◎ 停止使用计算机，用干净启动盘启动计算机，将所有资料备份。

◎ 用正版杀毒软件进行杀毒，最好能将杀毒软件升级到最新版本。

◎ 如果一种杀毒软件不能清除病毒，可在互联网上找一些专业性的查杀病毒网站下载最新版的其他杀毒软件，进行查杀。

◎ 如果多个杀毒软件均不能清除病毒，可将此病毒发作情况发布到网上求援。

◎ 可用此染毒文件上报查杀病毒网站，让专业性的网站或杀毒软件公司帮你解决。

为减少病毒的损失，在平时应注意操作习惯。

◎ 预备可正常开机之干净软盘，供启动系统使用。

◎ 重要资料，必须备份。

◎ 避免在无防毒软件的计算机上，使用可移动磁盘。

◎ 不轻易下载不明站点的软件，以免感染病毒。

◎ 不轻易打开不明的电子邮件及其附件，减少感染几率。

◎ 使用新软件时，先用扫毒程序检查，减少感染机会。

◎ 准备具有查毒、防毒、解毒功能之软件或防病毒卡等，将有助于杜绝病毒。

除了上述的解决措施以外，还需要了解常见的计算机抗病毒技术。由于被病毒破坏的文件一般很难修复，所以重要文件仍需要定期备份。抗病毒软件技术是相对防病毒卡技术而言的，主要起到预防作用，同时还有检测和清除病毒的作用，它的优点在于升级容易，成本低，操作简单。抗病毒软件主要有两大类，一类是通用的工具软件，可以通过恢复原始操作系统达到清除病毒目的，其缺点是原来安装的所有程序和文件都会丢失；另一类是专用的抗病毒软件，可以清除部分病毒，但是对于病毒破坏的系统文件很难修复，可能造成系统运行不稳定。

抗病毒技术一般从预防和检测清除病毒两部分入手，预防主要指消除操作系统的安全漏洞。操作系统漏洞是指计算机操作系统（如 Windows 7）本身所存在的问题或技术缺陷，操作系统产品提供商通常会定期对已知漏洞发布补丁程序提供修复服务。部分盗号木马病毒能够利用某些操作系统漏洞通过网络侵入用户计算机，伺机盗取用户的账号和密码等。即使计算机杀毒软件能够及时清除盗号木马，盗号木马仍可以再次利用系统漏洞反复入侵计算机。因此，必须定期检查修复操作系统漏洞。常见检查及修复操作系统漏洞的方法如下。

1. 操作系统自动更新

请确认和保持当前计算机操作系统的自动更新设置为开启状态，操作系统产品提供商通常会及时发布补丁升级程序自动更新您使用的操作系统。以 Windows7 操作系统为例，打开【开始】菜单，单击【控制面板】，在新开启的窗口中依次打开【系统和安全】和【Windows Update】查看当前计算机的自动更新设置，如图 10.1 所示。

图 10.1　自动更新窗口

图 10.2　安全卫士 360 窗口

2. 使用安全卫士 360 自动检测系统漏洞

修复系统漏洞是 360 安全卫士主要特点之一，它能提供系统漏洞修补功能。安装 360 安全卫士之后，单击【常用】菜单，在【漏洞修复】选项卡中就可以看到当前系统可能还没有修复的漏洞。进入到【漏洞修复】页面中，还能够看到具体的漏洞和安全风险。当要修复时，只要点击相对应的【立即修复】按钮就可以了，操作非常简单，如图 10.2 所示。

检测和清除病毒一般都是使用杀毒软件，常用的杀毒软件有：卡巴斯基、金山毒霸、瑞星杀毒软件、NortonAntiViru、360 安全卫士等。

参考文献

[1] 王行恒，陈志云，白玥. 大学计算机基础实践教程[M]. 第 2 版.北京：清华大学出版社，2008.

[2] 林卓然.计算机基础教程 Windows XP 与 Office2003/2002[M]. 广州：中山大学出版社，2006.

[3] 王文博，张明学，杜永强. 计算机应用培训教程[M]. 北京：清华大学出版社，2006.

[4] 胡宏智. 计算机文化基础[M]. 第 2 版. 合肥：中国科技大学出版社，2010.

[5] 尹荣章. 大学计算机基础[M]. 合肥：中国科技大学出版社，2010.

[6] 马九克. PowerPoint 2003 在教学中的深度应用[M]. 上海：华东师范大学出版社，2009.

[7] 马九克. Word2003 在教学中的深度应用[M]. 上海：华东师范大学出版社，2010.

[8] 吴卿. 办公软件高级应用实践教程[M]. 杭州：浙江大学出版社，2010.

[9] 陈毅华. 新编计算机文化基础[M]. 广州：华南理工大学出版社，2010.

[10] 方少卿. 计算机应用基础实训指导[M]. 第 2 版. 合肥：中国科技大学出版社，2010.

[11] 何九周. 计算机应用基础[M].武汉：武汉理工大学出版社，2010.

[12] 朱洁等编著. 多媒体技术教程[M]. 北京：机械工业出版社，2011.